高等工科院校“十二五”规划教材

机械制造技术简明教程

张明续　于　冰　主　编

苏德胜　闫　芳　副主编

马迎亚　刘　营　陈　平　戚丽丽　陆银梅　姜振华　参　编

孟庆东　主审

JIXIE ZHIZAO JISHU JIANMING JIAOCHENG

化学工业出版社

·北京·

《机械制造技术简明教程》根据教育部制定的高等学校工科本科“机械制造基础课程教学基本要求”，在充分总结各院校对本课程教学改革研究成果和实践经验的基础上编写而成。主要内容包括金属切削加工基础知识，各种切削加工工艺、设备工艺过程基础知识以及特种加工等。重点阐述基本原理与工艺方法之间的内在联系，突出教学的实践性和综合性，所选内容反映当前国内外机械制造的新工艺与新技术，且内容的取舍有一定的伸缩性，同时考虑了各章节内容的衔接，以适应不同专业、不同学时的教学需求。

为了教与学的方便，还编有电子课件。可在化学工业出版社教材服务网（www.cipedu.com.cn）上查询、下载。

《机械制造技术简明教程》专业覆盖面宽，适合机械类、近机类和管理类专业使用；适合全日制普通本专科高校使用，也适合各职业技术学院、高职高专等成人与业余高校使用。

图书在版编目（CIP）数据

机械制造技术简明教程/张明续，于冰主编. —北京：化学工业出版社，2016.1
高等工科院校“十二五”规划教材
ISBN 978-7-122-25630-0

Ⅰ.①机… Ⅱ.①张… ②于… Ⅲ.①机械制造工艺-高等学校-教材 Ⅳ.①TH16

中国版本图书馆 CIP 数据核字（2015）第 264767 号

责任编辑：刘俊之 王清灏　　文字编辑：吴开亮
责任校对：吴 静　　装帧设计：韩 飞

出版发行：化学工业出版社（北京市东城区青年湖南街 13 号 邮政编码 100011）
印 装：三河市万龙印装有限公司
787mm×1092mm 1/16 印张 12½ 字数 331 千字 2016 年 2 月北京第 1 版第 1 次印刷

购书咨询：010-64518888（传真：010-64519686） 售后服务：010-64518899
网 址：http://www.cip.com.cn
凡购买本书，如有缺损质量问题，本社销售中心负责调换。

定 价：28.00 元

前言

当前，高等教育改革正在深入发展，为培养人才，增强基础知识、拓宽专业面已成大势所趋。国家教委已完成工科专业目录的修订工作，并在此基础上改革和建立了新的课程体系。“机械制造技术”课程是机械设计制造及机械工程类专业的专业基础课，考虑到课程体系改革过渡，以及大多数一般院校培养应用型、动手能力强的人才的特点，我们编写了这本教材，供有关院校使用。

《机械制造技术简明教程》根据教育部制定的高等学校工科本科“机械制造基础课程教学基本要求”，在充分总结各院校对本课程教学改革研究成果与实践经验的基础上编写而成，是教育科学“十五”国家规划课题——“21世纪中国高等学校应用型人才培养体系的创新与实践”的尝试。

为激发学生的学习兴趣，培养学生勤于思考和创新的精神，使机械制造全过程实现优质、高效、低耗、环保，力求取得最理想的技术经济效果，本书在编写过程中力求有新的思路、新的特点，与传统教材相比做了较大更新，主要有以下几个方面。

(1) 较好地反映了当前国际国内在机械制造方面的最新工艺与技术成果。

(2) 针对本课程技术性、实践性强的特点，密切联系实际，重在阐述基本原理和各种工艺方法之间的内在联系，以适应培养应用型人才的教学要求，力求体现应用型的教学特色。

(3) 针对本课程知识覆盖面宽、综合性强的特点，安排了综合实践性教学环节，如以典型零件组织课堂讨论，让学生选择材料和毛坯、安排加工顺序、确定加工方案和定位基准，从而启发学生的思维，提高学习兴趣。

(4) 采用简明易懂的插图，如立体图、结构示意图以及原理图等，便于学生对教材内容的理解。

(5) 全书采用我国现行的有关国家和行业标准。

(6) 教学内容的选择具有一定的伸缩性，同时也考虑了各章节内容的衔接，以适应不同专业、不同学时的教学需求。

本书包括了原《金属切削原理》《金属切削机床概论》和《机械制造工艺学》中主要的和基础的内容，并介绍一些常用刀具、特种加工、精密加工、先进制造技术等新的技术和知识。按45～60学时编写，供本、专科及不同专业方向的学生选学（如带有*号章节等）。

为了教与学的方便，还编有电子课件（含各章复习题参考答案），可在化学工业出版社教材服务网（www.cipedu.com.cn）上查询、下载。

本书由张明续和于冰任主编，并统稿。苏德胜和闫芳任副主编。

参加本书编写的（按姓氏笔划排序）有：于冰、马迎亚、刘营、闫芳、苏德胜、陆银梅、陈平、张明续、姜振华、戚丽丽。

青岛科技大学孟庆东教授担任本书主审，对书稿提出了许多宝贵的修改意见。

编写出版过程中得到化学工业出版社及各参编者所在学校的大力支持与协助，借鉴、引用了许多同类教材中的资料、图表或题例。谨此一并对上述单位和个人表示衷心感谢。

限于编者水平，书中难免存在错误和不妥之处，恳请广大读者批评指正。

编者

2015.10

目 录

第1章

绪论

现代制造业，特别是机械制造业，是衡量国家工业化和现代化程度的基础性产业，也是国民经济持续发展的基础。本章主要介绍机械制造业的发展过程、作用和地位，以及本课程的特点及学习方法。

1.1 机械制造业和机械制造技术及其在国民经济中的地位

在国民经济中的各个部门中（如工业、农业、国防建设、交通运输等），广泛使用着大量的机械设备、仪器仪表和工具等装备，而机械制造业就是生产这些装备的行业。机械制造业是国民经济持续发展的基础，是工业化、现代化建设的发动机和动力源。机械制造业是技术进步的主要舞台，是在国际竞争中取胜的法宝。机械制造技术是研究用于制造上述机械产品的加工原理、工艺过程和方法及相应设备的一门工程技术。它不仅为国民经济、国家安全提供装备，也为人民物质文化生活提供丰富的产品。

机械制造业的水平体现了国家的综合实力和国际竞争能力。世界上最大的100家跨国公司中，80%都集中在制造业领域，当今世界上最发达的3个国家——美、日、德，其机械制造业也是世界上最先进的，竞争力最强的。美国约1/4人口直接从事制造业，其余人口中又有约半数人所从事的工作与制造业有关。由于重视制造业，日本在第二次世界大战后30年时间内，发展成为世界经济大国。日本出口的产品中，机械产品占70%以上。

机械制造业是国民经济的产业主体，是富民强国之本，在国民经济中无论GDP所占的比例还是对其他产业的感应系数都很大。机械制造业是国民经济的支柱产业，占到了国民经济总收入的60%以上；机械制造业产品（含机电产品）约占中国社会物质总产品的50%左右。

机械制造业是实现跨越发展战略的中坚力量。在工业化过程中，机械制造业始终是推动经济发展的决定性力量。机械制造业也是科学技术的载体和实现创新的舞台，没有机械制造业，所谓科学技术的创新就无处体现。

世界发达国家无不具有强大的制造业。美国由于在一段相当长的时间内忽视了制造技术的发展，结果导致经济衰退、竞争力下降，出现在家电、汽车等行业不敌日本的局面。直至20世纪80年代初，美国才开始清醒，重新关注制造业的发展，至1994年美国汽车产量重新超过日本。

纵观机械制造业的发展，可以分为以下几个阶段。

① 17世纪60年代，瓦特改进蒸汽机，标志第一次工业革命兴起，工业化大生产从此开始。

② 18 世纪中期，麦克斯韦尔建立电磁场理论，电气化时代开始。

③ 20 世纪初，福特汽车生产线、泰勒科学管理方法，标志自动化时代到来（以大量生产为特征）。

④ 第二次世界大战后，计算机、微电子技术、信息技术及软科学的发展，以及市场竞争的加剧和市场需求多样性的趋势，使中小批量生产自动化成为可能，并产生了综合自动化和许多新的制造哲理与生产模式。

⑤ 进入 21 世纪，制造技术向自动化、柔性化、集成化、智能化、精密化和清洁化的方向发展。

1.2 机械制造业的现状与发展趋势

目前，发达国家的机械制造技术已经达到相当高的水平，实现了机械制造系统自动化。产品设计普遍采用计算机辅助设计（CAD）、计算机辅助产品工程（CAE）和计算机仿真等手段，企业管理采用了科学的、规范化的管理方法和手段，在加工技术方面也已实现了底层的自动化，包括广泛地采用加工中心（或数控技术）、自动引导小车（AGV）等。近 10 余年来，发达国家主要从具有全新制造理念的制造系统自动化方面寻找出路，提出了一系列新的制造系统，如计算机集成制造系统、智能制造系统、敏捷制造、并行工程等。

我国的机械制造业起步较晚，基本上是在 20 世纪 50 年代以后开始的。但 60 多年来已取得了长足的进步。以代表机械制造业水平的数控机床为例，改革开放初期的 1979 年，我国数控机床产量仅为 692 台，到 2007 年我国数控机床拥有量约 70 万台。“十五”期间，国家又组织了“精密制造与数控关键技术研究和应用示范”重大科技攻关项目，使具有自主知识产权的高水平、高精度机床数控系统的研制和生产有较大提高。

我国的机械制造技术水平与发达国家相比还较低，落后约 10 年。近 20 余年来，我国大力推广应用 CIMS 技术，20 世纪 90 年代初期已建成研究环境，包括有 CIMS 实验工程中心和 7 个开放实验室。在全国范围内，部署了 CIMS 的若干研究项目，诸如 CIMS 软件工程与标准化、开放式系统结构与发展战略、CIMS 总体与集成技术和产品。设计自动化、工艺设计自动化、柔性制造技术、管理与决策信息系统、质量保证技术、网络与数据库技术以及系统理论和方法等各项专题研究均取得了丰硕成果，获得不同程度的进展。

但是，我国的大部分机械制造企业主要限于 CAD 和管理信息系统，因底层（车间层）基础自动化还十分薄弱，数控机床由于编程复杂还没有真正发挥作用，加工中心无论是数量还是利用率都很低，可编程控制器的使用还不普及，工业机器人的应用还很有限。因此，做好基础自动化的工作仍是我国制造企业一项十分紧迫而艰巨的任务，要努力开展制造业自动化系统的研究与应用。

当代的机械制造业（冷加工技术）正沿着三个主要方向发展。

① 加工技术向高度信息化、自动化、智能化、复合化方向发展　信息技术、智能制造技术、数控技术、柔性制造系统、计算机集成制造系统以及敏捷制造等先进制造技术都在改造传统制造业并迅速向前发展。

② 加工技术向高精度发展　出现超精密工程以及纳米技术（纳米材料及其加工、纳米测量等）。

③ 加工工艺方法进一步完善与开拓　除了传统的切削与磨削技术仍在发展外，特种加工方法也在不断开拓新的工艺可能性与新的技术，如快速成形、激光加工、电加工和射流加工等，绿色工艺、绿色制造模式方兴未艾。

同时，机械制造中的计量与测试技术、机械产品的装配技术、工况监测与故障诊断技术、机械设备性能试验技术、机械产品的可靠性保证与质量控制技术、仿生制造技术、微型制造设备技术、网络制造技术、人工智能的应用以及考虑到环境保护、节能减排和可持续发展的绿色制造技术等均要求有重大的进展。

因此，我国的机械制造工业的科技工作者必须努力工作，培养高水平的人才和提高现有人员的素质，学习和掌握当代最先进的科学技术，使我国的机械制造工业赶上世界先进水平。

1.3　本课程的性质、研究对象、主要内容及学习方法

(1) 性质

是机械类、近机械类及其工程管理类各专业的主干专业技术基础课程。

(2) 研究对象

金属切削原理、金属切削机床与刀具、机床夹具设计原理以及机械产品的制造工艺。

(3) 主要内容与学习要求

① 以金属切削理论为基础，要求掌握金属切削的基本原理和基本知识，并具有根据具体情况合理选择加工方法（机床、刀具、切削用量、切削液等）的初步能力。

② 掌握机械加工的基础理论和知识，如定位理论、工艺尺寸链理论、加工精度理论等。

③ 了解影响加工质量的各种因素，学会分析研究加工质量的方法。

④ 学会制定零件机械加工工艺过程的方法。

⑤ 了解机床夹具设计的基本原理，学会夹具设计的基本方法。

(4) 学习方法

机械制造技术是一门综合性、实践性、灵活性较强的课程，它涉及了毛坯制造金属材料、热处理、公差配合等方面的知识。金属切削理论和机械制造工艺知识具有很强的实践性。因此，学习本课程时必须重视实践环节，即通过实验、实习、课程设计及工厂调研来更好地体会、加深理解。本书给出的仅是基本概念与理论，真正的掌握与应用必须在不断的“实践—理论—实践”的循环中善于总结，才能达到炉火纯青的境界。

第2章

金属切削的基本知识

本章主要阐述切削加工过程中的基本理论，包含切削运动、刀具切削部分的几何角度、切削变形、切削力、切削热、刀具磨损、刀具几何参数的合理选择，以及切削用量的合理选择等。以这些理论为指导，可以解决生产中的许多实际问题，从而提高产品的质量，降低生产成本，提高生产率。因此学习好、掌握好金属切削的基本知识是十分重要的。

车刀是一种最常见、最普通、最典型的刀具，特别是外圆车刀切削部分的形状，可以说是其他各类刀具切削部分的基本形态。为此，本章以车床车削为例，介绍车刀的基本知识。掌握了这些知识内容，就可为进一步了解其他各类刀具的工作原理打好基础。

2.1 切削运动与切削用量

2.1.1 切削运动

在金属切削加工过程中，除了刀具的材料必须比工件材料硬之外，还必须使刀具与工件之间有相对运动，这样刀具才能切除工件上多余的金属层，这种相对运动就称为切削运动。切削运动必须具备主运动和进给运动两种运动。

(1) 主运动

主运动是指由机床或人力提供的主要运动，它使刀具和工件之间产生相对运动，使刀具前面接近工件，从而使多余的金属层转变为切屑。

主运动的速度最高，消耗功率最大。主运动只有一个。主运动可以是工件的运动，如车削，如图2-1所示；也可以是刀具的运动，如刨削，如图2-2所示。

(2) 进给运动

进给运动是指由机床或人力提供的运动，它使刀具和工件之间产生附加的相对运动，加上主运动，即可不断地或连续地切除切屑，并得出具有所需几何特性的已加工表面。

进给运动的速度较低，消耗功率较小。进给运动可以是一个，也可以是几个。进给运动可以是工件的运动，如刨削；也可以是刀具的运动，如车削。

(3) 合成切削运动

合成切削运动是主运动和进给运动的组合。

2.1.2 切削过程中的工件表面

在切削加工过程中，工件上始终有三个不断变化着的表面，如图2-1所示。

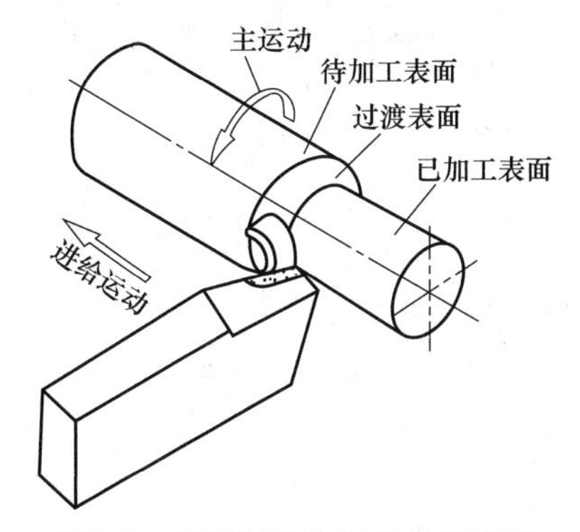

图 2-1　车削运动和工件上的表面

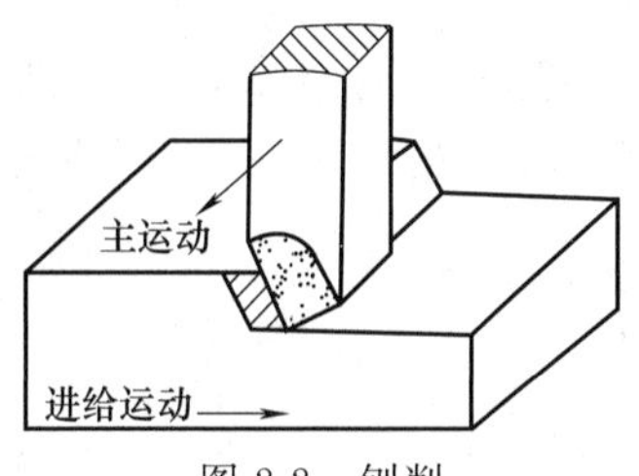

图 2-2　刨削

① 待加工表面　工件上有待切除的表面。

② 已加工表面　工件上经刀具切削后产生的表面。

③ 过渡表面　工件上由切削刃形成的那部分表面，它在下一切削行程，即刀具或工件的下一转里被切除，或者由下一切削刃切除。

2.1.3　切削用量三要素

切削用量三要素由切削速度 v_c、进给量 f（或进给速度 v_f）和背吃刀量 a_p 组成，它是调整机床、计算切削力、切削功率和工时定额的重要参数。

(1) 切削速度 v_c

指刀具切削刃上选定点相对于工件的主运动的瞬时速度，如图 2-3 所示。其计算公式为

$$v_c=\frac{\pi d_w n}{1000}$$

式中，v_c 为切削速度，m/min；d_w 为工件待加工表面直径，mm；n 为主运动的转速，r/min。

(2) 进给量 f

指刀具在进给运动方向上相对于工件的位移量，可用刀具或工件每转或每行程的位移量来表述，如图 2-4 所示。

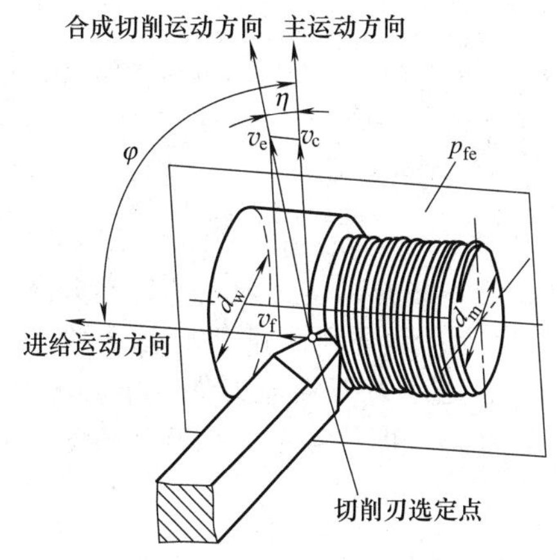

图 2-3　车削的切削速度和进给速度

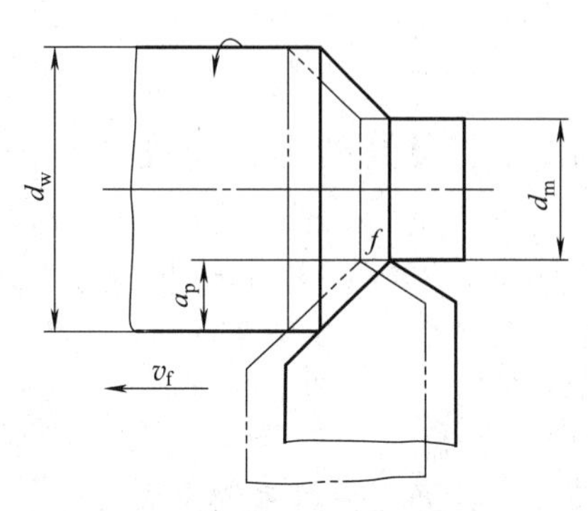

图 2-4　车削进给量和背吃刀量

进给速度 v_f 是指刀具切削刃上选定点相对于工件进给运动的瞬时速度，如图 2-3 所示。其计算公式为

$$v_f = fn$$

式中，v_f 为进给速度，mm/min；f 为进给量，mm/r。

(3) 背吃刀量 a_p

指工件上待加工表面与已加工表面之间的垂直距离，如图 2-4 所示。

其计算公式

$$a_p = \frac{d_w - d_m}{2}$$

式中，a_p 为背吃刀量，mm；d_m 为工件已加工表面直径，mm。

2.2 刀具切削部分的几何角度

2.2.1 车刀的组成

车刀由刀柄和刀头组成，如图 2-5 所示。刀柄是车刀上的夹持部分，刀头是车刀部分。切削部分一般由三个刀面、两条切削刃和一个刀尖共六个要素组成。

① 前面 A_γ　切屑流出经过的表面。

② 主后面 A_α　与工件上过渡表面相对的表面。

③ 副后面 A'_α　与工件上已加工表面相对的表面。

④ 主切削刃 S　前面与主后面的相交线，担负主要的切削任务。

⑤ 副切削刃 S'　前面与副后面的相交线，配合主切削刃最终形成已加工表面。

⑥ 刀尖　主切削刃与副切削刃的连接部分。刀尖的一般形式如图 2-6 所示。后两种形式可增强刀尖的强度和耐磨性。

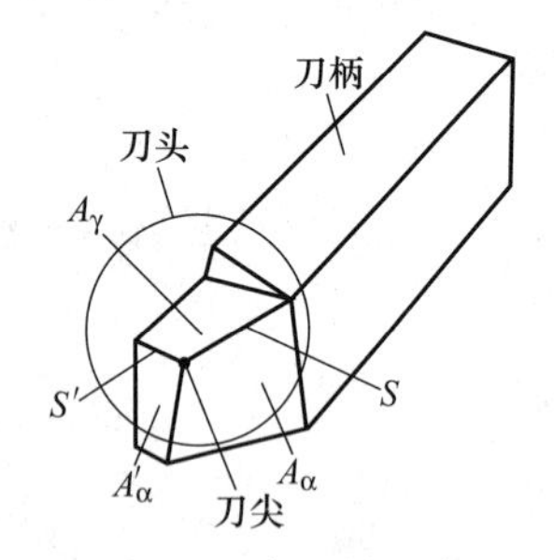

图 2-5　车刀的组成

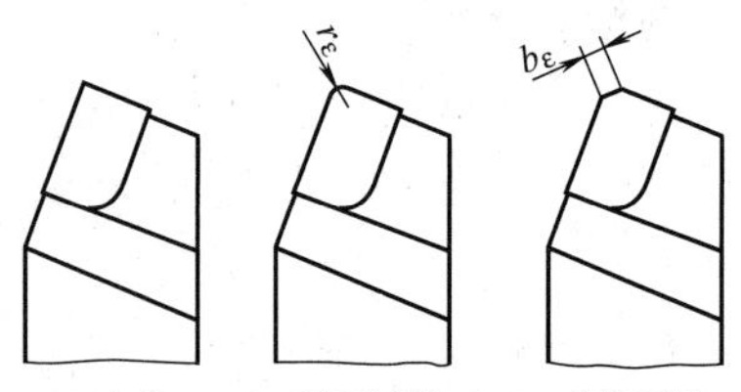

图 2-6　刀尖形式

2.2.2 刀具的静止角度

确定刀具的角度，仅靠车刀刀头上的几个面、几条线是不够的，还必须人为地在刀具上建立静止参考系。刀具静止参考系是指用于刀具设计、制造、刃磨和测量几何参数的参考系。建立刀具静止参考系时，不考虑进给运动的影响，并假定车刀刀尖与工件的中心等高；安装时车刀刀柄的中心线垂直于工件的轴线。在这样一个刀具静止参考系中的刀具角度定义为静止角度。

(1) 刀具静止参考系的平面

刀具静止参考系是由参考平面组成的，如图 2-7 所示。参考平面有：

① 基面 p　通过切削刃上选定点，并垂直于该点切削速度方向的平面。

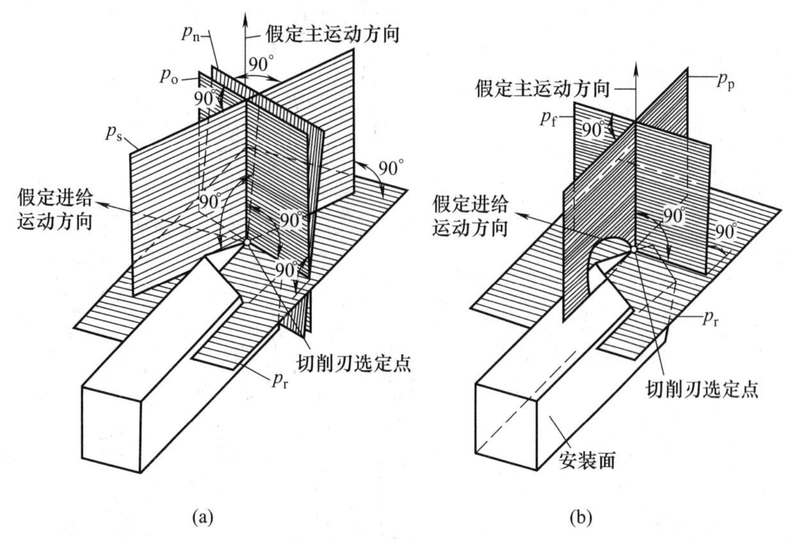

(a)　　　　(b)

图 2-7　刀具静止参考系平面

② 主（副）切削平面 p_s（p_s'）　通过主（副）切削刃上选定点，与主（副）切削刃相切并垂直于基面的平面。在无特殊情况下，切削平面就是指主切削平面。

③ 正交平面 p_o　通过切削刃上选定点，并同时垂直于基面和切削平面的平面。

④ 法平面 p_n　通过切削刃上选定点，并垂直于切削刃的平面。

⑤ 假定工作平面 p_f　通过切削刃上选定点，平行于假定进给运动方向，并垂直于基面的平面。

⑥ 背平面 p_p　通过切削刃上选定点，并同时垂直于基面和假定工作平面的平面。

(2) 刀具静止角度的基本定义

考虑到刀具静止角度在设计图样上的标注、刃磨和测量的方便，一般在由基面、切削平面、正交平面组成的正交平面参考系中定义刀具的静止角度，如图 2-8 所示。

① 在基面内的角度

a. 主偏角 κ_r　是主切削平面 p_s 与假定工作平面 p_f 之间的夹角，κ_r 只有正值。

b. 副偏角 κ_r'　是副切削平面 p_s' 与假定工作平面 p_f 之间的夹角，κ_r' 只有正值。

c. 刀尖角 ε_r　是主切削平面 p_s 与副切削平面 p_s' 之间的夹角，ε_r 只有正值。

ε_r、κ_r、κ_r' 满足如下关系式

$$\varepsilon_r=180°-(\kappa_r+\kappa_r')$$

ε_r 不是一个独立角度，而是一个派生角度，其大小是有 κ_r 和 κ_r' 决定的。

② 在正交平面内的角度

a. 前角 γ_o　是前面 A_r 与基面 p_r 之间的夹角，前角有正、负和零度之分。若基面与前面有间隙，为正值；无间隙也不重合，为负值；基面与前面重合，为零度。

b. 后角 α_0　是主后面 A_a 与切削平面 p_s 之间的夹角，后角有正、负和零度之分。若切削平面与后面有间隙，为正值；无间隙也不重合为负值；切削平面与后面重合为零度。

c. 楔角 β_o　是前面 A_r 与后面 A_α 之间的夹角。β_o 是一个派生角度。

β_o、γ_o、α_o 满足如下关系式

$$\beta_o=90°-(\gamma_o+\alpha_o)$$

γ_o、α_o、β_o 是指在主切削刃上正交平面内的角度，而在副切削刃上正交平面内也有类

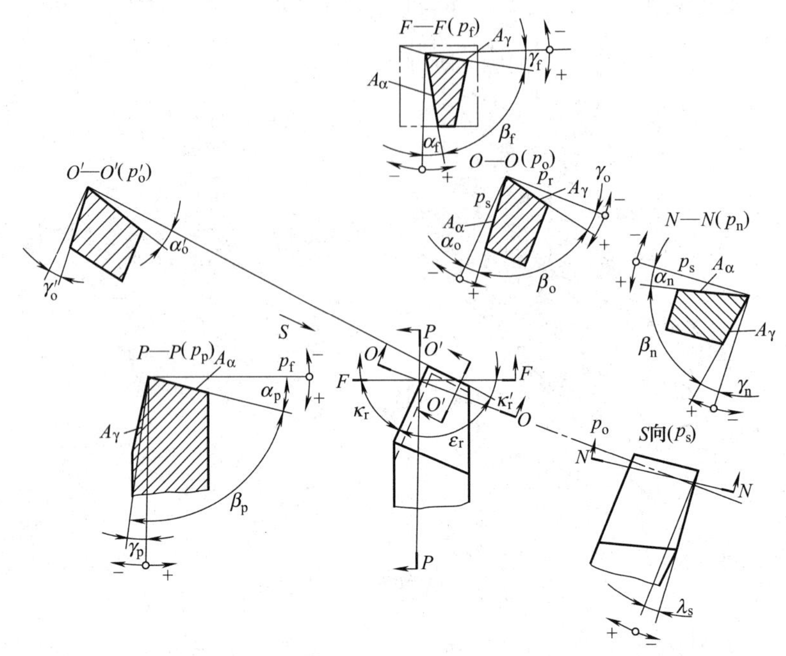

图 2-8　车刀的静止角度

似的角度，它们是：

d. 副后角 α'_o　是副后面 A'_α与副切削刃平面 P'_s之间的夹角。

e. 副前角 γ'_o　是前面 A_r 与基面 p_r 之间的夹角。若主、副切削刃共一个平面型的前面时，其角度的大小随 γ_o 而定，因此，γ'_o是派生角度。

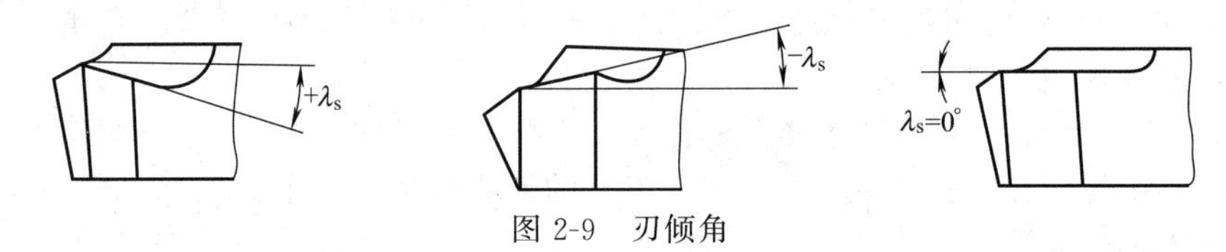

图 2-9　刃倾角

③ 在切削平面内的角度　刃倾角 λ_s 是主切削刃 S 与基面 p_r 之间的夹角。刃倾角有正、负和零度之分，如图 2-9 所示。若刀尖是切削刃上最高点时，λ_s 为正值；刀尖是切削刃上最低点时 λ_s 为负值；切削刃与基面重合时，λ_s 为零度。

上述总共介绍了车刀上的九个角度，其中六个是基本角度。它们是主偏角 κ_r、副偏角 κ'_r、前角 γ_o、后角 α_o、副后角 α'_o和刃倾角 λ_s。在车刀的设计图样上应标注这六个基本角度。其余三个是派生角度，它们是刀尖角 ε_γ、楔角 β_o 和副前角 γ'_o。在车刀的设计图上只要角度能表达清楚，这三个派生角度可不标注。

2.2.3　刀具的工作角度

刀具工作角度是指刀具在工作时的实际切削角度。由于刀具的静止角度是在假设不考虑进给运动的影响、规定车刀刀尖和工件中心等高以及安装时车刀刀柄的中心线垂直于工件轴线的静止参考系中定义的，而刀具在实际工作中不可能完全符合假设的条件，因此，刀具必须在工作参考系中定义其工作角度。

通常的进给运动速度远小于主运动速度，因此刀具的工作角度近似地等于静止角度，对多数切削加工（如普通车削、镗削），无需进行工作角度的计算。只有在进给速度或刀具的安装对刀具角度的大小产生显著影响时（如刀具安装位置高低、左右倾斜、割断、车丝杆等），才需进行工作角度的计算。

(1) 刀具安装位置的高低对工作角度的影响

以 $\kappa_r=90°$、$\lambda_s=0°$的切断刀为例，如图 2-10 所示。

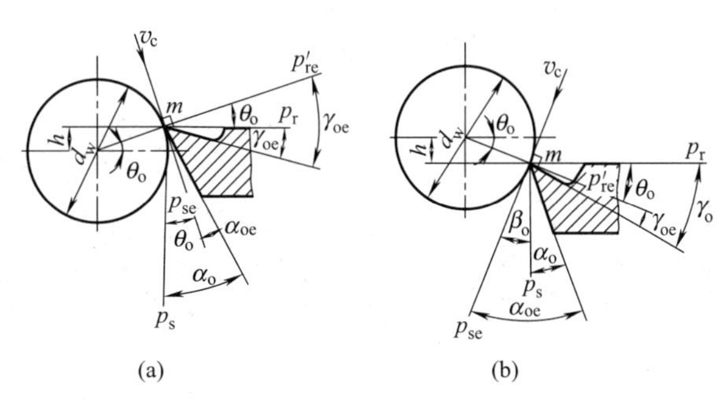

图 2-10　切断刀安装高低对工作角度的影响

① 当刀尖高于工件中心时，如图 2-10（a）所示，切削刃与工件接触于 m 点，当工件不运动时，刀具基面为 p_r（与安装平面平行），切削平面为 p_s，由此得静止前角 γ_o 和静止后角 α_o。当工件运动时，主运动速度 v_c 方向为过 m 点圆弧的切线方向，这时，刀具工作基面 p_{re}为过 m 点垂直于 v_c 方向的平面，工作切削平面 p_{se}为过 m 点垂直于 p_{re}的平面，由此，得工作前角 γ_{oe}和工作后角 α_{oe}，则工作角度与静止角度之间的关系式

$$\gamma_{oe}=\gamma_o+\theta_o$$

$$\alpha_{oe}=\alpha_o-\theta_o$$

式中，θ_o 为正交平面内 p_r 与 p_{re}的转角。

② 当刀尖低于工件中心时，如图 2-10（b）所示，与上述同理，得工作角度与静止角度之间的关系式

$$\gamma_{oe}=\gamma_o-\theta_o$$

$$\alpha_{oe}=\alpha_o+\theta_o$$

转角 θ_o 的计算公式

$$\sin\theta_o=2h/d_w$$

式中，h 为刀尖高于或低于工件中心线的距离，mm；d_w 为工件的直径，mm。

上式说明：当 d_w 接近于零时，即使 h 值很小，θ_o 也是存在的，而且对工作角度 γ_{oe}、α_{oe}影响较大。因此，安装刀具时刀尖应尽可能对准工件中心。

(2) 刀柄中心线与进给运动方向不垂直对工作角度的影响

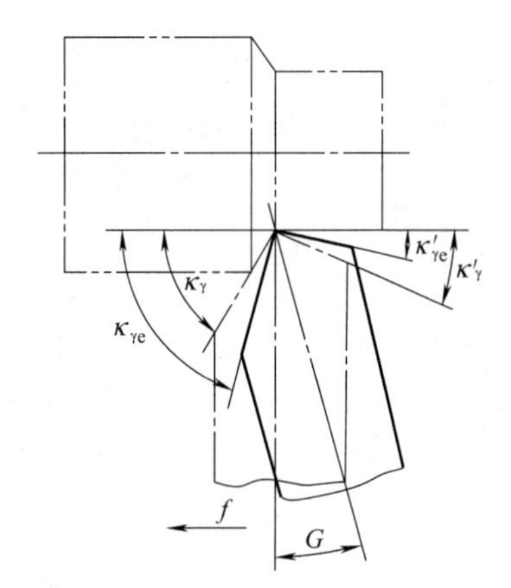

图 2-11　刀柄中心线与进给运动方向不垂直时对工作角度的影响

如图 2-11 所示，当刀柄中心线与进给运动方向不垂直时，刀具主切削平面与假定工作平面（相当于进给运动方向）之间的夹角为工作主偏角；刀具副切削平面与假定工作平面之间的夹角为工作副偏角。工作主偏角与静止主偏角、工作副偏角与静止副偏角之间的关系式

$$\kappa_{\gamma e}=\kappa_\gamma\pm G \quad (2\text{-}1)$$

$$\kappa'_{\gamma e}=\kappa'_\gamma\mp G \quad (2\text{-}2)$$

式中，G 为刀柄中心线与进给运动方向的垂线之间的夹角。

当刀柄中心线绕刀尖逆时针转动时，前式取“+”号，后式取“−”号。

当刀柄中心线绕刀尖顺时针转动时，前式取“−”号，后式取“+”号。

(3) 横向进给运动对工作角度的影响

以$\kappa_\gamma=90°$、$\lambda_s=0°$，刀尖与工件中心等高，切断刀的切削为例，如图2-12所示。

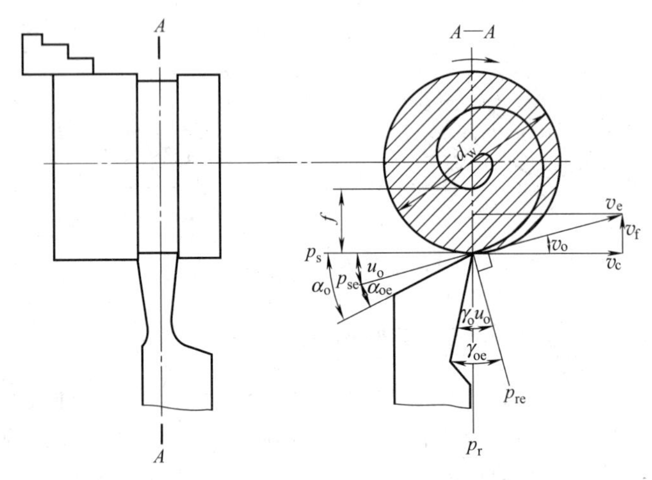

图2-12　切断刀横向进给时对工作角度的影响

当不考虑进给运动时，刀具切削刃与工件任一接触点的运动轨迹为一圆周，主运动速度v_c方向为过该点的圆周切线方向。此时，刀具基面p_r是过该点并垂直于v_c方向的平面，切削平面p_r是过该点并垂直于基面p_r的平面。由此得静止前角γ_o和静止后角α_o。

当考虑横向进给运动时（即有v_f），刀具切削刃与工件任一接触点的运动轨迹为一条阿基米德螺旋线。其合成运动速度v_e方向为过该点的阿基米德螺旋线的切线方向。此时，刀具工作基面p_{re}是过该点并垂直于v_e方向的平面，工作切削平面p_{se}是过该点并垂直于工作基面p_{re}的平面，由此得工作前角γ_{oe}、工作后角α_{oo}、工作前角、工作后角与静止前角、静止后角之间的关系式

$$\gamma_{oe}=\gamma_o+u_o$$

$$\alpha_{oe}=\alpha_o-u_o$$

式中，u_o为主运动速度方向和合成运动速度方向之间的夹角。

u_o的计算式为
$$\tan u_o=\frac{v_f}{v_c}=\frac{nf}{\pi d_w n}=\frac{f}{\pi d_w}$$

上式说明，当进给量f较大或工件直径d_w较小时，应注意u_o值对工作角度的影响。随着切断刀切削逐渐趋近工件中心时，u_o值逐渐增大。当切断刀离工件中心约1mm时，u_o约等于1°40′。当切断刀再进一步靠近中心时，u_o值会急剧增大，使工作后角变为负值，工件被挤断。

2.3　切削层横截面要素

切削层是指刀具切削部分的一个单一动作所切除的工件材料层。它的形状和尺寸规定在刀具的基面中度量。在车削加工中，工件每转一圈，刀具移动一定距离，主切削刃相邻两个位置间的一层金属成为切削层，切削层在基面的横截面上的形状近似地等于平行四边形，如图2-13所示。

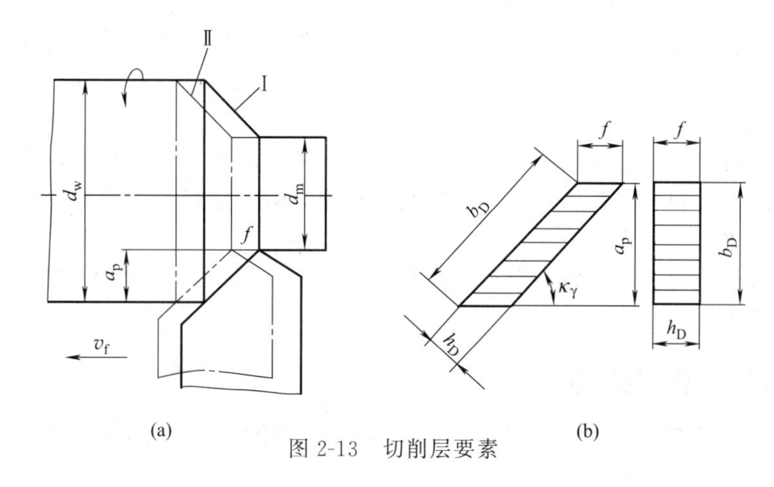

(a)　　(b)

图 2-13　切削层要素

(1) 切削层公称横截面积 A_D

指在给定瞬间，切削层在基面内的实际横截面积。

$$A_D = fa_p = h_D b_D$$

(2) 切削层公称宽度 b_D

指在给定瞬间，作用在主切削刃截面上两个极限点的距离，在基面中测量。它基本上反映了主切削刃参加切削工作的长度。

$$b_D = a_p / \sin\kappa_\gamma$$

(3) 切削层公称厚度 h_D

指在同一瞬间的切削层公称横截面积与切削层公称宽度之比。

$$h_D = A_D / b_D = f\sin\kappa_\gamma$$

根据上述公式可知，切削层公称宽度和切削层公称厚度随主偏角值的改变而变化，当 $\kappa_\gamma = 90°$ 时，$b_D = a_p = b_{Dmin}$，$h_D = f = h_{Dmax}$，如图 2-13（b）所示。切削层公称横截面形状与主偏角的大小、刀尖圆弧半径的大小、主切削刃的形状有关。

2.4 常用刀具材料

2.4.1 刀具材料必须具备的性能

(1) 高的硬度

硬度是指材料表面抵抗其他更硬物体压入的能力。刀具材料的硬度必须高于工件材料的硬度，这样，刀具才能切除工件上多余的金属，目前在室温条件下刀具材料的硬度应大于或等于 60HRC。

(2) 高的耐磨性

耐磨性指材料抵抗磨损的能力，与材料的硬度、化学成分、显微组织有关。一般而言，刀具材料硬度越高，耐磨性越好。刀具材料组织中的硬质点的硬度越高、数量越多、分布越均匀，耐磨性越好。

(3) 足够的强度和韧性

强度是指材料在静载荷作用下，抵抗永久变形和断裂的能力，刀具材料的强度一般指抗弯强度。韧性是指在冲击载荷作用下，金属材料在断裂前吸收变形能量的能力。金属的韧性通常用冲击韧度表示，而刀具材料的韧性一般指冲击韧度。在切削加工过程中，刀具总是受到切削力、冲击、振动的作用，若刀具材料有足够的强度和韧性，就可避免刀具的断裂、崩刃。

(4) 高的耐热性

耐热性指材料在高温下仍能保持原硬度的性能。刀具材料耐热性越好，允许切削加工时的切削速度越高，有利于改善加工质量和提高生产率，有利于延长刀具寿命。

(5) 良好的工艺性

工艺性指材料的切削加工性、锻造、焊接、热处理等性能。刀具材料有良好的工艺性，便于刀具的制造。

2.4.2 常用刀具材料的种类

在金属切削加工中，刀具材料的种类有许多。而数控机床，由于其自身的特点，所以，常用的刀具有以下几种材料。

(1) 高速钢

高速钢是指含较多钨、铬、钼、钒等合金元素的高合金工具钢，俗称锋钢或白钢。高速钢有较高的硬度（63～66HRC)、耐磨性和耐热性（约600～660℃)，有足够的强度和韧性，有较好的工艺性。目前，高速钢已作为主要的刀具材料之一，广泛用于制造形状复杂的铣刀、钻头、拉刀和齿轮刀具等。

常用高速钢的牌号与性能见表2-1。

表2-1 常用高速钢的牌号与性能

类别		牌号	硬度/HRC	抗弯强度/GPa	冲击韧度/(MJ/m²)	高温硬度(600℃)/HRC
通用高速钢		W18Cr4V	62～66	≈3.34	0.294	48.5
		W6Mo5Cr4V2	62～66	≈4.6	≈0.5	47～48
		W14Cr4VMn-RE	64～66	≈4	≈0.25	48.5
高性能高速钢	高碳	9W18Cr4V	67～68	≈3	≈0.2	51
	高钒	W12Cr4V4Mo	63～66	≈3.2	≈0.25	51
	超硬	W6Mo5Cr4V2Al	68～69	≈3.43	≈0.3	55
		W10Mo4Cr4V3Al	68～69	≈3	≈0.25	54
		W6Mo5Cr4V5SiNbAl	66～68	≈3.6	≈0.27	51
		W2Mo9Cr4VCo8(M42)	66～70	≈2.75	≈0.25	55

高速钢按其性能可分为通用高速钢（普通高速钢）和高性能高速钢。按其制造工艺方法的不同又可分为熔炼高速钢和粉末冶金高速钢。

① 通用高速钢　通用高速钢综合性能好，能满足一般金属材料的切削加工要求。常用的牌号有以下几种。

a. W18Cr4V　属钨系高速钢。其综合性能好，可制造各种复杂刀具。淬火时过热倾向小，碳化物含量较高，塑性变形抗力较大。但碳化物分布不均匀，影响精加工刀具的寿命，且强度与韧度不够。另外，热塑性差，不适于制造热轧刀具。

b. W6M05Cr4V2　属钨钼系高速钢。与W18Cr4V高速钢相比，其抗弯强度提高约30%，冲击韧度提高约70%，且热塑性较好，适用于制造受冲击力较大的刀具和热轧刀具。但是，其有脱碳敏感性大、淬火温度范围窄等缺点。

② 高性能高速钢　高性能高速钢是在通用高速钢中加入一些钴、铝等合金元素，使耐磨性和耐热性得到进一步提高的一种新型高速钢。高性能高速钢主要用于对不锈钢、耐热钢、钛合金、高温合金和超高强度钢等难加工工件材料的切削加工。高性能高速钢只有在规定的使用范围和切削条件下才能取得良好的加工效果，加工一般钢时其优越性并不明显。

常用牌号有以下几种。

a. W2M09Cr4VC08　属钴高速钢。它具有良好的综合性能，允许有较高的切削速度，特别适用于加工高温合金和不锈钢等难加工材料，但是其含钴量较高，故价格昂贵。

b. W6M05Cr4V2Al　属铝高速钢。铝高速钢是我国独创的新型高速钢。它是在通用高速钢中加入少量的铝，提高了其耐热性和耐磨性，具有良好的切削性能，耐用度比W18Cr4V 大 1～4 倍，价格低廉。但是，铝高速钢有淬火温度范围窄、氧化脱碳倾向较大、磨削性能较差等缺点。

③ 粉末冶金高速钢　一般高速钢都是通过熔炼得到的，而粉末冶金高速钢是将高速钢钢液雾化成粉末，再用粉末冶金方法制成。这种钢完全避免了碳化物偏析，具有细小均匀的结晶组织，有良好的力学性能，其抗弯强度、冲击韧度分别是熔炼高速钢的 2 倍及 2.5～3 倍，适用于对普通钢、不锈钢、耐热钢和其他特殊钢的切削加工，但是其价格昂贵。

(2) 硬质合金

硬质合金是由高硬度、高熔点的金属碳化物（WC、TiC、TaC、NbC 等）和金属黏结剂（Co、Ni、Mo 等）用粉末冶金的方法制成的。碳化物决定了硬质合金的硬度、耐磨性和耐热性。黏结剂决定了硬质合金的强度和韧度。硬质合金常温硬度为 89～93HRA，耐热温度为 800～1000℃，与高速钢相比具有硬度高、耐磨性好、耐热性高的特点。其允许的切削速度比高速钢高 5～10 倍。但是，硬质合金的抗弯强度只有高速钢的 1/4～1/2，冲击韧度比高速钢低数倍至数十倍，制造工艺性差。但硬质合金有许多其他刀具材料不可相比的长处，因此，目前硬质合金已被广泛地应用于金属切削加工之中。

常用硬质合金的种类有以下几种。

① 钨钴类硬质合金　钨钴类硬质合金的代号是 YG，由 Co 和 WC 组成。常用牌号是 YG3、YG6 等。牌号中的数字表示 Co 的质量分数（含 Co 量），其余为含 WC 的质量分数（含 WC 量），如 YG3 表示 $w(\mathrm{Co})=3\%$，$w(\mathrm{WC})=97\%$。

钨钴类硬质合金的硬度为 89～91HRA，耐热温度为 800～900℃，抗弯强度为 1.1～1.5GPa。钨钴类硬质合金中含 Co 量越多，则其韧度越大，抗弯强度越高，越不怕冲击，但是其硬度和耐热性越下降。钨钴类硬质合金适用于加工铸铁、青铜等脆性材料。

② 钨钛钴类硬质合金　钨钛钴类硬质合金的代号是 YT，由 WC、TiC 和 Co 组成。常用牌号是 YT14、YT30 等。牌号中的数字表示 TiC 的质量分数，其余为含 WC+Co 的质量分数。如 YT14 表示 $w(\mathrm{TiC})=14\%$，$w(\mathrm{WC})=78\%$，$w(\mathrm{Co})=8\%$。

钨钛钴类硬质合金的硬度为 89～93HRA，耐热温度为 800～1000℃，抗弯强度为 0.9～1.4GPa。钨钛钴类硬质合金中含 TiC 量越多，则其抗弯强度、冲击韧度越下降，但是其硬度、耐热性、耐磨性、抗氧化能力越高。钨钛钴类硬质合金适用于加工碳钢、合金钢等塑性材料。

③ 钨钽（铌）钴类硬质合金　钨钽（铌）钴类硬质合金的代号是 YA，由 WC、TaC（NbC）和 Co 组成。由于在 YG 类硬质合金中加入适量的 TaC（NbC），使它既保持了原来的抗弯强度和韧度，又提高了硬度，耐磨性、耐热性，弥补了 YG 类硬质合金的不足。钨钽（铌）钴类硬质合金适用于加工铸铁、青铜等脆性材料，也可加工碳钢和合金钢。

④ 钨钛钽（铌）钴类硬质合金　钨钛钽（铌）钴类硬质合金的代号是 YW，由 WC、TiC、TaC（NbC）和 Co 组成。

由于在 YT 类硬质合金中加入了适量的 TaC（NbC），使它既保持了原来的硬度、耐磨性，又提高了抗弯强度、韧度和耐热性，弥补了 YT 类硬质合金的不足。钨钛钽（铌）钴类硬质合金适用于加工碳钢、合金钢等塑性材料，也可加工脆性材料。

常用硬质合金的牌号及性能见表 2-2。

表 2-2　常用硬质合金牌号、性能和用途

类型	牌号	化学成分(质量分数/%)					物理力学性能				性能比较	用途
		WC	TiC	TaC NbC	Co	其他	密度 /(g/cm³)	热导率 /[W/(m·K)]	硬度 /HRA (HRC)	抗弯强度 /GPa		
钨钴类	YG3	97	—	—	3	—	14.9～15.3	87.92	91(78)	1.08	硬度、耐磨性、韧性、进给量↑；抗弯强度、韧性、进给量↓	铸铁、有色金属及其合金的精加工、半精加工，要求无冲击
	YG6X	93.5	—	0.5	6	—	14.6～15.0	79.6	91(78)	1.37		铸铁、冷硬铸铁高温合金的精加工、半精加工
	YG6	94	—	—	6	—	14.6～15.0	79.6	89.5(75)	1.42		铸铁、有色金属及其合金的半精加工与粗加工
	YG8	92	—	—	8	—	14.5～14.9	75.36	89(74)	1.47		铸铁、有色金属及其合金的粗加工，也可用于断续切削
钨钛钴类	YT30	66	30	—	4	—	9.3～9.7	20.93	92.5(80.5)	0.88		碳钢、合金钢的精加工
	YT15	79	15	—	6	—	11～11.7	33.49	91(78)	1.13		碳钢、合金钢连续切削时粗加工、半精加工、精加工，也可用于断续切削时精加工
	YT14	78	14	—	8	—	11.2～12.0	33.49	90.5(77)	1.2		
	YT5	85	5	—	10	—	12.5～13.2	62.80	89(74)	1.37		碳钢、合金钢的粗加工。可用于断续切削
添加钽(铌)类	YW1	84	6	4	6	—	12.8～13.3	—	91.5(79)	1.18		不锈钢、高强度钢与铸铁的半精加工与精加工
	YW2	82	6	4	8	—	12.6～13.3	—	90.5(77)	1.32		不锈钢、高强度钢与铸铁的粗加工与半精加工

(3) 涂层刀具材料

硬质合金或高速钢刀具能够通过化学或物理方法在其表面上涂覆一层耐磨性好的难熔金属化合物，这样，既能提高刀具材料的耐磨性，又不降低其韧度。

对刀具表面进行涂覆的方法有化学气相沉积法（CVD 法）和物理气相沉积法（PVD 法）两种。CVD 法的沉积温度约 1000℃，适用于硬质合金刀具；PVD 法的沉积温度约 500℃，适用于高速钢刀具。一般涂覆的厚度为 5～12μm。

① 涂层材料

a. TiC 涂层　TiC 涂层呈银白色，硬度高（3200HV）、耐磨性好和有牢固的黏着性。但是，涂层不宜过厚（一般为 5～7μm），否则涂层与刀具基体之间会产生脱碳层而使其变脆。

b. TiN 涂层　TiN 涂层呈金黄色，硬度为 2000 HV，有很强的抗氧化能力和很小的摩擦因数，抗刀具前面（月牙洼）磨损的性能比 TiC 涂层强，涂层与刀具基体之间不易产生脆性相，涂层厚度为 8～12μm。

c. Al_2O_3 涂层　Al_2O_3 涂层硬度为 3000HV，耐磨性好、耐热性高、化学稳定性好和

摩擦因数小，适用于高速切削。

d. TiN 和 TiC 复合涂层 里层为 TiC，外层为 TiN，从而使其兼有 TiC 的高硬度、高耐磨性和 TiN 的不粘刀的特点，复合涂层的性能优于单层。

另外，还有 TiN-Al_2O_3-TiC 三涂层硬质合金等。

一般而言，在相同的切削速度下，涂层高速钢刀具的耐磨损比未涂层的提高 2～10 倍；涂层硬质合金刀具的耐磨损比未涂层的提高 1～3 倍。所以，一片涂层刀片可代替几片未涂层刀片使用。

② 选用涂层刀片 需注意以下几点。

a. 硬质合金刀片在涂覆后，强度和韧性都有所下降，不适合负荷或冲击大的粗加工，也不适合高硬材料的加工。

b. 为增加涂层刀片的切削刃强度，涂层前，切削刃都经钝化处理，因此，刀片刃口锋利程度减小，不适合进给量很小的精密切削。

c. 涂层刀片在低速切削时，容易产生剥落和崩刃现象，适合于高速切削场合。

(4) 超硬刀具材料

① 陶瓷 陶瓷材料的主要成分是 Al_2O_3。陶瓷是在高压下成形，在高温下烧结而成。陶瓷的硬度高（90～95HRA），耐磨性好，耐热性高，在 1200℃时，硬度为 80HRA，摩擦因数小，化学稳定性好。但是，陶瓷的脆性大，抗弯强度低，只有一般硬质合金的 1/3 左右，不能承受冲击负荷。陶瓷刀具只用于精车、半精车。近年来，一些新型复合陶瓷刀具的使用性能已大大提高，可用于粗车、刨削、铣削，甚至间断切削等。被认为是提高产品质量、生产率的最有希望的刀具材料之一。

② 金刚石 金刚石分为天然和人造两种，天然金刚石数量稀少，所以价格昂贵，应用极少。人造金刚石是在高压、高温条件下，由石墨转化而成，价格相对较低，应用较广。

金刚石的硬度极高（10000HV），是目前自然界已发现的最硬物质。其耐磨性很好，摩擦因数是目前所有刀具材料中最小的。但是，金刚石耐热性较差，在 700～800℃时，将产生碳化，其抗弯强度低，脆性大，与铁有很强的化学亲和力，故不宜用于加工钢铁；工艺性差，整体金刚石的切割、刃磨都非常困难，不可能做成任意角度的刀片。目前，金刚石主要用于制成磨具如金刚石砂轮、金刚石锉刀以及作磨料使用。

③ 立方氮化硼 立方氮化硼是由软的六方氮化硼在高压、高温条件下加入催化剂转变而成。

立方氮化硼的硬度仅次于金刚石（8000～9000HV），耐磨性好，耐热性高（1400℃），摩擦因数小，与铁系金属在 1200～1300℃时还不易起化学反应，但是在高温下与水易发生化学反应。所以，立方氮化硼一般在干切削条件下，对钢材、铸铁进行加工。

立方氮化硼可比金刚石在更大的范围上发挥其硬度高、耐磨性好、耐热性高的特点。目前在生产上制成了以硬质合金为基体的立方氮化硼复合刀片，主要用于对淬硬钢、冷硬铸铁、高温合金、热喷涂材料等难加工材料的精加工和半精加工。其刀具的耐用度是硬质合金或陶瓷刀具的几十倍。

2.5 金属切削过程的规律

2.5.1 金属切削过程的变形区

金属切削过程的实质是指金属切削层在刀具挤压作用下，产生塑性剪切滑移变形的

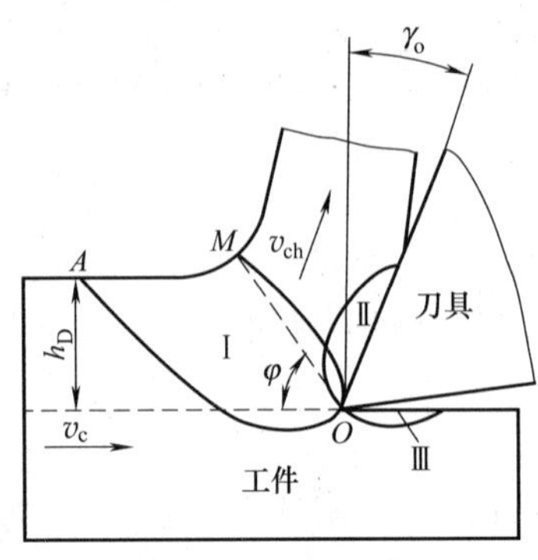

图 2-14　切削变形区

过程。

切削是一个极复杂的过程，为了研究的方便，通常把金属切削过程的变形划分为三个变形区，如图 2-14 所示。

(1) 第一变形区

如图 2-15 所示，在金属切削过程中，当切削层中的某点 P 逐渐向切削刃逼近时，在刀具前面的挤压作用下，工件材料的切应力逐渐增大，当点 P 到达 OA 面上的 1 点位置时，切应力达到了工件材料的屈服点，此时工件材料开始产生塑性变形，则点 1 在向前滑移的同时，也向上滑移，其合成运动使点 1 流动到点 2，2—2′就是它的滑移量。随着工件相对刀具的连续运动，切应力继续增大，点 P 移动方向不断改变，滑移量相应为 3—3′、4—4′。当点 P 到达 OM 面时，切应力达到最大值，滑移变形到此基本结束，切屑开始形成。

由曲线 AO、MO、AM 包围的区域是塑性剪切滑移区，称为第一变形区，用Ⅰ表示。第一变形区是金属切削过程中主要的变形区，消耗大部分功率并产生大量的热量。

曲线 OA 称为始滑移面，曲线 OM 称为终滑移面。实验证明，始滑移面到终滑移面之间的距离（即剪切区）非常窄，约为 0.02～0.2mm，且切削速度越快距离越近。为使问题简化，常用一个平面 OM 代替第一变形区，平面 OM 称为剪切平面。剪切平面与切削速度之间的夹角称为剪切角（用 φ 表示），如图 2-14 所示。

(2) 第二变形区

金属切削层经过第一变形区后绝大部分开始成为切屑，切屑沿着刀具前面流出。由于受刀具前面挤压和摩擦的作用，切屑将继续发生强烈的变形，这个变形区域称为第二变形区，用Ⅱ表示（见图 2-14）。第二变形区的变形特点是：靠近刀具前面的切屑底层附近纤维化，切屑流动速度趋缓，甚至滞留在刀具前面上；切屑产生弯曲变形；由摩擦而产生的热量，使刀屑接触面附近温度升高等。第二变形区的变形，直接关系到刀具的磨损，也会影响第一变形区的变形大小。

(3) 第三变形区

在研究第一、第二变形区的变形时，是把刀具切削刃视为绝对锋利的，而且也不考虑刀具的磨损。但是，实际上再锋利的刃口把它放大来看，总是钝圆的；钝圆半径用 $r_。$表示。锋利的切削刃，一经切削，马上在靠近刃口的后面上被磨损，形成后角 $\alpha_{oe}=0°$ 的小棱面 BE，如图 2-16 所示。在研究第三变形区时，必须考虑切削刃口钝圆半径 r_0 和后角的小棱面 BE 的影响。

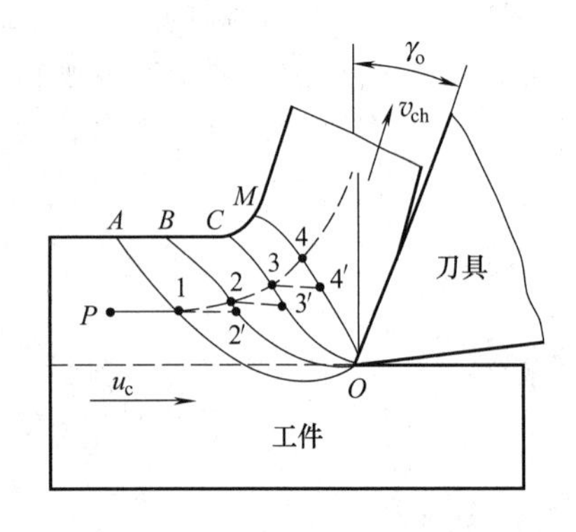

图 2-15　第一变形区的滑移变形

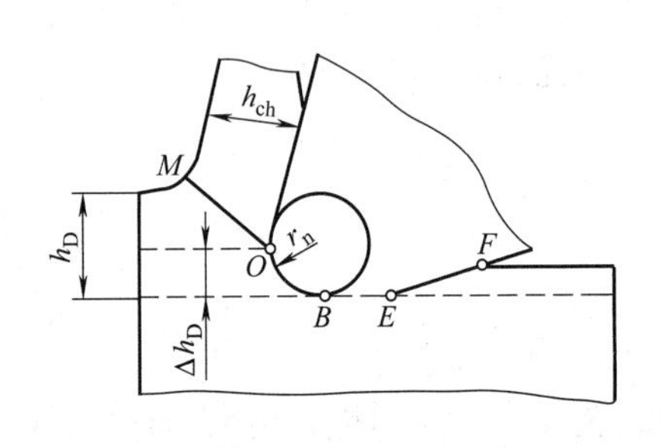

图 2-16　第三变形区已加工表面形成

当金属切削层进入第一变形区，便发生了塑性剪切滑移变形，而在切削刃口钝圆部分处这种变形更复杂、更激烈。切削层在刃口钝圆 O 点处分离为两部分：O 点以上部分成为切屑沿刀具前面流出；O 点以下部分绕过切削刃沿刀具后面流出，成为已加工表面。

如图 2-16 所示，由于刃口钝圆半径 r_0 的存在，在整个切削厚度 h_0 中，O 点以下厚度为 Δh_D 的那一层金属切削层，不能沿 OM 方向剪切滑移，只能受刃口钝圆 OB 的挤压；接着与 $\alpha_{oe}=0°$ 的小棱面 BE 相接触，受挤压和摩擦；然后，其弹性要恢复，又受刀具后面 EF 的挤压和摩擦。从刃口 O 点处一直到已加工表面的形成，那一层金属切削层一次次反复的受到剧烈的挤压和摩擦，产生塑性变形，这个变形区域称为第三变形区，用Ⅲ表示，如图 2-14 所示。

第三变形区的变形会造成已加工表面的加工硬化和产生残余应力，对已加工表面的质量影响密切。

金属切削过程中的三个变形区，虽然各自有其特征，但是，三个变形区之间有着紧密的互相联系和互相影响。

2.5.2　切屑类型

在金属切削过程中，由于工件材料的不同和切削条件的不同，切削产生的切屑，可分为四种类型，如图 2-17 所示。

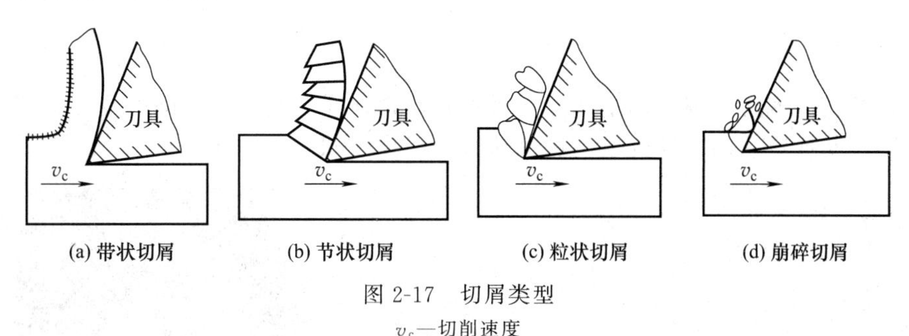

图 2-17　切屑类型

v_c—切削速度

(1) 带状切屑

切屑连续呈较长的带状，底面光滑，背面无明显裂纹，呈微小锯齿形。如图 2-17（a）所示。这种切屑是较常见的。出现带状切屑时，切削力波动小，切削过程较平稳，加工表面质量较好。但必须采取有效的断屑、排屑措施，否则会产生切屑缠绕以至损坏刀具、破坏加工质量，造成人身伤害等后果。

(2) 节状切屑

切屑背面有时有较深的裂纹，呈较大的锯齿形，如图 2-17（b）所示。出现节状切屑时，切削力波动较大、切削过程不太平稳，加工表面质量较差。

(3) 粒状切屑

切屑裂纹贯穿整个切屑断面，切屑成梯形粒状，如图 2-17（c）所示。这是切削应力超过工件材料的强度极限，裂纹扩展的结果。这种切屑较少见。出现粒状切屑时，切削力波动大，切削过程不平稳，加工表面质量差。

上述三种切屑，是在切削塑性金属材料时才能产生的，这些不同的切屑形态与切削条件有密切关系，改变切削条件，可使切屑形态相互转换，切屑形态相互转换的切削条件如下。

① 增大刀具前角　可使粒状切屑→节状切屑→带状切屑。

② 增大切削速度　可使粒状切屑→节状切屑→带状切屑。

③ 减小进给量　可使粒状切屑→节状切屑→带状切屑。

(4) 崩碎切屑

切屑呈不规则的碎块状，如图 2-17（d）所示。这种切屑，是在切削脆性金属材料时才会产生的。出现崩碎切屑时，切削过程不太平稳，易损坏刀具，加工表面较粗糙。

当采取减小进给量、减小刀具主偏角、适当提高切削速度等措施时，可使崩碎切屑转换为针状或片状切屑，切削过程中的不良现象得到改善。

2.5.3 切削变形程度的度量方法

在金属切削过程中，切削层转变为切屑，其形状变化如图 2-18 所示。长度缩短，即切削层长度 l 变为切屑长度 l_c；厚度增大，即切削层厚度 h_D 变为切屑厚度 h_{ch}；宽度变化极小，可忽略不计。这种现象能在一定程度上反映切削变形的大小，根据材料变形前后体积不变的规律，可用变形系数拿来度量切削变形的大小。变形系数的计算式为

$$\xi=\frac{l}{l_c}=\frac{h_{ch}}{h_D}$$

式中，l 为切削层长度；l_c 为切屑长度；h_{ch} 为切屑厚度；h_D 为切削层厚度。

变形因数 ξ 总是大于 1。ξ 非常直观地反映了切削变形程度：ξ 越大，切削变形越大，工件材料塑性越大，剪切角越小。变形因数 ξ 的测量较方便。一般常用变形因数来表示切削变形程度的大小。

2.5.4 积屑瘤

在一定的切削速度范围内切削塑性金属材料时，往往会在刀具切削刃及刀具部分前面上黏结堆积一楔状或鼻状的高硬度金属块，这金属块称为积屑瘤，如图 2-19 所示。

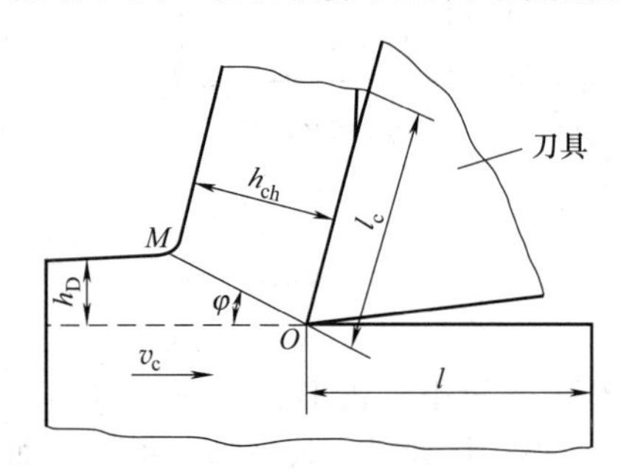

图 2-18 变形因数的度量

图 2-19 带有积屑瘤的切削根部显微照片
工件材料：20 钢
切削条件：v_c=29m/min a_v=0.2mm 干切削

(1) 积屑瘤的生长及消失

如图 2-20 所示，在一定的切削速度范围内切削塑性金属材料时，切屑与刀具前面有剧烈摩擦，使切屑底层流动缓慢。流动缓慢的称为滞流层。在刀—屑接触界面处，滞流层的流速接近于零，于是，滞流层与刀具前面发生黏结，这是形成积屑瘤的基础。随后，新的滞流层又在这基础上不断地黏结堆积，最后生成积屑瘤。

积屑瘤在生长的过程中，一直受到工件材料与切屑的挤压摩擦、受到切削的冲击振动、受到切削温度的升高等因素的作用和影响。因此，积屑瘤会随时破碎、脱落、消失。可以认为，积屑瘤的不断生成的过程，也是积屑瘤不断破碎、脱落和消失的过程。

(2) 积屑瘤对切削过程的影响

① 增大刀具前角　积屑瘤使刀具实际工作前角增大（γ_b 可至 30°），减小切削变形和切削力，如图 2-21 所示。

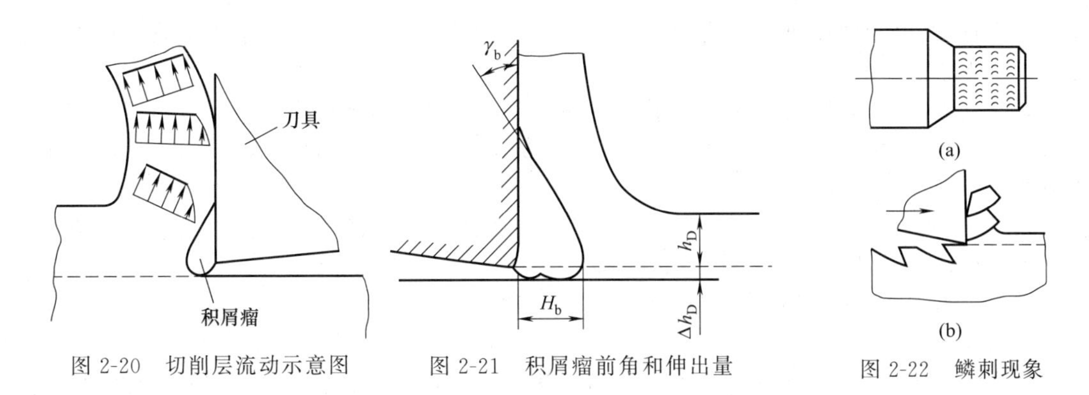

图 2-20　切削层流动示意图　　图 2-21　积屑瘤前角和伸出量　　图 2-22　鳞刺现象

② 提高刀具硬度　积屑瘤是由受了剧烈塑性变形而强化的被切材料堆积而成，其硬度是工件材料硬度的 2～3 倍。它可代替刀具切削刃进行切削。

③ 增大切削厚度　积屠瘤前端伸出于切削刃外，如图 2-21 所示，伸出量为 H_b，导致切削厚度增握了 Δh_D，不利于加工尺寸的精度。

④ 对刀具寿命的影响　积屑瘤包围着刀具切削刃及刀具部分前面，减少了刀具磨损，提高了刀具寿命。但是，积屑瘤的生长是一个不稳定的过程，积屑瘤随时会产生破裂、脱落的现象。脱落的碎片会粘走刀面上的金属材料，或者严重擦伤刀面，使刀具寿命下降。

⑤ 降低工件表面质量　由于积屑瘤的外形不规则，使被切削的工件表面不平整。又由于积屑瘤在不断地破碎和脱落，脱落的碎片使工件表面粗糙，产生缺陷。

根据上述积屑瘤对加工的影响说明，精加工时应防止积屑瘤的产生，粗加工时积屑瘤也显不出有多大的好处。因此，通常在切削加工中，不希望出现积屑瘤。

(3) 控制积屑瘤的措施

① 降低工件材料的塑性　可减小刀—屑间的摩擦因数，减少黏结，抑制积屑瘤的生长。

② 控制切削速度　取 $v_c<5\text{m/min}$ 的低切削速度，使切削温度低于 300℃，刀—屑间不会发生黏结，不会产生积屑瘤。或者，取 $v_c>100\text{m/min}$ 的高切削速度，使切削温度超过 500～600℃，导致金属的加工硬化和变形硬化消失，也不会产生积屑瘤。

③ 增大刀具前角　可减小切削变形和切削温度，从而可抑制积屑瘤的生长。

④ 合理使用切削液　既可减少切削摩擦，又可降低切削温度，从而使积屑瘤的生长得到抑制。

2.5.5　鳞刺

鳞刺是在已加工表面上呈鳞片状有裂口的毛刺，如图 2-22 所示。

切削塑性金属材料时，若切削速度较低，常常会产生鳞刺。鳞刺使已加工表面质量下降，表面粗糙度值增大 2～4 级。鳞刺形成的过程，可以分为四个阶段，如图 2-23 所示。

图 2-23（a）为抹拭阶段　金属切削加工时，切屑沿着刀具前面流出，逐渐擦净刀具前

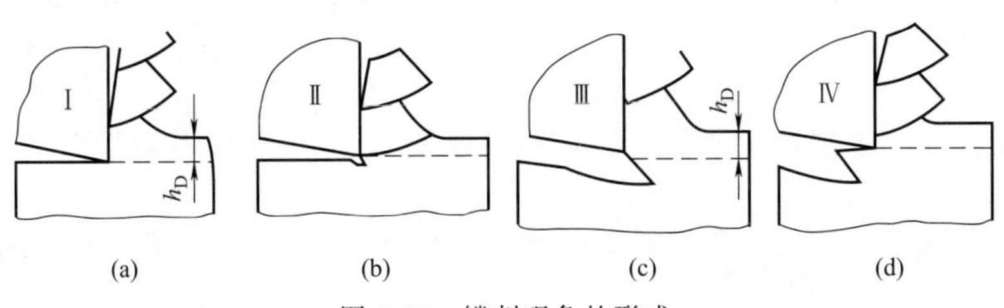

图 2-23　鳞刺现象的形成

面上的使切屑与刀具前面之间的摩擦因数逐渐增大，摩擦因数增大到一定值时，使切屑在刀具前面作短暂的停留。

图 2-23（b）为开裂阶段　由于停留的切屑代替刀具前面推挤切削层，导致切削区产生裂口。图 2-23（c）为层积阶段　随着推挤切削层的继续，裂口逐渐增大，同时，切削力也在逐渐增大。

图 2-23（d）为刮成阶段　当切削力增大到一定值时，从而使切屑能克服在刀具前面上的摩擦黏结时，切屑又开始沿刀具前面流出，一个鳞刺就这样刮成了。

第二个、第三个……鳞刺的形成，就是重复上述的过程。

控制鳞刺的措施：

在低的切削速度（$v_c \approx 10$m/min）时，减小进给量，增大刀具前角，采用润滑性能好的切削液，可抑制鳞刺的形成。

在较高的切削速度（$v_c \approx 30$m/min）时，工件材料调质处理，减小刀具前角，可抑制鳞刺的形成。高速切削，切削温度达 500℃以上，便不会产生鳞刺。

2.5.6　影响切削变形的主要因素

金属切削过程，是切削层极其复杂的变形过程。了解影响切削变形的主要因素和切削变形的规律，可在金属切削过程中采取有效措施，使切削过程处于一种较好的状态。影响切削变形的主要因素如下。

① 工件材料实验表明，如图 2-24 所示，工件材料强度越大（一般金属材料强度大，硬度也高），则变形系数越小，切削变形也越小；工件材料塑性越大，则变形系数越大。

② 刀具前角　如图 2-25 所示，刀具前角越大，则变形系数越小。这是因为刀具前角越大，切削刃口越锋利，切屑流出时的阻力减小，所以切削变形小。

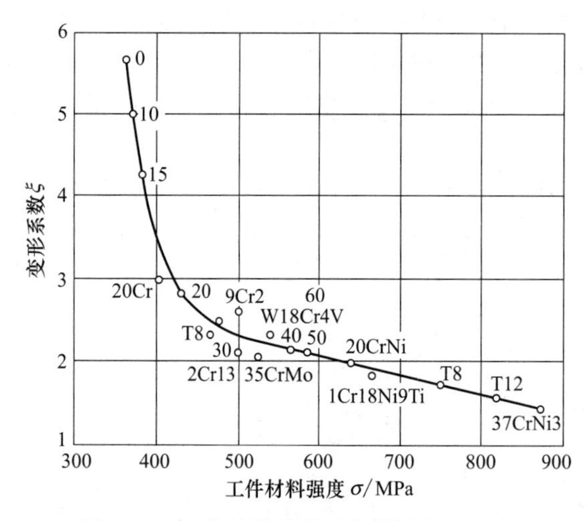

图 2-24　工件材料强度对变形系数的影响

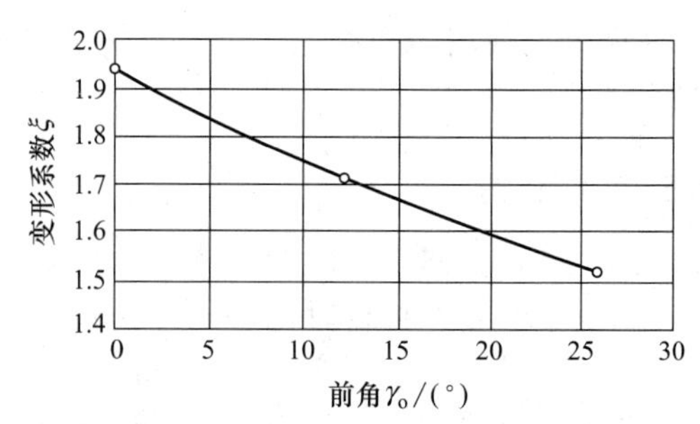

图 2-25　前角对变形系数 ξ 的影响
工件材料：45 钢　刀具类别：外圆车刀
几何参数：$\kappa_r=75°$

③ 切削速度　切削塑性金属材料时，切削速度 v_c 对切削变形的影响呈波浪形，如图 2-26所示。

④ 进给量　进给量增大，则切削厚度增大，切削变形减小，变形因数减小，如图 2-27 所示。

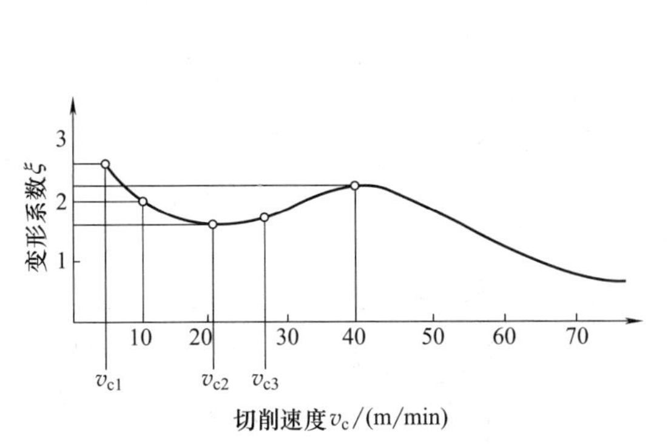

图 2-26　切削速度 v_c 对变形系数 ξ 的影响

加工条件：工件材料 45 钢，刀具材料 W18Cr4V，$\gamma_o=5°$，$f=0.23$mm/r，直角自由切削

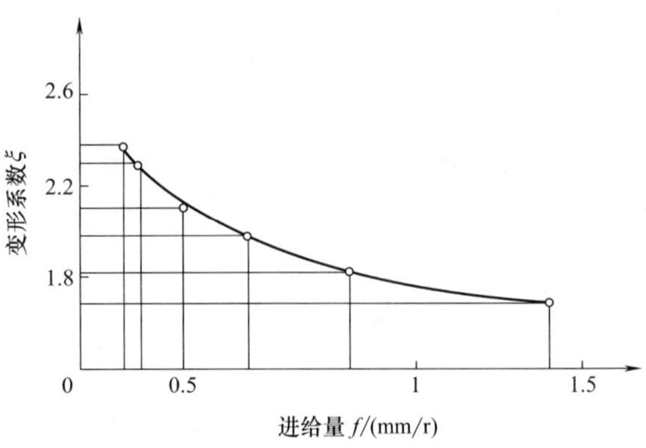

图 2-27　进给量 f 对变形系数 ξ 的影响

加工条件：硬质合金刀具，$\gamma_o=10°$，$\lambda_s=0°$ $r_\varepsilon=1.5$mm，$v_c=100$m/min，工件材料 50 钢

2.6 切　削　力

切削力是金属切削过程中重要的物理现象之一。它直接影响着工件质量、刀具寿命、机床动力消耗，是设计机床、刀具、夹具不可缺少的要素之一。学习和掌握切削力的知识和规律，是很有实际意义的。

2.6.1　切削力的产生

切削加工时，工件材料抵抗刀具切削所产生的阻力，称为切削力。

如图 2-28 所示，切削加工时，在刀具的作用下，切削层、切屑和工件都要产生弹性变形和塑性变形，这些变形产生的力，将转变为正压力 $F_{n\gamma}$ 和 $F_{n\alpha}$，分别作用于刀具的前面和刀具的后面上。同时，又因为切屑与刀具前面、工件与刀具后面有相对运动，在正压力作用下，会产生摩擦力 $F_{f\gamma}$ 和 $F_{f\alpha}$，分别作用于刀具的前面和刀具的后面上。把刀具前面上的力 $F_{n\gamma}$、$F_{f\gamma}$ 合成为 F_γ，把刀具后面上的力 $F_{n\alpha}$、$F_{f\alpha}$ 合成为 F_α，然后，再把力 F_γ 和 F_α 合成为 F，F 就称为总切削力。

综上所述，总切削力来源于两个方面：一是三个变形区的变形力；二是切屑与刀具前面、工件与刀具后面之间的摩擦力。

2.6.2　总切削力的分解

根据生产实际需要及测量方便，通常将总切削力 F 分解为三个互相垂直的分力，即主切削力 F_c、背向力 F_p 和进给力 F_f，如图 2-29 所示。

① 主切削力 F_c　是总切削力在主运动方向上的分力。F_c 使机床消耗的功率最多，是计算机床功率、刀具强度、设计机床夹具、选择切削用量的不可少的参数。

② 背向力 F_p　是总切削力在垂直于进给运动方向上的分力。F_p 不消耗机床功率，是校验工件刚性、机床刚性的不可少的参数。

③ 进给力 F_f　是总切削力在进给运动方向上的分力。F_f 使机床消耗的功率很少，是计算机床进给功率、设计机床进给机构、校验机床进给机构强度的不可少的参数。

总切削力 F 与三个互相垂直的分力 F_c、F_p、F_f 的关系如图 2-29 所示。它们之间的关

系表达式为

$$F=\sqrt{F_c^2+F_D^2}=\sqrt{F_c^2+F_p^2+F_f^2}$$

$$F_p=F_D\cos\kappa_\gamma \quad F_f=F_D\sin\kappa_\gamma$$

由上式可知：主偏角 κ_r 的大小直接影响 F_p 和 F_f 的大小。

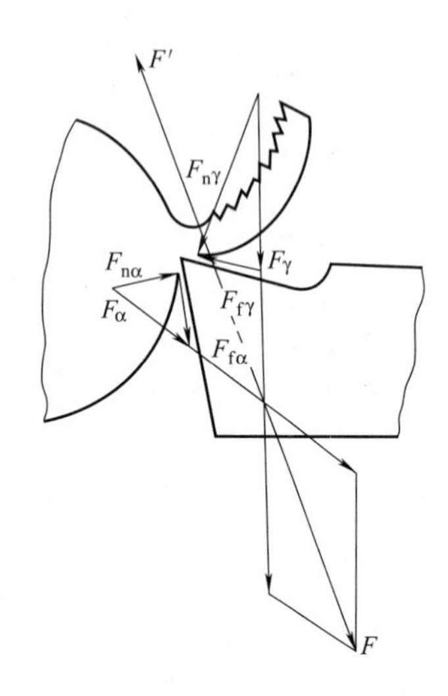

图 2-28 切削力的产生和合成

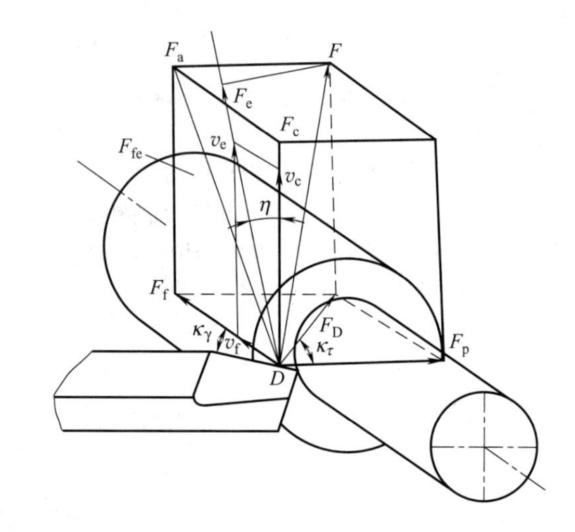

图 2-29 切削力的分解

2.6.3 切削力的测量与计算

切削力的大小数值，可以用仪器测量的方法获得，也可以用公式计算的方法获得。

(1) 切削力的测量

用仪器测量切削力，主要是用测力仪测量。测力仪的种类很多，有机械式、液压式、电感式、电阻式和压电晶体式等。目前常用的是电阻式测力仪。

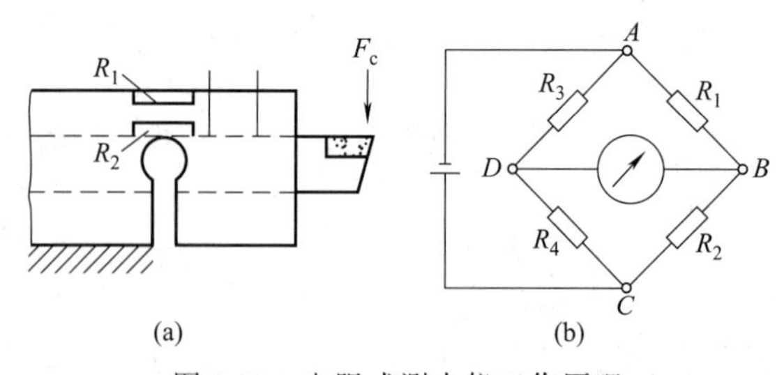

图 2-30 电阻式测力仪工作原理

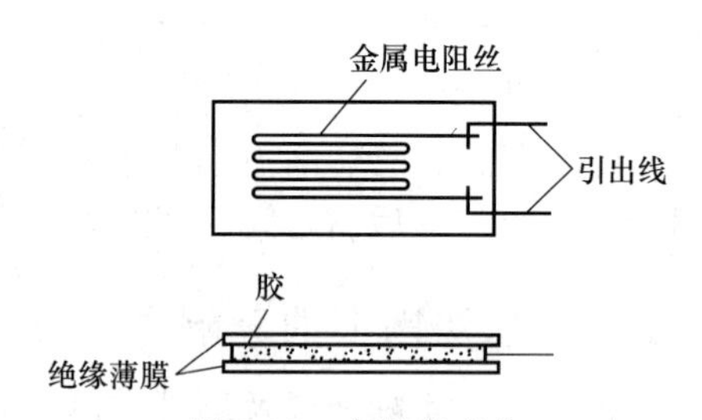

图 2-31 电阻应变片

电阻式测力仪工作原理如图 2-30 所示。车刀装在测力仪的弹性元件上，这一弹性元件实质上是一个特殊形式的刀柄，上面粘贴着具有一定电阻值的电阻应变片，如图 2-31 所示。将电阻应变片连接成电桥，如图 2-30（b）所示。设电桥各臂的电阻为 R_1、R_2、R_3、R_4，如果 $R_1/R_2=-R_3/R_4$，则电桥平衡，电路中 B、D 两点间的电位差为零，电流表中无电流通过。在切削力作用下，弹性元件产生变形，黏接在它上面的电阻应变片也随之受到拉伸或压缩，从而使应变片的电阻值发生变化，如图 2-30（a）所示。在 F_c 作用下，电阻应变片 R_1 受张力，其长度增加，截面积减小，电阻值增大；电阻应变片 R_2 受压力，其结果相反。因此，电桥失去平衡，B、D 两点间产生了电位差，于是电流表中有电流通过。切削力越大，弹性元件产生的变形越大，电桥输出端的电位差和电流也相应增大。通过标定，可以得到电压或电流读数与切削力之间的关系曲线（标定曲线）。测量时，只要测得电压或电流读数，就能从标定曲线上查出相应切削力的数值。

测力仪有可测单向的、两向的和三向的几种。单向的只能测量一个切削分力；三向的能测量三个方向的切削分力。

(2) 切削力的计算

① 指数公式

主切削力：$F_c=9.81C_{F_c}a_p^{x_{F_c}}f^{y_{F_c}}v_c^{n_{F_c}}K_{F_c}$ （N）

背向力：$F_p=9.81C_{F_p}a_p^{x_{F_p}}f^{y_{F_p}}v_c^{n_{F_p}}K_{F_p}$ （N）

进给力：$F_f=9.81C_{F_f}a_p^{x_{F_f}}f^{y_{F_f}}v_f^{n_{F_f}}K_{F_f}$ （N）

式中，C_{F_c}、C_{F_p}、C_{F_f} 为决定切削条件和工件材料的因数，可查表 2-3；$x_{F_c}y_{F_c}n_{F_c}x_{F_p}y_{F_p}n_{F_p}x_{F_f}y_{F_f}n_{F_f}$ 分别为三个分力公式中 a_p，f，v_c 的指数，可查表 2-3；K_{F_c}、K_{F_p}、K_{F_f} 分别为三个分力的总修正系数，可分别表示为 $K_{F_c}=K_{mF_c}K_{\gamma_oF_c}K_{\kappa_\gamma F_c}K_{\lambda_sF_c}K_{\gamma_\varepsilon F_c}$、$K_{F_p}=K_{mF_p}K_{\gamma_oF_p}K_{\kappa_\gamma F_p}K_{\lambda_sF_p}K_{\gamma_\varepsilon F_p}$、$K_{F_f}=K_{mF_f}K_{\gamma_oF_f}K_{\kappa_\gamma F_f}K_{\lambda_sF_f}K_{\gamma_\varepsilon F_f}$

各系数可分别由表 2-4、表 2-5 查得。

表 2-3　车削时的切削分力及切削功率的计算公式

计算公式	
切削力 F_c/N　$F_c=9.81C_{F_c}a_p^{x_{F_c}}f^{y_{F_c}}v_c^{n_{F_c}}K_{F_c}$	背向力 F_p/N　$F_p=9.81C_{F_p}a_p^{x_{F_p}}f^{y_{F_p}}v_p^{n_{F_p}}K_{F_p}$
进给力 F_f/N　$F_f=9.81C_{F_f}a_f^{x_{F_f}}f^{y_{F_f}}v_f^{n_{F_f}}K_{F_f}$	切削时消耗的功率 P_c/kW　$P_c=F_cv_c\times10^{-3}$

加工材料	刀具材料	加工形式	切削力 F_c				背向力 F_p				进给力 F_f			
			C_{F_c}	x_{F_c}	y_{F_c}	n_{F_c}	C_{F_p}	x_{F_p}	y_{F_p}	n_{F_p}	C_{F_f}	x_{F_f}	y_{F_f}	n_{F_f}
结构钢及铸钢 $\sigma_b=0.637$GPa	硬质合金	外圆纵车、横车及车孔	270	1.0	0.75	−0.15	199	0.9	0.6	−0.3	294	1.0	0.5	−0.4
		车槽及切断	367	0.72	0.8	0	142	0.73	0.67	0	—	—	—	—
		切螺纹	133	—	1.7	0.71	—	—	—	—	—	—	—	—
	高速钢	外圆纵车、横车及车孔	180	1.0	0.75	0	94	0.9	0.75	0	54	1.2	0.65	0
		车槽及切断	222	1.0	1.0	0	—	—	—	—	—	—	—	—
		成形车削	191	1.0	0.75	0	—	—	—	—	—	—	—	—
不锈钢 1Gr18Ni9Ti，≤187HBS	硬质合金	外圆纵车、横车及车孔	204	1.0	0.75	0	—	—	—	—	—	—	—	—
灰铸铁 190HBS	硬质合金	外圆纵车、横车及车孔	92	1.0	0.75	0	54	0.9	0.75	0	46	1.0	0.4	0
		车螺纹	103	—	1.8	0.82	—	—	—	—	—	—	—	—
	高速钢	外圆纵车、横车及车孔	114	1.0	0.75	0	119	0.9	0.75	0	51	1.2	0.65	0
		车槽及切断	158	1.0	1.0	0	—	—	—	—	—	—	—	—
可锻铸铁 170HBS	硬质合金	外圆纵车、横车及车孔	81	1.0	0.75	0	43	0.9	0.75	0	38	1.0	0.4	0
	高速钢	外圆纵车、横车及车孔	100	1.0	0.75	0	88	0.9	0.75	0	40	1.2	0.65	0
		车槽及切断	139	1.0	1.0	0	—	—	—	—	—	—	—	—
中等硬度不均质铜合金 120HBS	高速钢	外圆纵车、横车及车孔	55	1.0	0.66	0	—	—	—	—	—	—	—	—
		车槽及切断	75	1.0	1.0	0	—	—	—	—	—	—	—	—
铝及铝硅合金	高速钢	外圆纵车、横车及车孔	40	1.0	0.75	0	—	—	—	—	—	—	—	—
		车槽及切断	50	1.0	1.0	0	—	—	—	—	—	—	—	—

表 2-4　钢和铸铁的强度和硬度改变时切削力的修正系数

加工材料	结构钢和铸钢	灰铸铁	可锻铸铁
系数 K_{m_F}	$K_{m_F}=\left(\frac{\sigma_b}{0.637}\right)^{n_F}$	$K_{m_F}=\left(\frac{HBS}{190}\right)^{n_F}$	$K_{m_F}=\left(\frac{HBS}{150}\right)^{n_F}$

加工材料	车削时的切削力						钻削	
	F_c		F_p		F_f		M 及 F	
	刀具材料							
	硬质合金	高速钢	硬质合金	高速钢	硬质合金	高速钢	硬质合金	高速钢
	指数 n_F							
结构钢及铸钢： $\sigma_b \leqslant 0.588$GPa $\sigma_b > 0.588$GPa	0.75	0.35 0.75	1.35	2.0	1.0	1.5	0.75	
灰铸铁及可锻铸铁	0.4	0.55	1.0	1.3	0.8	1.1	0.6	

表 2-5　加工钢及铸铁时刀具几何参数改变时切削力的修正系数

参数		刀具材料	修正系数			
名称	数值		名称	F_c	F_p	F_f
主偏角 κ_γ/(°)	30	硬质合金	$K_{\kappa_{\gamma_F}}$	1.08	1.30	0.78
	45			1.0	1.0	1.0
	60			0.94	0.77	1.11
	75			0.92	0.62	1.13
	90			0.89	0.50	1.17
	30	高速钢		1.08	1.63	0.7
	45			1.0	1.0	1.0
	60			0.98	0.71	1.27
	75			1.03	0.54	1.51
	90			1.08	0.44	1.82
前角 γ_o/(°)	−15	硬质合金	$K_{\gamma_{o_F}}$	1.25	2.0	2.0
	−10			1.2	1.8	1.8
	0			1.1	1.4	1.4
	10			1.0	1.0	1.0
	20			0.9	0.7	0.7
	12～15	高速钢		1.15	1.6	1.7
	20～25			1.0	1.0	1.0
刃倾角 λ_s/(°)	+5	硬质合金	$K_{\lambda_{s_F}}$	1.0	0.75	1.07
	0				1.0	1.0
	−5				1.25	0.85
	−10				1.5	0.75
	−15				1.7	0.65
刀尖圆弧半径 r_ε/mm	0.5	高速钢	$K_{\gamma_{\varepsilon_F}}$	0.87	0.66	1.0
	1.0			0.93	0.82	
	2.0			1.0	1.0	
	3.0			1.04	1.14	
	5.0			1.1	1.33	

② 单位切削力　单位切削力 K_c 是指单位切削面积上的主切削力。其计算式为

$$K_c=\frac{F_c}{A_D}=\frac{F_c}{a_p f}=\frac{F_c}{b_D h_D}$$

式中，K_c 为单位切削力，N/mm^2；F_c 为主切削力，N；A_D 为切削层公称横截面积，mm^2；a_p 为背吃刀量，mm；f 为进给量，mm/r；b_D 为切削层公称宽度，mm；h_D 为切削层公称厚度，mm。

若已知单位切削力 K_c，且 a_p、f 也确定，可求切削力 F_c。

$$F_c=K_c a_p f=K_c b_D h_D$$

式中的 K_c 是指 $f=0.3\text{mm/r}$ 时的单位切削力，不同材料的单位切削力可查表 2-6。

当实际进给量 f 大于或小于 0.3mm/r 时，计算式需乘以一个修正系数 K_{fkc}，K_{fkc} 可查表 2-7。

2.6.4　切削功率的计算

金属切削时，在变形区内所消耗的功率，是由主切削力 F。消耗的切削功率和进给力 F_f 消耗的进给功率两部分组成的。由于进给功率值很小，所占总的消耗功率只有 1%～5%，可以忽略不计。因此，切削功率的计算式为

$$P_c=\frac{F_c v_c}{6}\times 10^{-4}$$

式中，P_c 为切削功率，kW；F_c 为主切削力，N；v_c 为切削速度，m/min。

所需机床电动机功率 P_E 为

$$P_E=P_c/\eta_m$$

式中，η_m 为机床传动效率，一般取 $\eta_m=0.75\sim0.85$。

表 2-6　硬质合金外圆车刀切削常用金属时单位切削力和单位切削功率（$f=0.3\text{mm/r}$）

加工材料				实验条件		单位切削力	单位切削功率
名称	牌号	制造热处理状态	硬度/HBS	车刀几何参数	切削用量范围	K_c/(N/mm²)	P_s/(kW/mm³·s)
碳素结构钢 合金结构钢	Q235	热轧或正火	134～137	$\gamma_o=15°$ $\kappa_r=75°$ $\lambda_s=0°$ $b_{\gamma_1}=0$ 前面带卷屑槽	$a_p=1\sim5\text{mm}$ $f=0.1\sim0.5\text{mm/r}$ $v_c=90\sim105\text{m/min}$	1884	1884×10^{-6}
	45		187			1962	1962×10^{-6}
	40Cr		212			1962	1962×10^{-6}
	45	调质	229	$b_\gamma=0.2\text{mm}$ $\gamma_o=-20°$ 其余同上		2305	2305×10^{-6}
	40Cr		285			2305	2305×10^{-6}
不锈钢	1Cr18Ni9Ti	淬火回火	170～179	$\gamma_o=20°$ 其余同上		2453	2453×10^{-6}
灰铸铁	HT200	退火	170	前面无卷屑槽 其余同上	$a_p=2\sim10\text{mm}$ $f=0.1\sim0.5\text{mm/r}$ $v_c=70\sim80\text{m/min}$	1118	1118×10^{-6}
可锻铸铁	KHT300—06	退火	170	前面无卷屑槽 其余同上		1344	1344×10^{-6}

表 2-7　进给量 f 对单位切削力或单位切削功率的修正系数 $K_{f_{h_c}}$、$K_{f_{p_s}}$

f	0.1	0.15	0.2	0.25	0.3	0.35	0.4	0.45	0.5	0.6
$K_{f_{h_c}}/K_{f_{p_s}}$	1.18	1.11	1.06	1.03	1	0.97	0.96	0.94	0.925	0.9

2.6.5　计算切削力、切削功率的举例

已知车刀车削外圆：工件材料 45 钢（抗拉强度 $\sigma_b=0.588\text{GPa}$）；刀具材料 YT15；刀具几何参数 $\gamma_o=10°$，$\kappa_r=60°$，$\lambda_s=0°$，$\gamma_\varepsilon=0.5\text{mm}$；切削用量 $v_c=100\text{m/min}$，$f=0.4\text{mm/r}$，$a_p=2\text{mm}$。

求：各切削分力，切削功率和机床功率。

解：各切削分力计算公式为

$$F_c=9.81C_{F_c}a_p^{x_{F_c}}f^{y_{F_c}}v_c^{n_{F_c}}K_{F_c} \tag{2-3}$$

$$F_{p}=9.81C_{F_{p}}a_{p}^{x_{F_{p}}}f^{y_{F_{p}}}v_{c}^{n_{F_{p}}}K_{F_{p}} \tag{2-4}$$

$$=9.81C_{F_{f}}a_{p}^{x_{F_{f}}}f^{y_{F_{f}}}v_{c}^{n_{F_{f}}}K_{F_{f}} \tag{2-5}$$

查表 2-3，决定切削条件和工件材料的因数值和 a_p、f、v_c 的指数值。

$$C_{F_c}=270 \qquad C_{F_p}=199 \qquad C_{F_f}=294$$

$$x_{F_c}=1 \qquad y_{F_c}=0.75 \qquad n_{F_c}=-0.15$$

$$x_{F_p}=0.9 \qquad y_{F_p}=0.6 \qquad n_{F_p}=-0.3$$

$$x_{F_f}=1 \qquad y_{F_f}=0.5 \qquad n_{F_f}=-0.4$$

总修正系数计算式为

$$K_{F_c}=K_{mF_c}K_{\gamma_o F_c}K_{\kappa_r F_c}K_{\lambda_s F_c}K_{\gamma_\varepsilon F_c} \tag{2-6}$$

$$K_{F_p}=K_{mF_p}K_{\gamma_o F_p}K_{\kappa_r F_p}K_{\lambda_s F_p}K_{\gamma_\varepsilon F_p} \tag{2-7}$$

$$K_{F_f}=K_{mF_f}K_{\gamma_o F_f}K_{\kappa_r F_f}K_{\lambda_s F_f}K_{\gamma_\varepsilon F_f} \tag{2-8}$$

查表 2-4、表 2-5 得各因数值，有

$$K_{mF_c}=\left(\frac{\sigma_b}{0.637}\right)^{n_{F_c}}=\left(\frac{0.588}{0.637}\right)^{0.75}=0.94$$

$$K_{mF_p}=\left(\frac{0.588}{0.637}\right)^{1.35}=0.90$$

$$K_{mF_f}=\left(\frac{0.588}{0.637}\right)^{1}=0.92$$

$$K_{\gamma_o F_c}=1 \qquad K_{\gamma_o F_p}=1 \qquad K_{\gamma_o F_f}=1$$

$$K_{\kappa_r F_c}=0.94 \qquad K_{\kappa_r F_p}=0.77 \qquad K_{\kappa_r F_f}=1.11$$

$$K_{\lambda_s F_c}=1 \qquad K_{\lambda_s F_p}=1 \qquad K_{\lambda_s F_f}=1$$

$$K_{\gamma_\varepsilon F_c}=0.87 \qquad K_{\gamma_\varepsilon F_p}=0.66 \qquad K_{\gamma_\varepsilon F_f}=1$$

（$K_{\gamma_\varepsilon F_c}$、$K_{\gamma_\varepsilon F_p}K_{\gamma_\varepsilon F}$为参照高速钢刀具材料得到）

把上述计算、查表所得数值代入式（2-6）～式（2-8），有

$$K_{F_c}=0.94\times1\times0.94\times1\times0.87=0.77 \tag{2-9}$$

$$K_{F_p}=0.9\times1\times0.77\times1\times0.66=0.46 \tag{2-10}$$

$$K_{F_f}=0.92\times1\times1.11\times1\times1=1.02 \tag{2-11}$$

把查表 2-3 所得数值和式（2-9）～式（2-11）分别代入式（2-3）～式（2-5），即得各切削分力为

$$F_c=9.81\times270\times2^1\times0.4^{0.75}\times100^{-0.15}\times0.77\text{N}=1028\text{N}$$

$$F_p=9.81\times199\times2^{0.9}\times0.4^{0.6}\times100^{-0.3}\times0.46\text{N}=243\text{N}$$

$$F_f=9.81\times294\times2^1\times0.4^{0.5}\times100^{-0.4}\times1.02\text{N}=590\text{N}$$

切削功率为

$$P_c=\frac{F_c v_c}{60000}=\frac{1028\text{N}\times100\text{m/min}}{60000}=1.7\text{kW}$$

机床功率为

$$P_E=\frac{P_c}{\eta_m}=\frac{1.7\text{kW}}{0.8}=2.13\text{kW}$$

2.6.6 影响切削力的主要因素

(1) 工件材料的影响

工件材料的性能是决定切削力大小的主要因素之一。一般来说，工件材料的强度、硬度

越高，则切应力越大，切削力越大。在强度、硬度相近的情况下，工件材料的塑性、冲击韧度越大，则加工硬化越高，切削变形越大，切削力越大。例如不锈钢 1Cr18Ni9Ti 的硬度接近 45 钢（229HBS），但伸长率是 45 钢的 4 倍，所以，在切削时加工硬化严重，产生的切削力比 45 钢增大 25%。加工铜、铝等有色金属，虽然塑性也很大，但因为其加工硬化的能力差，所以切削力小。加工铸铁，由于其强度和塑性均比钢小，且切削时崩碎切屑与刀具前面的接触面积小，产生的摩擦力小，所以，切削力比钢小。

(2) 切削用量的影响

① 背吃刀量　背吃刀量 a_p 增大，切削力 F_c 也增大，这从切削力的指数计算公式及表 2-3 已证明。并且，a。增大 1 倍时，F。增大约 1 倍。其主要原因是，f 增大 1 倍时，切削厚度 h_D 不变，而切削宽度 b_D 增大 1 倍，切削刃上的切削载荷随之增大 1 倍，即第一、二变形区的变形和摩擦按比例增大，所以导致切削力 F_c 增大约 1 倍。

② 进给量　进给量 f 增大，切削力 F_c 也增大。这从切削力的指数计算公式及表 2-3 已证明。但是，f 增大 1 倍时，F_c 仅增大 75%左右。其主要原因是，f 增大 1 倍时，切削宽度 b_D 不变，而切削厚度 h_D 增大 1 倍，切削变形减少，使第一、二变形区的变形和摩擦不能按比例增长，所以，使切削力 F_c 只能增大 75%左右。

③ 切削速度　切削一般钢的材料，切削速度 v_c 对切削力 F_c 的影响呈波浪形，如图 2-32 所示。

切削铸铁等脆性材料时，因塑性变形小，切削速度 v_c 对切削力 F_c 无明显影响。

(3) 刀具几何参数的影响

① 前角　如图 2-33 所示。前角 γ_0 增大，若后角 α_o 不变，楔角 β_o 减小，则刀具锋利，切削变形减小，使切削力下降。加工塑性大的材料，增大前角，切削力下降明显；加工脆性的材料，增大前角，切削力下降不显著。增大前角，使各分为 F_c、F_p、F_f 都减小。

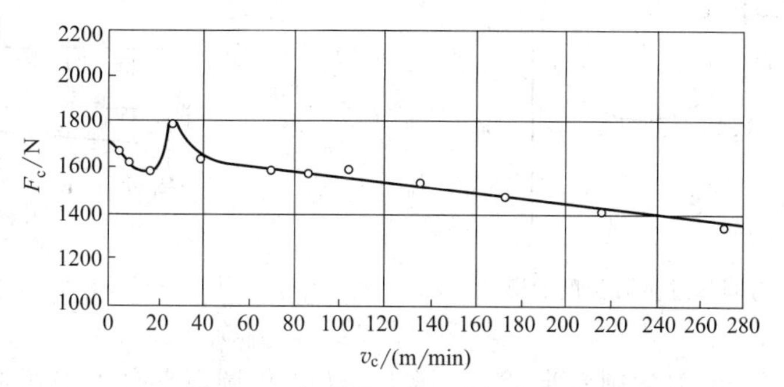

图 2-32　切削速度对切削力的影响

工件材料：45 钢（正火），187HBS；

刀具几何参数：$\gamma_o=18°$，$\alpha_o=6°\sim8°$，$\kappa_r=75°$，

$\lambda_s=0°$，$r_\varepsilon=0.2$mm；切削用量：$a_p=3$mm，$f=0.25$mm/r

② 主偏角　如图 2-34 所示。切削一般钢时，当主偏角 $\kappa_\gamma<60°\sim75°$时，随着 κ_γ 的增大，切削力 F_c 减小。当 $\kappa_\gamma=60°\sim75°$时，F_c 减小至最小。当 $\kappa_\gamma>60°\sim75°$时，随着 κ_γ 的增大，F_c 增大。F_c-κ_r 曲线变化的原因是，当主偏角 κ_r 增大时，切削厚度 h_D 增大，使切削变形减小，切削力减小，在 $\kappa_r=60°\sim75°$以前，这种影响起主要作用；另外，由于车刀均有刀尖圆弧半径 r_ε，当 κ_r 增大时，刀尖处圆弧部分长度增加。如图 2-35 所示，当 κ_r 分别为 30°、45°、60°、75°时，刀尖处圆弧部分长度分别为$\overset{\frown}{AB}$、$\overset{\frown}{AC}$、$\overset{\frown}{AD}$、$\overset{\frown}{AE}$递增，其切削变形也随之增大，从而使切削力增大。在 $\kappa_r=75°$以后，这种影响起主导作用。

在切削铸铁等脆性材料时，主偏角对切削力的影响很小，可忽略。

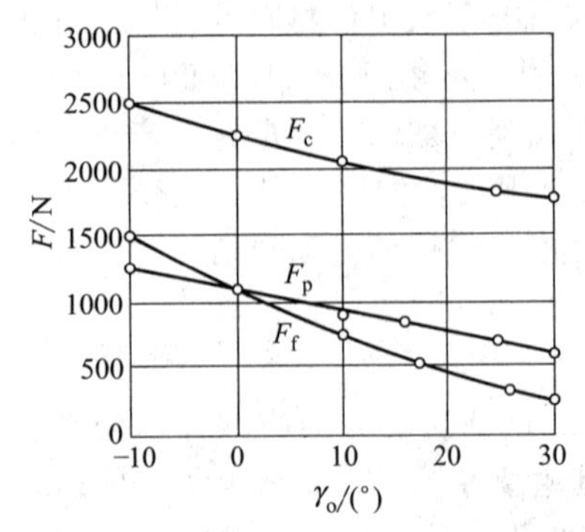

图 2-33　前角对 F_c，F_p，F_f 的影响

工件材料：45 钢，187HBS；刀具材料：YT15；
切削用量：$v_c=100$m/min，$a_p=4$mm，
$f=0.25$mm/r

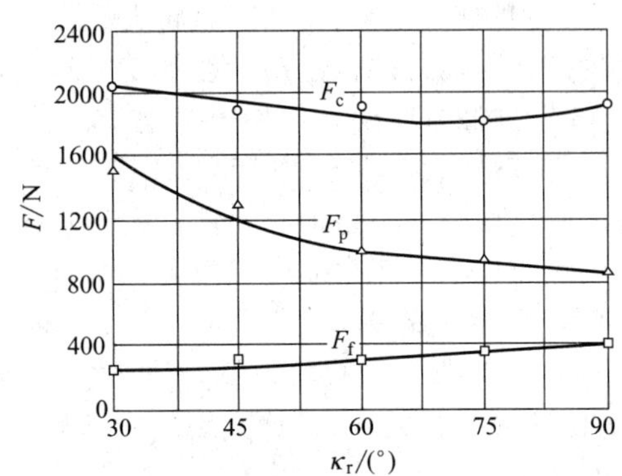

图 2-34　主偏角对 F_c，F_γ，F_f 的影响

工件材料：45 钢（正火），187HBS；刀具结构：焊接平前面外圆车刀；刀具材料：YT15；刀具几何参数：
$\gamma_o=18°$，$\alpha_o=6°$，$\lambda_s=0°$，$b_{\gamma_1}=0$，
$r_\varepsilon=0.2$mm；切削用量：$v_c=95.5\sim103.5$m/min，
$a_p=3$mm，$f=0.3$mm/r

背向力 F_p 随 κ_r 增大而减小；进给力 F_f 随 κ_r 增大而增大。

③ 刃倾角　刃倾角 λ_s 对切削力 F_c 的影响较小，而对背向力 F_p 和进给力 F_f 影响较大，如图 2-36 所示。

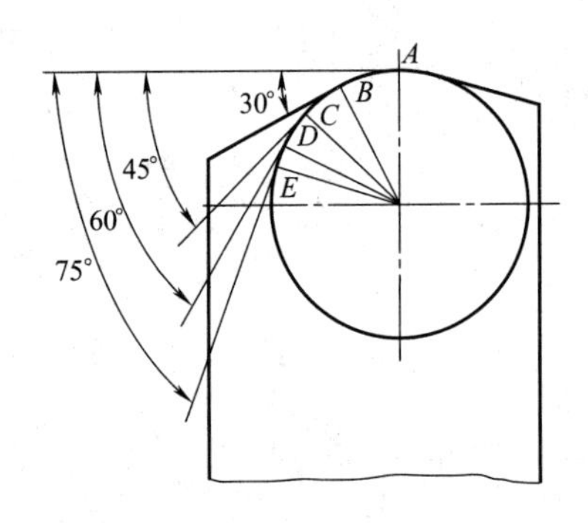

图 2-35　主偏角对圆弧过渡刃长度的影响

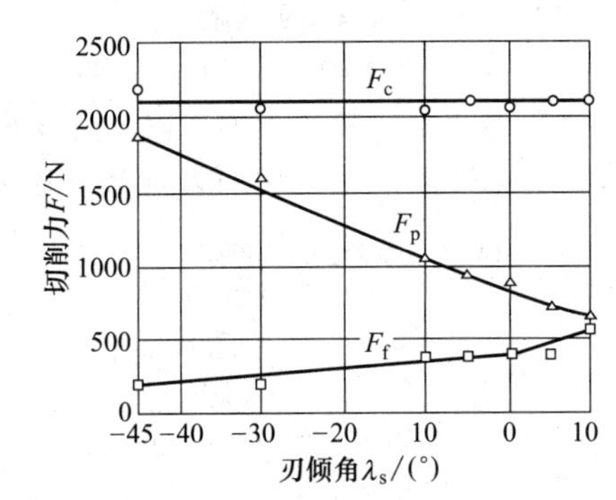

图 2-36　λ_s 对 F_c、F_f、F_p 的影响

④ 刀尖圆弧半径　刀尖圆弧半径 r_ε 增大，刀尖处圆弧部分参加切削的长度增大。因此，切削变形增大，切削力增大。

另外，刀尖处圆弧部分上各点的偏角不同，其平均角度值小于主切削刃直线部分的砖值，因此，使背向力 F_p 增大，进给力 F_f 减小。

(4) 切削液的影响

切削液具有冷却、润滑、清洁、防锈的作用。选用润滑性能好的切削液，可以减小刀具前面与切屑、刀具后面与工件之间的摩擦，从而降低切削力。如矿物油、植物油、极压切削油都有良好的润滑性能。

2.7　切削热与切削温度

切削热是切削过程中的另一重要物理现象。切削热和由它产生的切削温度，是刀具磨损

和影响工件质量的重要因素。切削温度过高会使刀具磨损加剧，寿命下降；工件和刀具受热膨胀会导致工件精度变差，质量恶化。

2.7.1　切削热的产生与传出

切削热来源于切削层金属发生弹性、塑性变形所产生的热及切屑与前刀面、工件与后刀面之间的摩擦，如图 2-37 所示。切削塑性材料时，切削热主要来源于金属切削层的塑性变形和切屑与前刀面的摩擦。切削脆性材料时，切削热主要来源于刀具后刀面与工件的摩擦。

切削时所消耗的功约有 98%～99%转换为切削热。切削热分别由切屑、刀具、工件和周围的介质传导出去。各部分传出热量的比例，随工件材料、刀具材料及加工方式不同而不同。

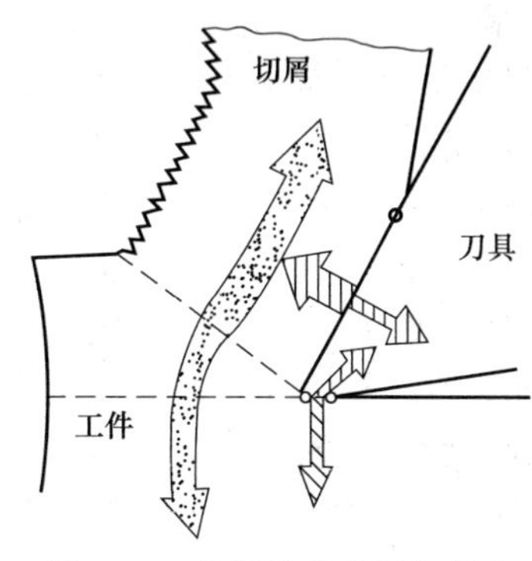

图 2-37　切削热的来源与传出

2.7.2　切削温度的分布

切削温度一般指前刀面与切削接触区域的平均温度。在切削过程中，切屑、刀具和工件不同部位的温度分布是不均匀的。在刀具的前刀面和后刀面，最高温度点都不在切削刃上，而是在离切削刃有一定距离的地方，这是摩擦热沿刀面不断增加的缘故。在靠近刀具前面的切屑底层上，温度变化很大，而在已加工表面上，较高的温度仅存在于切削刃附近一个很小的范围。

2.7.3　影响切削温度的主要因素

(1) 切削用量对切削温度的影响

由于切削速度、进给量和背吃刀量的变化对切削热的产生和传导的影响不同，所以对切削温度的影响也不同。提高切削速度，切削温度将显著上升。因为切屑沿前刀面流出时，由切屑底层与前刀面发生强烈摩擦而产生大量切削热，由于切削速度很高，在很短的时间内切屑底层的热来不及向切屑内部传导，而大量积聚在切屑底层，使切削温度显著升高；进给量增大，单位时间内的金属切除量增多，切削热增多，切削温度上升，但切削温度随进给量增大而升高的幅度不如切削速度那么显著；背吃刀量对切削温度的影响很小。因为背吃刀量增大，切削区产生的热量虽成正比例增加，但切削刃参加工作长度增加，散热条件得到改善，故切削温度升高并不明显。

(2) 工件材料的影响

工件材料的强度和硬度越高，单位切削力越大，切削时所消耗的功就越多，产生的切削热也多，切削温度就高。工件材料的热导率越小，传热速度就越慢，切削温度也越高。铸铁等脆性材料在切削时的塑性变形和摩擦较小，产生的热也少，切削温度比钢件低。

(3) 刀具几何参数的影响

前角的大小直接影响切削过程中的变形和摩擦，对切削温度有明显影响。前角大，切削温度低；前角小，切削温度高。主偏角加大后，切削刃的工作长度缩短，切削热相对集中；但刀尖角减小，使散热条件变差，切削温度将上升，反之则下降。

(4) 其他因素

切削液对降低切削温度有显著的效果，切削液对切削温度的影响与切削液的导热性能、比热容、使用方式等有关。

此外，刀具后刀面磨损增大时，刀具与工件之间的摩擦增大，使切削温度升高。

2.8 切削液

(1) 切削液的作用

① 冷却作用　切削液的冷却作用主要靠热传导带走大量的热来降低切削温度，冷却性能取决于它的导热系数、比热容、汽化热、汽化速度、流量、流速等。

② 润滑作用　切削液的润滑作用是通过切削液的渗透作用到达切削区后，在刀具、工件、切屑界面上形成吸附膜实现的。其润滑性能取决于切削液的渗透能力、形成润滑膜的能力和强度等。

③ 清洗作用　切削液具有冲刷切削中产生碎屑的作用。清洗性能取决于切削液的流动性和使用压力。

④ 防锈作用　在切削液中加入防锈剂，可在金属表面形成一层保护膜，起到防锈作用。防锈作用的强弱，取决于切削液本身的性能和加入的防锈添加剂的性质。

(2) 切削液中的添加剂

为改善切削液的性能而添加的一些化学物质，称为切削液的添加剂。常用的有以下4种。

① 油性添加剂　油性添加剂含极性分子，能与金属表面形成牢固的吸附膜，减小刀具与工件、切屑之间摩擦，主要起润滑作用，常用于低速精加工。常用的油性添加剂有动植物油（如豆油、菜籽油）、脂肪酸、胺类及脂类等化合物。

② 极压添加剂　极压添加剂含有硫、磷、氯、碘等元素的有机化合物，在高温下与金属表面起化学反应，形成耐较高温度和压力的化学吸附膜，能防止金属界面直接接触，减小摩擦。

③ 表面活性剂　表面活性剂使矿物油和水乳化形成稳定乳化液的添加剂。表面活性剂是一种有机化合物，由可溶于水的极性基团和可溶于油的非极性基团组成，可定向地排列并吸附在油水两相界面上。将水和油连接起来，使油以微小的颗粒分散在水中，形成乳化剂。表面活性剂还能吸附在金属表面上，形成润滑膜，起油性添加剂的润滑作用。常用的表面活性剂有石油磺酸钠、油酸钠皂等。

④ 防锈添加剂　防锈添加剂是一种极性很强的化合物，与金属表面有很强的附着力，吸附在金属表面形成保护膜，或与金属表面化合形成钝化膜，起到防锈作用。常用的防锈添加剂有碳酸钠、石油磺酸钡等。

(3) 常用切削液的种类

① 水性溶液　水性溶液主要包括水溶液和乳化液。水溶液的主要成分为水，并加入防锈剂，也可加入一定量的表面活性剂和油性添加剂。乳化液是由矿物油、乳化剂及其他添加剂配制的乳化油和95%～98%水稀释成的切削液。水溶性切削液有良好的冷却、清洗作用。离子型切削液是水溶性切削液中的一种新型切削液，其母液由阴离子型、非离子型表面活性剂和无机盐配制而成。切削时，由强烈摩擦而产生的静电与切削液中离子反应迅速消除，降低切削温度，提高刀具寿命。

② 切削油　切削油主要是矿物油，少数采用动植物油或复合油，主要起润滑作用。

(4) 切削液的选用

① 粗加工　粗加工切削用量大，产生大量的切削热。这时主要是降低切削温度，应选用冷却为主的切削液。

② 精加工　精加工对工件表面粗糙度和加工精度要求较高，因此选用的切削液应具有

良好的润滑性能。低速精加工钢料时可选用极压切削油或 10%～12%极压乳化液或离子型切削液。精加工铜、铝及其合金或铸铁时，可选用离子型切削液或 10%～12%乳化液。

③ 难加工材料的切削　加工难加工材料时，接触面均处于高温高压边界摩擦状态。因此，宜选用极压切削油或极压乳化液。

④ 磨削加工　磨削加工的特点是温度高，并且产生大量细屑和砂末。故应选用有良好冷却清洗作用的切削液。常用的有润滑性能和防锈作用的乳化液和离子型切削液。

(5) 切削液的使用方法

普通的使用方法是浇注法，但这种方法流速慢，压力低，难以直接渗入切削区；而喷雾冷却法是以 0.3～0.6MPa 的压缩空气，通过喷雾装置，使切削液雾化。从小口径嘴喷出，高速喷射到切削区，高速气流带着雾化成微小液滴的切削液，渗透到切削区，在高温下迅速汽化，吸收大量的热，从而获得良好的冷却效果。

复习思考题

2.1　何为金属切削加工？切屑有哪些种类？各种切屑又是在什么情况下形成的？

2.2　金属切削过程的实质是什么？

2.3　简述主运动和进给运动的含义。

2.4　何为切削三要素？

2.5　何为切削平面、基面和主剖面？

2.6　正交平面参考系中有哪几个静止参考平面？它们之间的关系如何？

2.7　什么是刀具的工作角度？哪些因素影响刀具的工作角度？

2.8　刀具几何参数包括哪些内容？

2.9　试述前角、后角、主偏角的作用。

2.10　切削力是怎样产生的？为什么将切削力分解为三个相互垂直的分力？

2.11　影响切削力的因素有哪些？

2.12　积屑瘤是怎么形成的？它对切削过程有哪些影响？

2.13　减小加工表面粗糙度与刀具上哪些几何角度有关？且各角度的大小怎样确定？

2.14　切削塑性较好的钢材时，刀具上最高切削温度在何处？切削铸铁时，刀具上最高切削温度在何处？

2.15　切削加工中常用的切削液有哪几类？它们的主要作用是什么？

2.16　试述刀具磨损方式和磨损的原因。

2.17　什么是刀具磨损限度？

2.18　切削用量对刀具磨损限度的影响规律如何？

2.19　切削液的主要添加剂有哪几种？

2.20　怎样合理选择切削液？

2.21　就你实习或参观时所见到的，试指出下列几种切削加工方法主运动和进给运动的运动形式（转动还是移动），并说明这些运动是由工件还是刀具来实现的。

加工方式	主运动	进给运动	加工方式	主运动	进给运动
车床上车外圆			内圆磨磨内孔		
磨床上磨外圆			牛头刨刨平面		
车床上钻孔			龙门刨刨平面		
钻床上钻孔			铣床铣平面		
镗床上镗孔			插床插键槽		

2.22　以车削为例，作图说明切削用量三要素和切削层的几何参数。研究切削要素对切削加工实际有何指导意义？

2.23　直接参加切削的刀具材料应具有哪些性能要求？常用刀具材料有哪几类？分别说明其性能和使用条件。

2.24　如何评价材料的切削加工性好坏？说明其影响因素和最常用的指标的含义。

第3章 金属切削机床概论

3.1 金属切削机床的分类

机床是金属切削加工的主要设备。随着工业生产的发展和加工工艺的需要，金属切削机床的型式已多种多样，其结构和用途也各不相同。为便于区别、使用和管理，我国机床按照GB/T 15375—2008《金属切削机床型号编制方法》的规定，将其分为11大类（见表3-1）。

其他分类方法如下所述。

按机床具有的特性来分，有高精度机床、精密机床、自动机床、半自动机床、程序控制机床、自动换刀机床、仿形机床、万能机床、轻型机床和简式机床等。

按加工零件的大小和机床的重量来分，有仪表机床、中型机床、大型机床以及重型机床等。

按机床的布局来分，有卧式机床、立式机床、台式机床、单柱与双柱机床、龙门机床和马鞍机床等。

3.2 金属切削机床型号的编制方法

为每台机床所赋予的型号，应能反映该机床的类别、使用特性、结构特性以及主要技术规格。GB/T 15375—2008规定，机床型号由汉语拼音字母和阿拉伯数字组成。其表示方法如下。

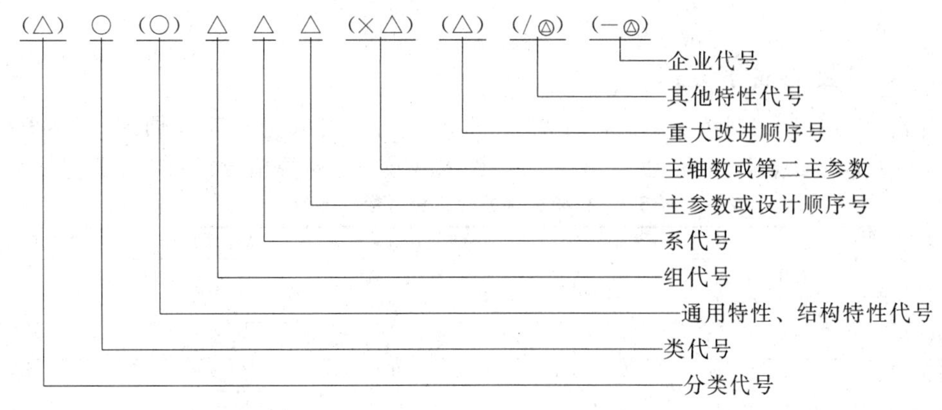

其中：有“(　　)”的代号或数字，当无内容时则不表示，若有内容则不带括号；有“○”符号者，为大写汉语拼音字母；有“△”符号者，为阿拉伯数字；有“◎”符号者，为大写汉语拼音字母或阿拉伯数字，或两者兼有。

3.2.1　机床的类代号

机床的类代号用大写的汉语拼音字母表示。当需要时，每类又可分若干分类。分类代号在类代号之前，作为型号的首位，用阿拉伯数字表示，但第一分类不予表示。机床的类代号和分类代号见表3-1。

表3-1　机床的类代号和分类代号

类别	车床	钻床	镗床	磨床			齿轮加工机床	螺纹加工机床	铣床	刨插床	拉床	锯床	其他机床
代号	C	Z	T	M	2M	3M	Y	S	X	B	L	G	Q
读音	车	钻	镗	磨	二磨	三磨	牙	丝	铣	刨	拉	割	其

3.2.2　机床的特性及其代号

机床特性包括通用特性和结构特性。

通用特性代号见表3-2。当某类型机床，除有普通型式外，还具有表3-1中所列的通用特性时，则在类代号之后加通用特性代号予以区分。

表3-2　机床通用特性代号

通用特性	高精度	精密	自动	半自动	数控	加工中心（自动换刀）	仿形	轻型	加重型	简式	柔性加工单元	数显	高速
代号	G	M	Z	B	K	H	F	Q	C	J	R	X	S
读间	高	密	自	半	控	换	仿	轻	重	简	柔	显	速

结构特性代号也用汉语拼音字母表示。当型号中有通用特性代号时，结构特性代号应排在通用特性代号之后。通用特性已用的字母和“1”“0”两个字母，均不能作为结构特性代号。

结构特性代号与通用特性代号不同，它在型号中没有统一的含义，只在同类机床中起区分机床结构、性能的作用。

3.2.3　机床的组、系代号

每类机床分成若干组、系，其代号各用一位阿拉伯数字表示，位于类代号或特性代号之后。

3.2.4　主参数的表示方法

机床的主参数，在型号中用折算值表示，折算值等于机床的主参数乘以折算系数。折算系数有1/100、1/10、1/1等（见表3-3）。在机床型号中，折算值位于组、系代号之后。

表3-3　机床主参数的折算系数（部分）

机床名称	主参数名称	主参数折算系数	机床名称	主参数名称	主参数折算系数
卧式车床	床身上最大回转直径	1/10	立式升降台铣床	工作台面宽度	1/10
摇臂钻床	最大钻孔直径	1/1	卧式升降台铣床	工作台面宽度	1/10
卧式坐标镗床	工作台面宽度	1/10	龙门刨床	最大刨削宽度	1/100
外圆磨床	最大磨削直径	1/10	牛头刨床	最大刨削长度	1/10

此外，机床型号中还有第二主参数、重大改进顺序号以及其他特性代号等，这里不再详细介绍，详见GB/T 15375—2008《金属切削机床型号编制方法》。

3.2.5 机床型号示例

最大磨削直径为320mm的高精度万能外圆磨床，其型号为MG1432。

工作台面宽度为400mm的数控立式升降台铣床，其型号为XK5040。

加工最大棒料直径为50film的6轴棒料自动车床，其型号为C2150X6。

最大钻孔直径为40mm、最大跨距为1600mm的摇臂钻床，其型号为23040X16。

加工最大工件孔径为200mm的摆式轴承内圈沟磨床，其型号为3M1120。

3.3 金属切削机床的传动方式

3.3.1 传动链

机床执行机构（主轴、工作台、刀架等）的运动是由电动机带动的。从电动机到执行机构之间，通常用带轮、齿轮、蜗杆蜗轮、丝杠螺母以及齿轮齿条等传动零件连接，用以传递动力和运动，这种传动联系称为传动链。

一台机床有多少个运动，相应地就有多少条传动链。机床的所有相互联系的传动链，组成了机床的传动系统。如图3-1所示为丝杠车床的传动系统。

① 运动由动力源（电动机）经带轮传动，传给轴Ⅰ，再经蜗杆蜗轮传给主轴Ⅱ，使主轴获得旋转运动。

② 运动由主轴Ⅱ经两对齿轮副传给丝杠轴Ⅳ，再经丝杠螺母机构带动刀架沿丝杠轴向做纵向直线移动。

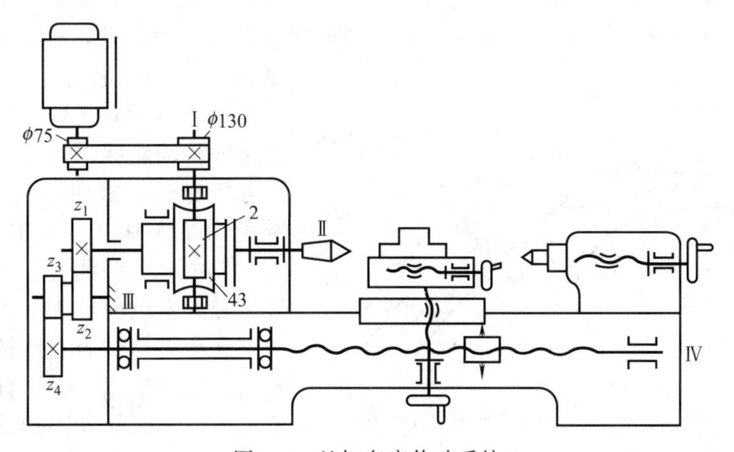

图3-1 丝杠车床传动系统

显然，丝杠车床有两条传动链。这两条传动链保证主轴和刀架具有确定的相对运动关系，即主轴每转一转，刀架移动一相应的距离。

3.3.2 传动比

如图3-1所示，在主轴Ⅱ和丝杠轴Ⅳ这一传动链之间，若已知主轴（主动轴）的转速为$n_{主}$，丝杠轴（从动轴）的转速为$n_{从}$，则两者之比i称为速比，有

$$i=\frac{n_{主}}{n_{从}}=\frac{z_2z_4}{z_1z_3}=\frac{各从动轮齿数的乘积}{各主动轮齿数的乘积} \tag{3-1}$$

式中，z_1、z_2、z_3、z_4 为齿轮的齿数。

由上式有

$$n_{从}=\frac{n_{主}}{i}=n_{主}\frac{z_1z_3(各主动轮齿数的乘积)}{z_2z_4(各从动轮齿数的乘积)}=n_{主}u \tag{3-2}$$

同理，对于带传动，从动轮的转速 $n_{从}$ 等于主动轮的转速 $n_{主}$ 和传动比 u 的乘积，即

$$n_{从}=n_{主}u=n_{主}\frac{D_1}{D_2} \tag{3-3}$$

式中，D_1、D_2 为主、从动带轮的直径。

引入传动比的概念，是为了方便地进行机床传动系统的分析与计算。

3.3.3 转速图与传动结构式

通用机床的工艺范围很广，因而其主运动的转速范围和进给运动的速度范围较大。例如，中型卧式车床主轴的最低转速 n_{min} 常为每分钟几转至十几转，而最高转速 n_{max} 可达每分钟 1500～2000 转。在最低转速与最高转速之间，根据机床对传动的不同要求，主轴的转速可能有两种变化方式，即无级变速和有级变速。

采用无级变速方式时，主轴转速可以选择 n_{min} 与 n_{max} 之间的任何数值。其优点是可以得到最合理的转速，速度损失小，但无级变速机构的成本较高。

采用有级变速方式时，主轴转速只有有限的若干级转速可供选用。

为了让转速分布相对均匀，常使各级转速的数值构成等比数列，其公比的标准值为 1.12、1.25、1.41、1.58 和 2。也有的机床主轴转速数列中有两种不同的公比值，即在常用的中间一段转速范围内，若取较小的值，主轴转速分布较密；而在两端的低速和高速范围内；若取较大的值，主轴转速分布较疏。这种情形称为双公比数列。有级变速的缺点是，在大多数情况下，能选用的转速与最合理的转速不能一致而造成转速损失。但由于有级变速可以用滑移齿轮等机械装置来实现，成本较低、结构紧凑、且工作可靠，所以在通用机床上仍得到广泛的应用。

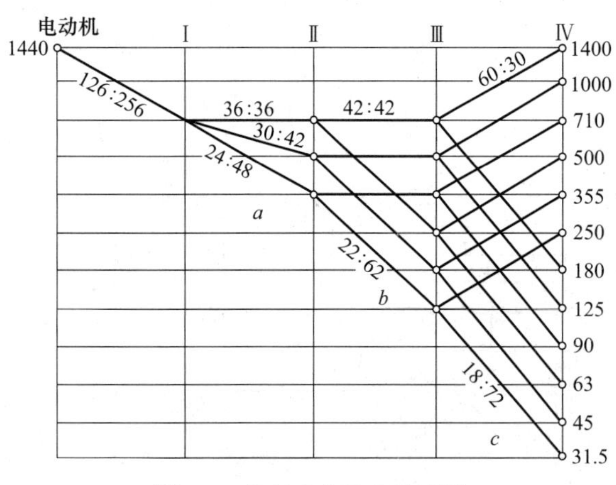

图 3-2　某车床主运动转速图

为了表示有级变速传动系统中各级转速的传动路线，并对各种传动方案进行分析比较，常使用转速图。如图 3-2 所示为某车床主运动传动系统的转速图，图中每条竖线代表一根轴并标明轴号，竖线上的圆点表示该轴所能有的转速。为使转速图上表示转速的横线分布均匀，转速值以对数坐标绘出，但在图上仍标以实际转速。两轴（竖线）之间一条相连的线段表示一对传动副，并在线旁标明带轮直径之比或齿轮的齿数比。两竖线之间的一组平行线代表同一对传动副。从左至右往上斜的线表示升速传动，往下斜的线表示降速传动。从转速图上很容易找出各级转速的传动路线和各轴、齿轮的转速范围。例如，主轴的转速范围为 31.5～1400r/min 共 12 级；主轴上 $n=500$r/min 的一级转速，是由电动机轴的 1440r/min 经 126∶256 一对带轮传动至Ⅰ轴，再经Ⅰ～Ⅱ轴

间一对 36∶36 的齿轮、Ⅱ～Ⅲ轴间一对 22∶62 的齿轮传至Ⅲ轴，最后经一对齿轮 60∶30 传至主轴Ⅳ。

将图 3-2 中各种可能的传动路线全部列出来，就得出主运动传动链的传动路线表达式，称为传动结构式：

$$\underset{\substack{3\text{kW}\\1440\text{r/min}}}{\text{电动机}}-\frac{\phi126}{\phi256}-\text{Ⅰ}-\begin{bmatrix}\frac{36}{36}\\\frac{30}{42}\\\frac{24}{48}\end{bmatrix}-\text{Ⅱ}-\begin{bmatrix}\frac{42}{42}\\\frac{22}{62}\end{bmatrix}-\text{Ⅲ}-\begin{bmatrix}\frac{60}{30}\\\frac{18}{72}\end{bmatrix}-\text{Ⅳ（主轴）}$$

3.3.4　传动系统图

如图 3-3 所示为转速图 3-2 给出的主运动的传动系统图。它由国家标准（GB 4460—84《机械运动简图符号》）所规定的符号代表各种传动元件，按运动传递的顺序画出。它表示了机床全部运动的传动关系。图中标明了电动机的转速和功率、轴的编号、齿轮和蜗轮的齿数、带轮直径、丝杠导程和头数等参数。

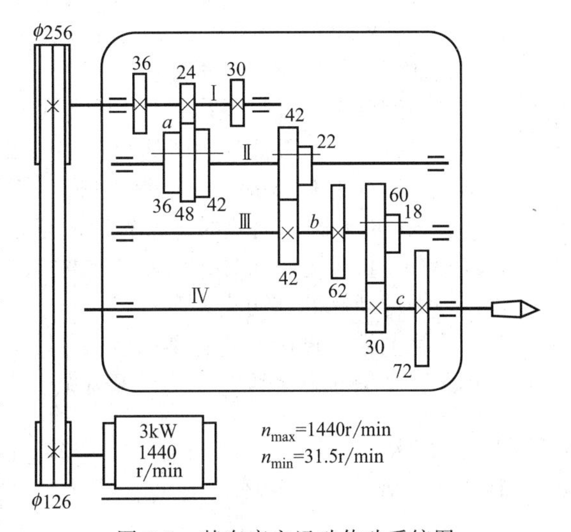

图 3-3　某车床主运动传动系统图

机床传动系统图是分析机床传动时经常使用的另一种技术资料，也是计算机床转速和进给量的重要依据。绘制与阅读机床传动系统图应注意以下几点。

① 实际的空间立体传动结构，一般均应展开成平面图，画在一个能反映机床外形与各部件相对位置的投影面上。

② 画成展开平面图后，对失去联系的齿轮副，需采用双点画线或大括号将它们连接起来，以表示其实际的传动关系。

③ 为了在平面图上清晰地表示各轴之间的传动联系，有时不得不将轴绘成折断或弯曲成一定角度的折线；空间互相垂直的传动轴线绘制成旋转展开图。例如，图 3-1 所示丝杠车床的传动系统图，其中的电动机输出轴和蜗杆Ⅰ轴本是水平轴，展开图中则画成垂直轴。

因此，传动系统图只表示传动关系，而不表示各零件的实际尺寸和位置。

3.3.5　运动平衡式

为了表达传动链两个末端件计算位移之间的数值关系，常将传动链内各传动副的传动比相连乘组成一个等式，称为运动平衡式。如图 3-3 所示的主运动传动链在图示啮合位置时的运动平衡式为

$$n_{\text{Ⅳ}}(\text{主轴})=1440\text{r/min}\times\frac{126}{256}\times\frac{24}{48}\times\frac{42}{42}\times\frac{60}{30}=720\text{r/min}$$

由运动平衡式可以计算出图示啮合位置时主轴的转速 $n_{\text{Ⅳ}}$。运动平衡式还可以用来确定传动链中待定的换置机构传动比，这时传动链两末端件的计算位移常作为满足一定要求的已知量，以后将要讨论的车螺纹和铣螺旋槽时的挂轮就是这种情况。

复习思考题

3.1　通用机床的型号包括哪些内容？

3.2　说明下列机床型号的含义：X6131、CG61258、XK5040、MBE1432、Y3150。

3.3　何谓简单成形运动与复杂成形运动？其区别是什么？

3.4　何谓外联传动链？何谓内联传动链？其区别是什么？

3.5　简述车床的用途。CA6140 型卧式车床由哪些部件组成？

3.6　双向摩擦式离合器、制动器有何作用？

3.7　简述如何操纵车床的主轴变速机构。

3.8　简述如何操纵主轴的纵、横向进给机构。

3.9　简述铣床的用途。X6132 型万能卧式升降台铣床由哪些主要部件构成？

3.10　X6132 型万能卧式升降台铣床的主轴如何实现变速？

3.11　简述万能分度头的作用和分度方法。

3.12　在 FW125 万能分度头上进行分度，分度数 $Z=32$。

3.13　常用的钻床有哪几类？

3.14　金刚镗床与坐标镗床各有什么特点？分别适用于什么场合？

3.15　M1432A 型万能外圆磨床可以加工哪些表面？其主要运动有哪些？

3.16　在车床上车削 ϕ40mm 轴的外圆，选用主轴转速为 600r/min，若用相同的切削速度车削 ϕ15mm 的外圆，问此时主轴转速应是多少？

3.17　有一机床主轴箱的传动系统如题 3.17 图所示。

(1) 写出传动链的结构式。

(2) 计算主轴的转速一共有多少级。

(3) 计算主轴的最大转速 n_{max} 和最小转速 n_{min}。

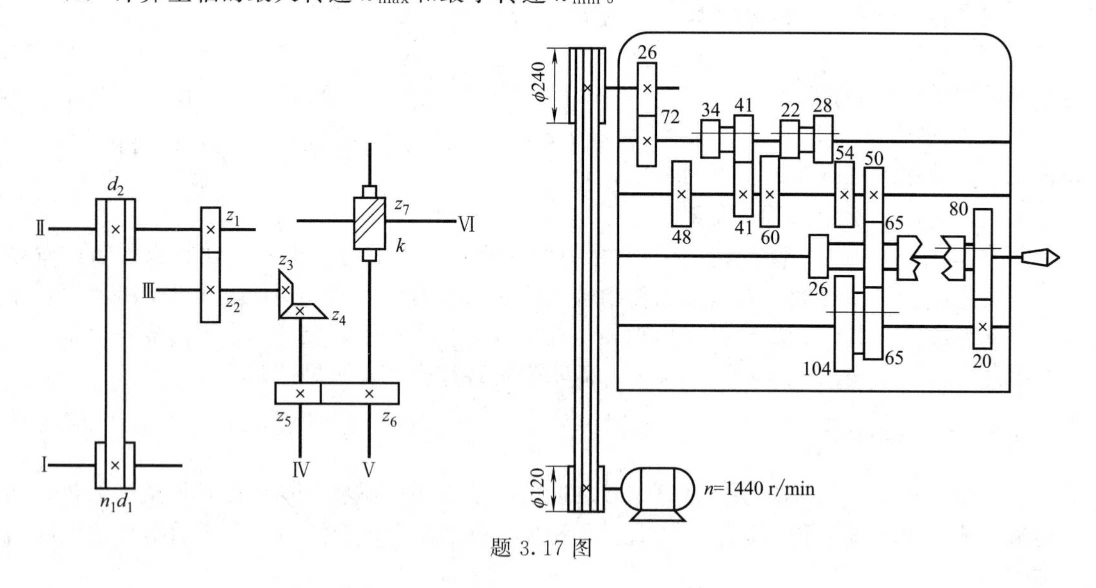

题 3.17 图

第4章

车削加工

4.1 概　述

在车床上用刀具对工件进行切削加工称为车削加工。

(1) 车削加工的范围

车削加工是金属切削加工中最基本的一种方式。车削加工的主运动为主轴带动工件的旋转运动，进给运动为刀架带动车刀的纵向、横向或斜向移动。

工件旋转做主运动、车刀做进给运动的切削加工方法，称为车削加工。它是金属切削加工的主要方法之一。

车削加工是在车床上进行的。如图4-1所示，车床上所能完成的主要工作有车外圆、车孔、车平面、切断、钻孔、铰孔、车螺纹、车锥面、车成形面、钻中心孔、滚花以及绕制弹簧等。

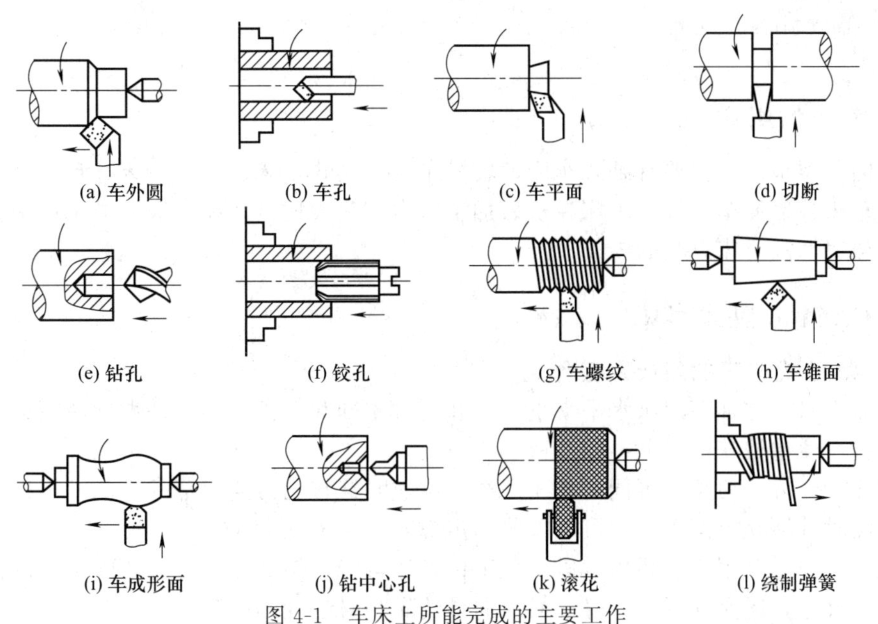

图4-1　车床上所能完成的主要工作

(2) 车削加工的精度、表面粗糙度

车削加工的经济精度为：尺寸公差等级IT10～IT8，表面粗糙度 Ra 可达6.3～0.8μm。

4.2 车　床

车床是机械加工车间使用较广泛的一种加工设备，它的种类多、用途广。因此，了解其结构、传动方式以及操作方法，对掌握并熟悉其他加工机床都有重要的指导意义。如图 4-2 所示为 CA6140 卧式车床，它是一种典型的卧式车床。本章以此为例，对车床进行较详细的介绍，也对其他常用的车床做了简要介绍。

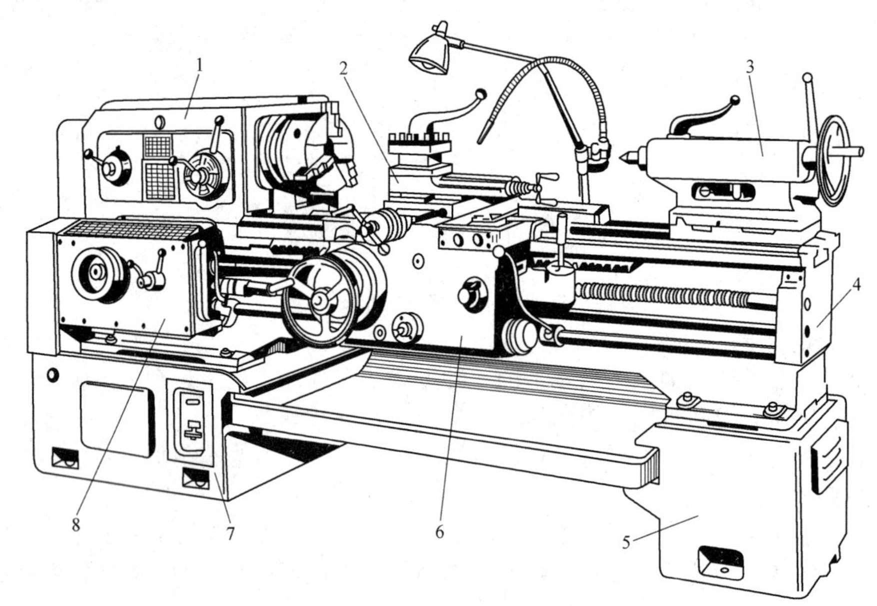

图 4-2　CA6140 卧式车床

1—主轴箱；2—刀架；3—尾座；4—床身；5—右床腿；6—溜板箱；7—左床腿；8—进给箱

4.2.1　车床的组成

车床的种类很多，主要有卧式车床、转塔车床、立式车床、多刀车床、自动及半自动车床、仪表车床、数控车床等。车床在机械加工中占有很大比重，在一般机械工厂中，车床的数量约占金属切削机床总数的 50%。

4.2.2　CA6140 卧式车床

(1) CA6140 卧式车床的组成及其作用

① 主轴箱 1　主轴箱用以水平支承主轴并通过主轴和卡盘带动工件做旋转主运动。箱内的变速机构可使主轴获得多种不同转速。

② 刀架 2　方形刀架上可同时装 4 把车刀。逆时针转动刀架上部的手柄，可以选择并更换车刀；顺时针转动上部手柄，可以压紧固定刀架。

③ 尾座 3　尾座用于安装顶尖以支承工件，还可安装钻头、铰刀等切削工具。根据工件长度或加工尺寸，尾座 3 可沿床身 4 的纵向导轨做相对位置调整。

④ 床身 4　床身用来安装与支承车床上的其他部件，以保证各部件之间正确的相对位置。床身上的水平导轨，用以引导床鞍和尾座的纵向移动。

⑤ 溜板箱 6　溜板箱内的传动机构，其作用是将光杠或丝杠的运动传给刀架。操纵溜板

箱的相应手柄，可使刀架做纵向或横向自动进给运动。切断光杠或丝杠的运动传递，可以实现手动纵、横向调整或进给。

⑥ 进给箱 8　进给箱内的传动机构，其作用是将主轴的运动传给光杠或丝杠。改变进给箱上手柄（或手轮）的位置，可使光杠或丝杠得到不同转速，从而使刀架得到各种不同的进给量。

(2) CA6140 卧式车床的主运动传动系统

① 主轴旋转运动的传动链　CA6140 卧式车床的传动系统如图 4-3 所示。轴的正转、反转以及停车。当离合器 M_1 向左压紧时，运动经 51/43（图示位置）或 56/38（Ⅱ轴上的双联滑移齿轮向左滑移至啮合位置）的齿轮副传给轴Ⅱ，主轴正转。若 M_1 向右压紧，运动经 50/34、34/30 的齿轮副传给轴Ⅱ，此时运动多经一个中间介轮，主轴反转。轴Ⅱ的运动经 39/41 或 22/58 或 30/50 的齿轮副传给轴Ⅲ（由轴Ⅲ上的三联滑移齿轮分别啮合实现）。轴Ⅲ的运动经 20/80 或 50/50 的齿轮副传给轴Ⅳ（由轴Ⅳ左端的双联滑移齿轮分别啮合实现）。轴Ⅳ的运动经 20/80 或 51/50 的齿轮副传给轴Ⅴ（由轴Ⅳ右端的双联滑移齿轮分别啮合实现）。当齿轮离合器 M_2 接合（图示位置）时，轴Ⅴ的运动经 26/58 的斜齿轮副传给主轴Ⅵ。当齿轮离合器 M_2 脱开，并使主轴Ⅵ上齿数为 50 的齿轮向左滑移，与轴Ⅲ上齿数为 63 的齿轮啮合时，运动经 63/50 的齿轮副直接由轴Ⅲ传给主轴Ⅵ。此时，主轴Ⅵ上齿数为 58 的空套斜齿轮由轴Ⅴ的斜齿轮带动空转。

图 4-3 中，主轴旋转运动的传动结构式可表示为

$$
\text{电动机}-\frac{\phi130}{\phi230}-\text{Ⅰ}-\left\{\begin{array}{l}\begin{array}{l}M_1\text{左合}\\ \text{(正转)}\end{array}\left\{\begin{array}{c}\dfrac{56}{38}\\[2mm] \dfrac{51}{43}\end{array}\right\}\\[6mm] \begin{array}{l}M_1\text{右合}\\ \text{(反转)}\end{array}\ \dfrac{50}{34}\times\dfrac{34}{30}\end{array}\right\}-\text{Ⅱ}-\left\{\begin{array}{c}\dfrac{39}{41}\\[2mm] \dfrac{22}{58}\\[2mm] \dfrac{30}{50}\end{array}\right\}-\text{Ⅲ}-\left\{\begin{array}{l}\left\{\begin{array}{c}\dfrac{20}{80}\\[2mm] \dfrac{50}{50}\end{array}\right\}-\text{Ⅳ}-\left\{\begin{array}{c}\dfrac{20}{80}\\[2mm] \dfrac{51}{50}\end{array}\right\}-\text{Ⅴ}-\dfrac{26}{58}\ (M_2\text{合})\\[8mm] \dfrac{63}{50}\ (M_2\text{脱开})\end{array}\right\}-\text{主轴Ⅵ}
$$

② 主轴旋转运动的转速级数　由上述主轴旋转运动的传动结构式可知，当 M_1 向左压

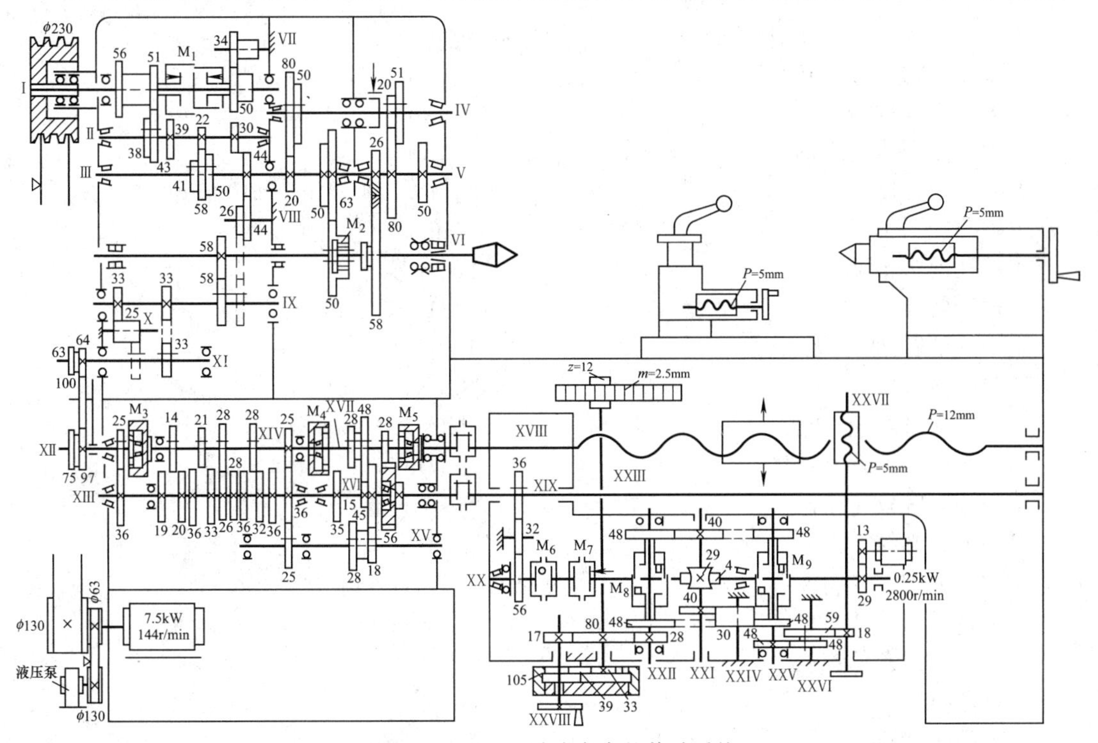

图 4-3　CA6140 卧式车床的传动系统

合、主轴正转时，轴Ⅰ的一级转速通过轴Ⅱ上的双联滑移齿轮，轴Ⅱ获得 1×2=2 级转速；又通过轴Ⅲ上的三联滑移齿轮，轴Ⅲ获得 1×2×3=6 级转速；又通过轴Ⅳ左端的双联滑移齿轮，轴Ⅳ获得 1×2×3×2=12 级转速；再通过轴Ⅳ右端的双联滑移齿轮，轴Ⅴ获得 1×2×3×2×2=24 级转速；当 M_2 接合时，轴Ⅴ的 24 级转速经一对斜齿轮副传给主轴Ⅵ。当 M_2 脱开时，轴Ⅲ的 6 级转速经 63/50 齿轮副直接传给主轴Ⅵ，这样主轴一共可获得 24+6=30 级的正转转速。

但是，运动由轴Ⅲ至轴Ⅴ的传动比分别为

$$u_1=\frac{20}{80}\times\frac{20}{80}=\frac{1}{16}\quad u_2=\frac{20}{80}\times\frac{51}{50}\approx\frac{1}{4}$$

$$u_3=\frac{50}{50}\times\frac{20}{80}=\frac{1}{4}\quad u_4=\frac{50}{50}\times\frac{51}{50}\approx 1$$

由于轴Ⅲ至轴Ⅴ的四个传动比中，有一个传动比是重合的，实际上只有三种有效传动比。显然，主轴Ⅵ实际获得的转速为 1×2×3×3+6=24 级正转转速。

同理，当 M_1 向右压合时，主轴可获得 1×3×3+3=12 级反转转速。

③ 主轴旋转传动链的运动平衡式　对车床主轴旋转运动而言，电动机的输出轴为主动轴，主轴Ⅵ为从动轴。显然，主轴旋转运动传动链的平衡方程式为

$$n_{主轴}=n_{电动机}u_{总}=n_{电动机}u_{带轮}u_{齿轮} \tag{4-1}$$

式中，$n_{主轴}$ 为主轴的转速，r/min；$n_{电动机}$ 为电动机的转速，r/min；$u_{带轮}$ 为带传动的传动比，D_1/D_2；$u_{齿轮}$ 为齿轮传动的总传动比。

由运动平衡方程式可计算出主轴的各级转速。现以最低与最高的正转速计算如下：

$$n_{min}=1450\text{r/min}\times\frac{130}{230}\times\frac{51}{43}\times\frac{22}{58}\times\frac{20}{80}\times\frac{20}{80}\times\frac{26}{58}\approx 10\text{r/min}$$

$$n_{max}=1450\text{r/min}\times\frac{130}{230}\times\frac{56}{38}\times\frac{39}{41}\times\frac{63}{50}\approx 1400\text{r/min}$$

(3) CA6140 卧式车床的主要技术规格

床身上最大工件回转直径	400mm
刀架上最大工件回转直径	210mm
最大工件长度	750mm、1000mm、1500mm
主轴中心至床身平面导轨的距离	205mm
最大车削长度	650mm、900mm、1400mm
主轴孔径	52mm
主轴孔前端锥度	莫氏 6 号
主轴正转转速 24 级	10～1400r/min
主轴反转转速 12 级	14～1580r/min
刀架纵向进给量 64 种	0.08～6.33mm/r
刀架横向进给量 64 种	0.04～3.16mm/r
刀架纵向快速移动速度	0.067m/s
车削公制螺纹 44 种	1～192mm
车削英制螺纹 20 种	2～24 牙/in
车削模数螺纹 39 种	0.25～48mm
车削径节螺纹 37 种	1～96 牙/in
尾座顶尖锥孔的锥度	莫氏 5 号
主电动机功率	7.5kW
主电动机转速	1450r/min

快速电动机功率　　　　　　　　　　250W
快速电动机转速　　　　　　　　　　1360r/min

*4.2.3　其他车床简介

(1) 转塔车床

卧式车床的加工范围广，灵活性大，但其方刀架最多只能装 4 把刀具，在加工形状较为复杂的工件时，需要频繁换刀、对刀，降低了生产率。特别是在批量生产中，卧式车床的这种不足尤显突出，于是在卧式车床的基础上发展了转塔车床，如图 4-4 所示。转塔车床与卧式车床的主要区别是取消了尾座和丝杠，并在尾座部位装有一个转塔刀架，转塔刀架上可装数把刀具，根据预先编制的工艺程序调整刀具的位置和行程距离依次加工。

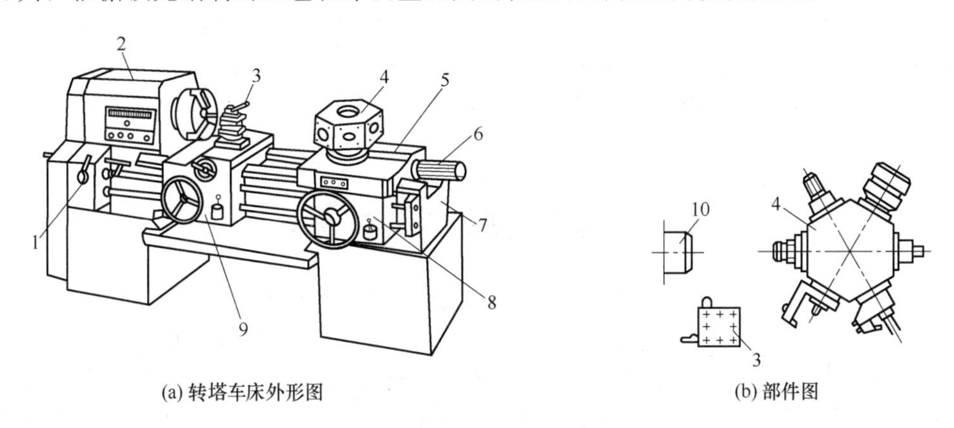

(a) 转塔车床外形图　　　　(b) 部件图

图 4-4　滑鞍转塔车床

1—进给箱；2—主轴箱；3—横刀架；4—转塔刀架；5—床鞍；6—定程装置；
7—床身；8—转塔刀架溜板箱；9—横刀架溜板箱；10—主轴

转塔车床适合于批量加工形状复杂而且大多是有孔的零件。

(2) 立式车床

立式车床的主轴垂直布置，并有一个直径很大的圆工作台供安装工件用，如图 4-5 所示。工作台 2 装在底座 1 上，工件装夹在工作台上，并随其一起旋转，是主运动。进给运动由垂直刀架 4 和侧刀架 7 实现，侧刀架 7 可在立柱 3 的导轨上做垂直进给，还可以沿刀架滑

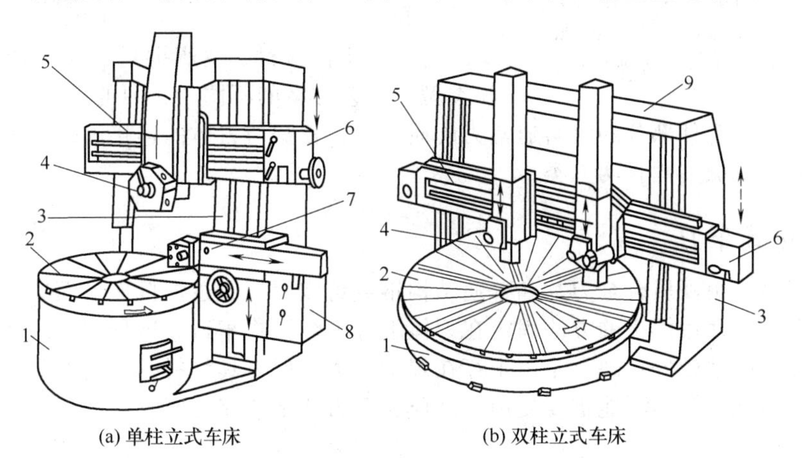

(a) 单柱立式车床　　　　(b) 双柱立式车床

图 4-5　立式车床

1—底座；2—工作台；3—立柱；4—垂直刀架；5—横梁；6—垂直刀架进给箱；7—侧刀架；8—侧刀架进给箱；9—顶梁

座导轨做横向进给；垂直刀架4可在横梁5的导轨上移动做横向进给，也可以沿其刀架滑座导轨做纵向进给。

*4.2.4 车床的维护与保养

车床的精度及其是否处于完好的工作状态直接影响加工质量，使用中要特别注意维护与保养，主要应做到以下几点。

① 开机前要检查各部分机构是否完好，各手柄是否处于正确的位置。

② 工作前擦净床面导轨并按车床润滑图要求对润滑部位加油润滑，保证工作时润滑良好。

③ 改变主轴转速时必须先行停机，严禁开机变速。

④ 不许在车床任何部位敲打或校直工件，床面不准放工件、工具和其他杂物。

⑤ 工作完毕或下班时，要仔细擦拭车床，导轨面要加油，清除切屑，打扫场地；把刀架移至尾座一端，各手柄放置正确位置，关闭电源。

4.3 车　　刀

车刀是金属切削加工中应用最广泛的一种刀具。它可用于卧式车床、立式车床、转塔式车床、自动车床和数控车床上加工外圆、内孔、端面、成形回转表面等。车刀的种类很多，按用途可分为外圆车刀、端面车刀、螺纹车刀、镗孔刀、切断刀及成形刀等，如图4-6所示；按结构的不同，又可分为整体式车刀、焊接式车刀、机夹车刀、可转位车刀和成形车刀等，如图4-7所示。

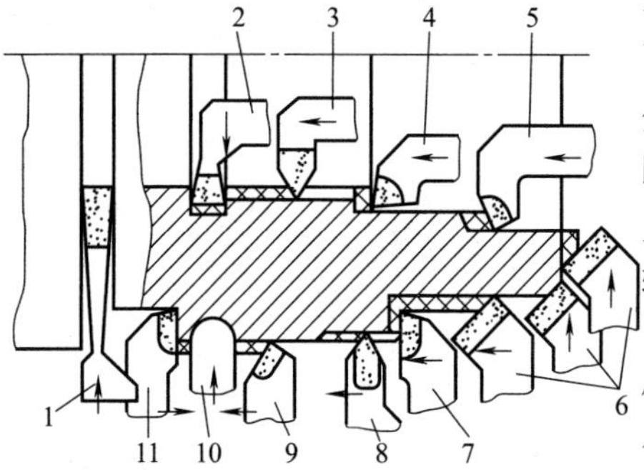

图4-6　按用途分类的车刀

1—车槽刀；2—内孔车槽刀；3—内螺纹车刀；4—闭孔车刀；5—通孔车刀；6—45°弯头车刀；7—90°车刀；8—外螺纹车刀；9—75°外圆车刀；10—成形车刀；11—90°左外圆车刀

整体式车刀一般用高速钢制造，它刃磨方便，使用灵活，但硬度、耐热性较低，通常用于车削有色金属工件或在小型车床上车削较小的工件。

焊接式车刀、机夹车刀、可转位式车刀应用广泛，成形车刀结构较复杂。本节将分别对各类车刀进行介绍。

由于工件材料、生产批量、加工精度以及机床类型、工艺方案的不同，车刀的种类也异常繁多。

车刀刀头切削工件部分的材料通常为硬质合金。根据与刀体的连接固定方式，车刀主要可分为焊接式与机械夹固式两大类。

4.3.1 焊接式车刀

焊接式车刀是由硬质合金刀片和普通结构钢或铸铁刀杆通过焊接连接而成。

将硬质合金刀片用焊接的方法固定在刀体上称为焊接式车刀。这种车刀的优点是结构简单、制造方便、刚性较好；缺点是由于存在焊接应力，使刀具材料的使用性能受到影响，甚至出现裂纹。另外，刀柄不能重复使用，硬质合金刀片不能充分回收利用，造成刀具材料使用上的浪费。

根据工件加工表面以及用途不同，焊接式车刀又可分为切断刀、外圆车刀、端面车刀、内孔车刀、螺纹车刀以及成形车刀等。

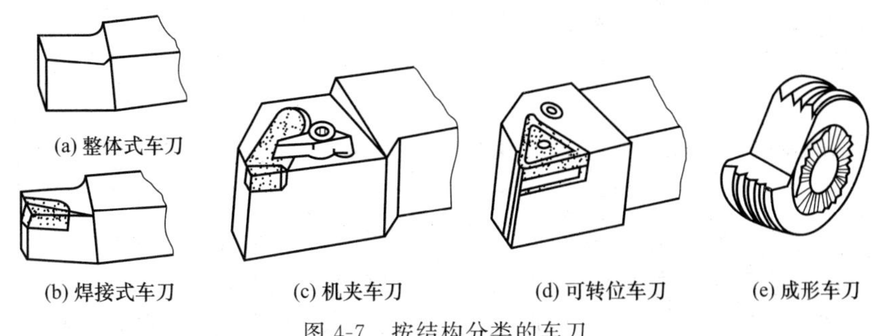

图 4-7　按结构分类的车刀

焊接式车刀质量的好坏，不仅与刀片材料的牌号、刀具的几何参数有关，还与刀片型号的选择、刀柄形状等有密切关系。

焊接式车刀结构简单、紧凑；刚性好、抗振性能强；制造、刃磨方便；使用灵活。目前其应用仍十分普遍。但是，刀片经过高温焊接，强度、硬度降低，切削性能下降；刀片材料产生内应力，容易出现裂纹等缺陷；刀柄不能重复使用，浪费原材料；换刀及对刀时间较长，不适用于自动车床和数控车床。

(1) 刀片

刀片的形状和尺寸用刀片型号来表示。国家对硬质合金刀片型号制定了专门的标准 GB/T 5244—1985，其型号如表 4-1 所示。

表 4-1　硬质合金车刀片型号

图形	型号	尺寸/mm			
		l	t	s	r
A型	A5	5	3	2	2
	A6	6	4	2.5	2.5
	A8	8	5	3	3
	A10	10	6	4	4
	A12	12	8	5	5
	A16	16	10	6	6
	A20	20	12	7	7
	A25	25	14	8	8
	A32	32	18	10	10
	A40	40	22	12	12
	A50	50	25	14	14
B型	B5	6	3	2	2
	B6	5	4	2.5	2.5
	B8	8	5	3	3
	B10	10	6	4	4
	B12	12	8	5	5
	B16	16	10	6	6
	B20	20	12	7	7
	B25	25	14	8	8
	B32	32	18	10	10
	B40	40	22	12	12
	B50	50	25	14	14
C型	C5	5	3	2	—
	C6	6	4	2.5	
	C8	8	5	3	
	C10	10	6	4	
	C12	12	8	5	
	C16	16	10	6	
	C20	20	12	7	
	C25	25	14	8	
	C32	32	18	10	
	C40	40	22	12	
	C50	50	25	14	
D型	D3	3.5	8	3	—
	D4	4.5	10	4	
	D5	5.5	12	5	
	D6	6.5	14	6	
	D8	8.5	16	8	
	D10	10.5	18	10	
	D12	12.5	20	12	
E型	E4	4	10	2.5	—
	E5	5	12	3	
	E6	6	14	3.5	
	E8	8	16	4	
	E10	10	18	5	
	E12	12	20	6	
	E16	16	22	7	
	E20	20	25	8	
	E25	25	28	9	
	E32	32	32	10	

刀片型号由一个字母和一个或两个数字组成。字母表示刀片形状，数字表示刀片的主要尺寸，如：

A 40
——刀片主要尺寸(切削刃长 $l=40$mm)
——刀片形状

硬质合金刀片的形状分为A、B、C、D、E五类。A类主要用于90°外圆车刀、端面车刀、镗孔刀；B类主要用于左切的90°外圆车刀等；C类主要用于$\kappa_\gamma<90°$的外圆车刀、镗孔刀、宽刃精车刀；D类主要用于切断刀、切槽刀；E类主要用于螺纹车刀、精车刀。

对于刀片形状，主要应根据车刀用途及主偏角的大小来选择。对于刀片尺寸，外圆车刀的刀片长度l，一般应使参加工作的切削刃长度不超过刀片长度的60%～70%。切断刀或切槽刀的刀片长度l可按$l=0.6\sqrt{d}$估算（d为工件直径）。刀片宽度t关系到后面重新刃磨次数和刀头结构尺寸的大小，当切削空间较大时，t应选择大些。刀片厚度s关系到刀片强度和前面重新刃磨的次数，若被加工的材料强度较大，切削层公称横截面积较大，则s可大些。

(2) 刀柄

刀柄的截面形状一般有矩形、正方形和圆形。矩形刀柄广泛用于外圆、端面和切断等车刀。当刀柄高度受到限制时，可采用正方形刀柄。圆形刀柄主要用于镗孔刀。矩形和正方形刀柄的截面尺寸一般按机床中心高选取，如表4-2所示。

表4-2 车刀刀柄的选择

1. 刀柄尺寸

截面形状	尺寸 B/mm×H/mm							
矩形刀柄	10×16	12×20	16×25	20×30	25×40	30×45	40×60	50×80
方形刀柄	12×12	16×16	20×20	25×25	30×30	40×40	50×50	65×65

2. 根据机床中心高选择刀柄尺寸

车床中心高/mm	150	180～200	260～300	350～400
刀柄截面尺寸(矩形) B/mm×H/mm	12×20	16×25	20×30	25×40
刀柄截面尺寸(方形) B/mm×H/mm	16×16	20×20	25×25	30×30

刀柄长度可按刀柄高度H的6倍左右估算，并选用标准尺寸系列，如100mm、125mm、150mm、175mm等。

为了使硬质合金刀片与刀柄能牢固地连接，在刀柄的头部必须开出各种形状的刀槽用来安放刀片，进行焊接。常用的刀槽形状有开口式、半封闭式、封闭式和切口式四种，如图4-8所示。

① 开口式　制造简单，焊接面积小，焊接应力也小，适用于C型刀片。

② 半封闭式　焊接后刀片较牢固，但焊接应力较大，适用于A、B型刀片。

③ 封闭式　增加了焊接面积，使焊接后刀片牢固，但焊接应力大，刀槽制造较困难，适用于E型刀片。

④ 切口式　使刀片焊接牢固，但刀槽制造复杂，适用于D型刀片。

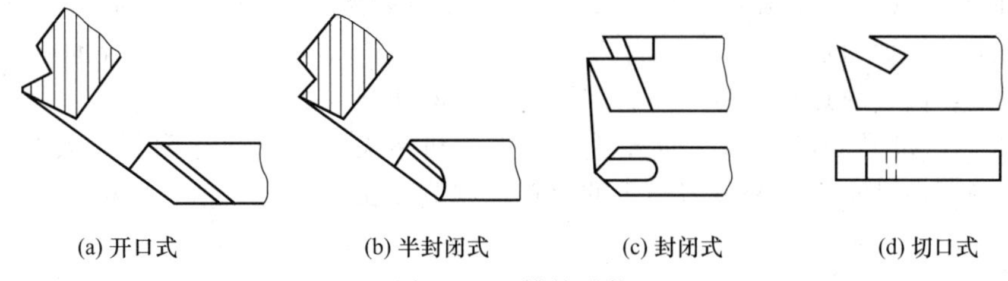

图 4-8　刀槽的形状

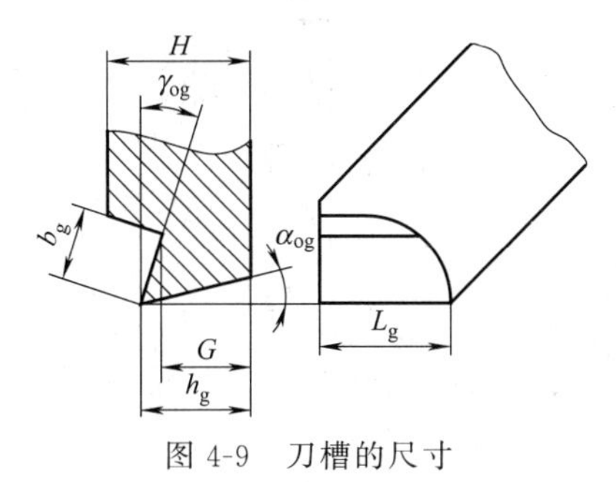

图 4-9　刀槽的尺寸

刀槽的尺寸一般有 b_g、b_g 和 L_g，如图 4-9 所示。这些尺寸可通过计算求得或按刀片配制得到。为了便于刃磨，一般要使刀片露出刀槽 0.5～1mm，刀槽前角 $\gamma_{og}=\gamma_o+(5°\sim10°)$，刀槽后角 $\alpha_{og}=\alpha_o+(2°\sim4°)$。

刀柄的头部一般有两种形状，分别称为直头和弯头，如图 4-10 所示。直头形状简单，制造方便。弯头通用性好，能车外圆、端面、倒角等。头部尺寸主要有刀头有效长度 L 和刀尖偏距 m，可按下式估算。

直头车刀：$m>l\cos\kappa_\gamma$ 或 $(B-m)>t\cos\kappa'_\gamma$

90°外圆车刀：$m\approx B/4$，$L\approx1.2l$

45°弯头车刀：$m>l\cos45°$

切断刀：$m\approx l/3$，$L>R$（R 为工件半径）

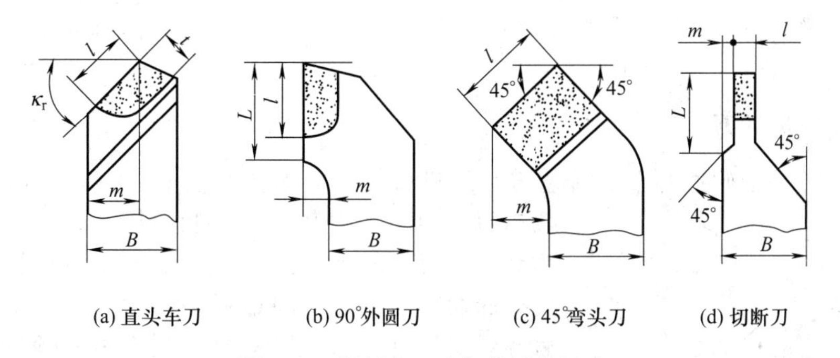

图 4-10　常用车刀头部的形状尺寸

4.3.2　机夹车刀

机夹车刀是将普通硬质合金刀片用机械方法夹固在刀柄上，刀片磨钝后，卸下刀片，经重新刃磨，可再装上继续使用。

(1) 机夹车刀的特点

① 刀片不经焊接，避免了因高温焊接而引起的刀片硬度下降，以及产生裂纹等缺陷，因此提高了刀具的使用寿命。

② 缩短换刀时间，提高了生产率。

③ 刀柄可重复多次使用，提高了刀柄寿命，节约了刀柄材料。

④ 有些压紧刀片的压板可起断屑作用。

⑤ 刀片磨钝后，仍需重新刃磨，因此，裂纹的产生不能完全避免。

(2) 机夹车刀的夹紧结构

常用的机夹式车刀夹紧结构有如下几种。

① 上压式　如图 4-11 所示。通过压板 2 和压紧螺钉 4 从顶面压紧刀片 5，夹紧可靠。刀垫 6 用来保护刀柄，调节刀片上下位置。调节螺钉 3 可用来调节刀片的纵向和横向位置，调节简便。但其缺点是压板与压紧螺钉有碍观察切削区的工作情况。

② 侧压式　如图 4-12 所示。通过紧固螺钉 3 和楔块 2 将刀片从侧面压紧在刀柄槽内，夹紧可靠。调节螺钉 4 用来调节刀片 1 的位置，调节方便，刀片上无障碍物，便于观察切削区的工作情况。

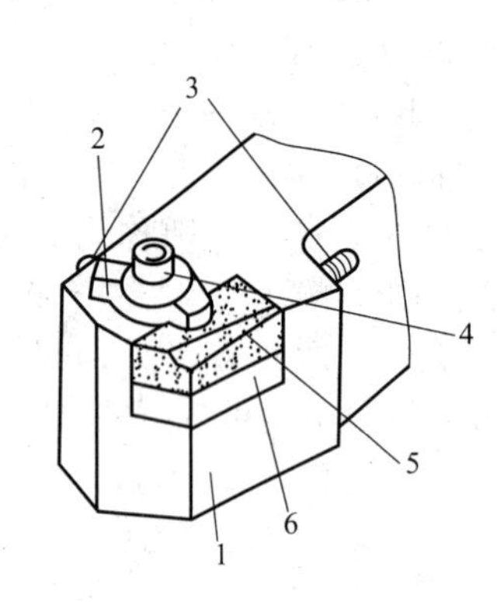

图 4-11　上压式车刀

1—刀柄；2—压板；3—调节螺钉；4—压紧螺钉；5—刀片；6—刀垫

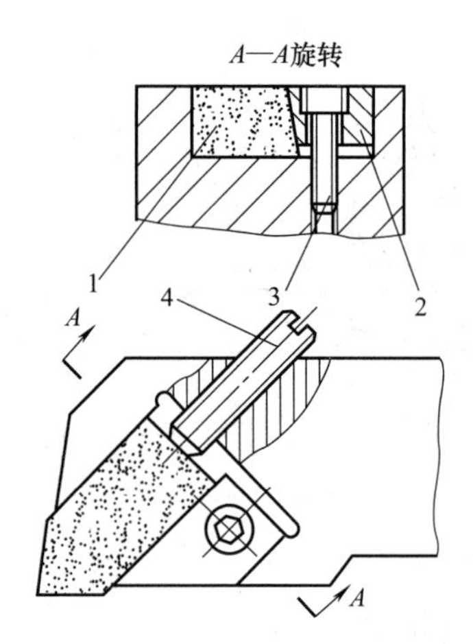

图 4-12　侧压式外圆车刀

1—刀片；2—楔块；3—紧固螺钉；4—调节螺钉

4.3.3　可转位车刀

可转位车刀是把硬质合金可转位刀片用机械方法夹固在刀柄上，如图 4-13 所示。可转位车刀由刀垫、刀片、刀杆和夹固元件组成，刀垫、刀片套装在刀杆的夹固元件上，由该夹固元件将刀具压向支撑面而紧固。在切削过程中，当某一条切削刃磨钝以后，只要松开夹紧机构，将刀片转换一条新的切削刃，夹紧后又可继续切削，只有当刀片上所有的切削刃都磨钝时才需更换新刀片。

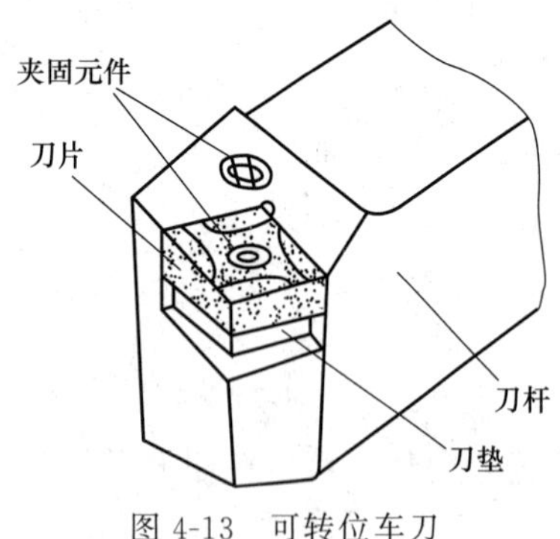

图 4-13　可转位车刀

它有如下优点。

① 刀片可转位，减少了辅助时间，提高了生产效率。

② 刀片可更换，刀具寿命长。

③ 刀杆使用时间长，有利于降低刀具成本。

(1) 可转位车刀的特点

① 寿命提高　刀片不需焊接和刃磨，完全避免了因高温引起的刀具材料应力和裂纹等缺陷。

② 加工质量稳定　刀片、刀柄是专业化生产的，刀具的几何参数稳定可靠，刀片调整、更换重复定位精度较高，从而特别有利于大批量生产的质量稳定。

③ 生产效率高　当一条切削刃或一个刀片磨钝后，只需转换切削刃或更换刀片即可继续切削，减少了调整、换刀的时间，节约了辅助生产时间。

④ 有利于推广新技术、新工艺　可转位车刀有利于推广使用涂层、陶瓷等新型刀具材料，有利于推广使用先进的数控车床。

⑤ 有利于降低刀具成本　刀柄的重复使用、刀具寿命的提高、刀具库存量的减少及简化的刀具管理，都能使刀具成本下降。

综上所述，显示了可转位车刀的突出优点，为此，国家已把可转位式车刀列为重点推广项目，可转位式车刀是车刀的发展方向。

(2) 可转位刀片

国家对硬质合金可转位式刀片型号制定了专门的标准，刀片型号由给定意义的字母和数字的代号按一定顺序位置排列所组成。共有 10 个号位，每个号位的代号所表达的含义（见 GB/T 2076—2007）。

4.3.4　成形车刀

成形车刀用在各类车床上的加工内表面、外回转体成形表面，其刃根据工件轮廓设计。其加工精度高，可重复刃磨，但设计与制造较复杂，成本较高，一般适用于大规模生产的场合。常见的沿工件径向进给的成形车刀有平体、棱体、圆体 3 种，如图 4-14 所示。

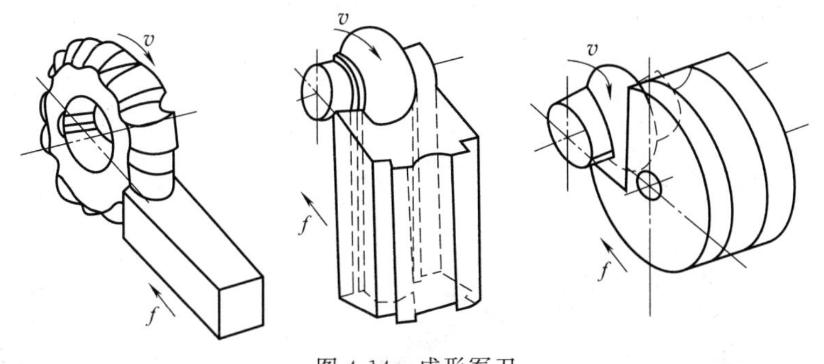

图 4-14　成形军刀

4.3.5　常用车刀及其应用

在车床上加工零件时，应根据加工表面选择合适的车刀，生产中常用的车刀及其应用见表 4-3。

表 4-3　常用的车刀及其应用

车刀种类	焊接式车刀	硬质合金不重磨车刀	应用	车削示意图
90°车刀（偏刀）	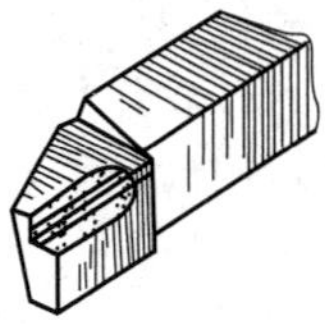		车削工件的外圆、台阶和端面	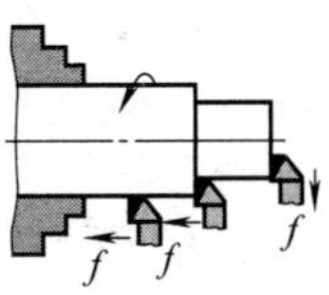
75°车刀	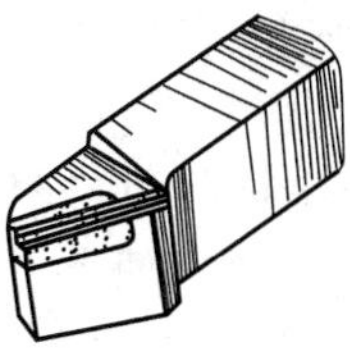		车削工件的外圆和端面	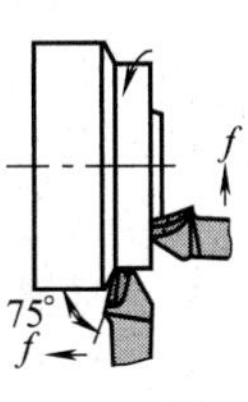

续表

车刀种类	焊接式车刀	硬质合金不重磨车刀	应用	车削示意图
45°车刀（弯头车刀）	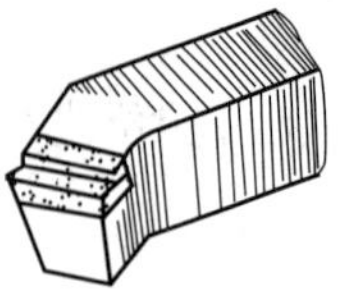		车削工件的外圆、端面或进行45°倒角	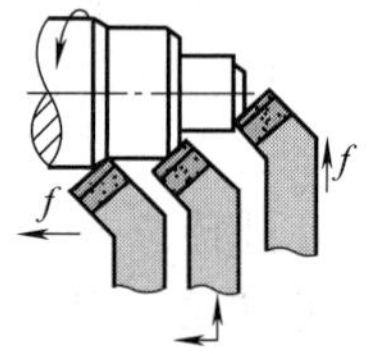
切断刀	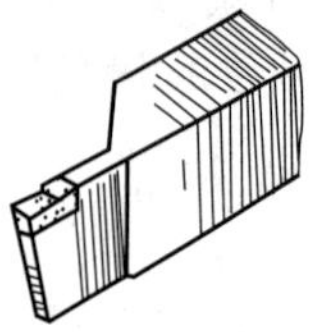		切断或在工件上车槽	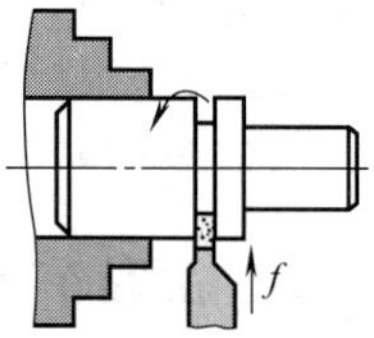
内孔车刀			车削工件的内孔	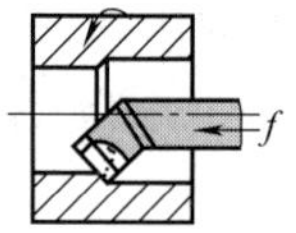
圆头车刀	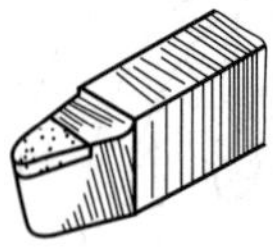		车削工件的圆弧面或成形面	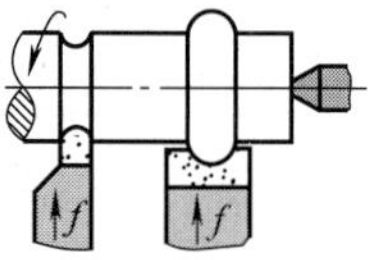
螺纹车刀	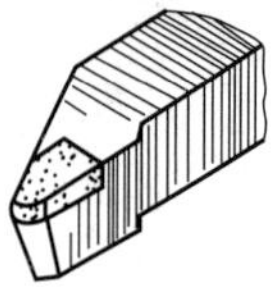		车削螺纹	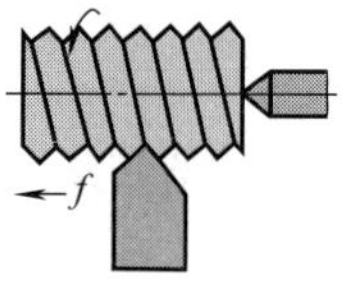

4.3.6 车刀的刃磨

正确刃磨车刀是车工的基本功之一，刃磨车刀必须选择合适的砂轮，并掌握刃磨的正确步骤和方法。

(1) 砂轮的选择

刃磨高速钢车刀或碳素工具钢车刀应选择白色或紫黑色的氧化铝砂轮，刃磨硬质合金车刀则应选择绿色的碳化硅砂轮。粗磨时应选取小粒度号且较软的砂轮，精磨时应选取大粒度号且较硬的砂轮。刃磨车刀前，如砂轮表面不平或有跳动，必须用砂轮修整器修整。

(2) 车刀的刃磨方法与步骤

车刀虽然有多种类型，但刃磨方法大体相同，现以如图4-15所示的90°硬质合金焊接式车刀为例，介绍其刃磨步骤与要领。

① 用氧化铝砂轮磨去车刀的前刀面、主后刀面、副后刀面上的焊渣。

② 用氧化铝砂轮磨出刀柄的后角，应比车刀的后角、副后角大2°左右。

③ 粗磨主后刀面，如图4-16 (a) 所示。双手握住刀柄使主切削刃与砂轮外圆柱面母线平行，并使刀柄底部向砂轮稍有倾斜，倾斜角度应等于后角，慢慢地使车刀与砂轮接触，然后在砂轮上左右移动。刃磨时应注意控制主偏角 κ_t 及后角 α_0，后角 α_0 应大些。刃磨后如刀刃不直、刀面不平、角度不准，则应重新修磨，直至达到要求。

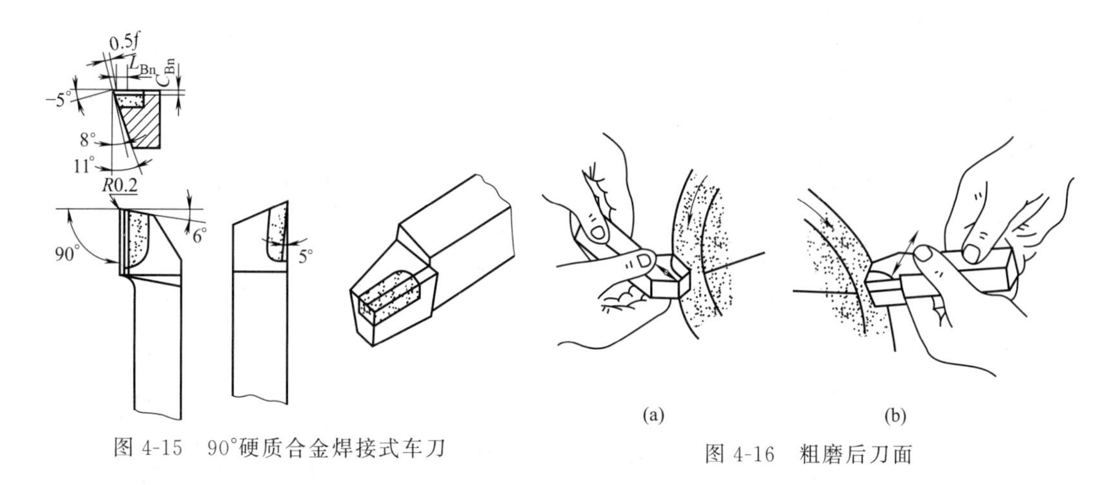

图 4-15　90°硬质合金焊接式车刀

图 4-16　粗磨后刀面

④ 粗磨副后刀面时，要控制副偏角 κ_t'和副后角 α_0'两个角度。车刀握法如图 4-16（b）所示，刃磨方法同粗磨主后刀面。

⑤ 粗磨前刀面时，要控制前角 γ_o 及刃倾角 λ_s。通常刀坯上的前角已制出，稍加修整即可。车刀的握法如图 4-17 所示。

⑥ 精磨前刀面、后刀面与副后刀面时，一般要选用粒度细的绿色碳化硅砂轮，对于带托架的砂轮机，应调整砂轮架，使其倾斜角度为 6°～8°。精磨步骤如下。

a. 精磨前刀面时，如不需磨出断屑槽，只需轻轻修磨前刀面即可，保证前角与刃倾角；若要磨出断屑槽，则应根据不同的切削条件，利用砂轮边缘磨出各种形式的断屑槽。

b. 精磨主后刀面与副后刀面时，只要在粗磨好的刀面上按照角度大小的要求，在刃口处磨去 1～2mm 即可。车刀各刃是否磨好，可根据磨痕来判断。

⑦ 刃磨刀尖。刀尖有直线与圆弧等形式，应根据切削条件与要求决定。刃磨时，使主切削刃与砂轮成一定的角度，使车刀轻轻移向砂轮，按要求磨出刀尖。通常刀尖长度为0.2～0.5mm。

⑧ 车刀的研磨。在普通砂轮上磨出的车刀，刀刃一般不平滑光洁。使用这样的车刀车削，不仅使用寿命低，且难以保证加工质量，因此经常采用油石再进行研磨。研磨时，首先在油石上加少许润滑油，将油石与刀面紧紧贴平，然后将油石沿贴平的刀面做上下平移，如图 4-18 所示。研磨时要当心，不要破坏已刃磨好的刃口。

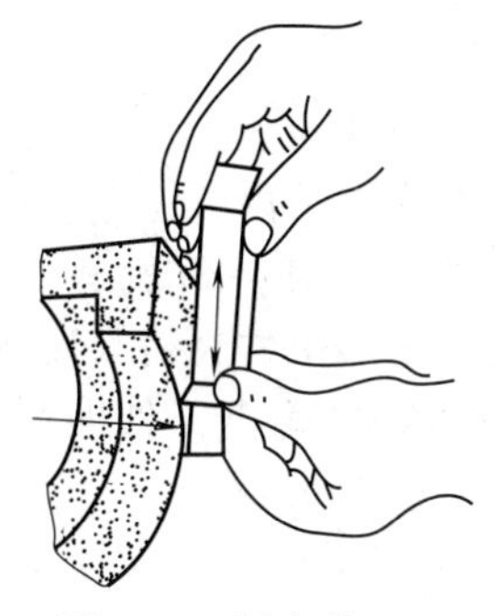

图 4-17　粗磨前刀面

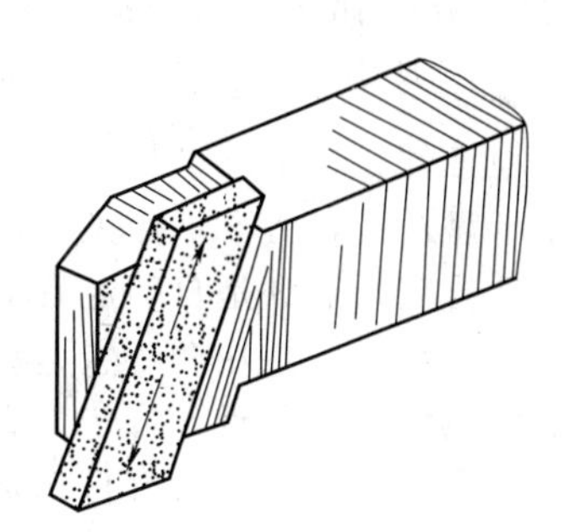

图 4-18　用油石研磨车刀

(3) 车刀装夹

① 装夹前，首先转正刀架位置，锁紧刀架手柄，擦净刀架安装面及刀具表面，准备好合适的垫刀片。

② 装夹方法与要领如下。

a. 车刀刀尖必须对准工件的旋转中心。若刀尖高于或低于工件旋转中心，车刀的实际工作角度会发生变化，影响加工质量。车刀刀尖对中的方法有目测法、顶尖对准法和测量刀尖高度法。

b. 车刀伸出长度要适宜，通常为刀柄厚度的 1.5～2 倍，如图 4-19 所示。

c. 夹紧车刀时不得使用加力管，以免损坏刀架和车刀锁紧螺钉。

d. 装夹时为确保车刀的刃磨角度不发生变化，应使刀体的轴线保持水平位置，并与工件的轴线相垂直。

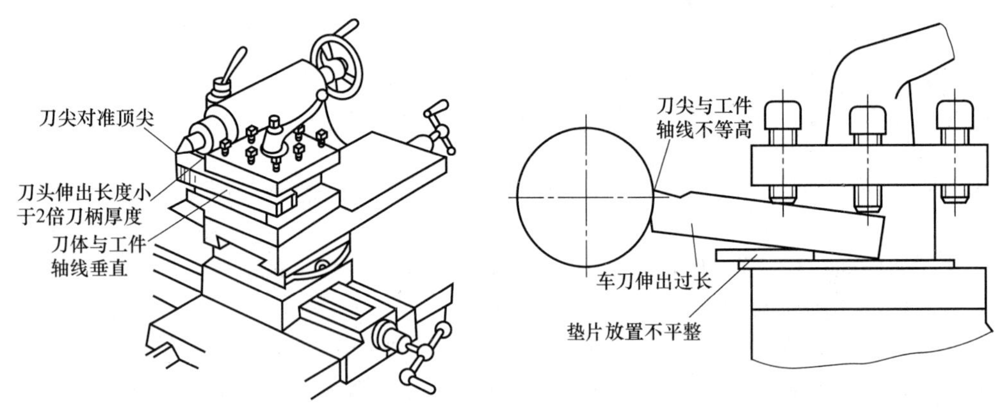

图 4-19　车刀的安装

4.4　工件安装及所用附件

切削加工前，必须将工件装夹在车床夹具上，经过校正和夹紧，使工件在整个切削过程中始终保持正确稳定的位置。

车削时，根据工件的形状、大小和所切削的部位不同，常用三爪自定心卡盘、四爪单动卡盘、两顶尖或一夹一顶来进行装夹。下面分别介绍广泛用三爪自定心卡盘安装工件和一夹一顶安装工件的方法。

4.4.1　用三爪自定心卡盘安装工件

为确保安全，将主轴置于空挡位置。用卡盘扳手将卡爪张开，张开量略大于工件直径，右手持稳工件，将工件平行地放入卡爪内，并做稍稍转动，使工件在卡爪内的位置合适。左手转动卡盘扳手，将卡爪拧紧，待工件夹住后，右手方可松开工件，如图 4-20 所示。

三爪自定心卡盘是自动定心的夹具，装夹工件一般不需校正，但当工件夹持长度较短而伸出部分较长时，往往会产生歪斜。发现工件歪斜时，用卡盘扳手轻轻敲击工件即可校正，然后双手用力拧紧扳手，将工件夹紧，当歪斜量大于加工余量时必须校正。

由于三爪自定心卡盘可自动定心，所以装夹方便、迅速，应用广泛。但其夹紧力较小，并且只能用来装夹截面为圆形、正六边形的轴类、盘套类工件。当工件直径较大，用正爪不便安装时，要换上反爪装夹，如图 4-21 所示。

用三爪自定心卡盘装夹工件时应注意下列事项。

① 毛坯上的飞边、凸台应避开卡爪的位置。

② 毛坯外圆应尽可能深夹，夹持长度一般不得小于 10mm；不宜夹持长度较小而又有

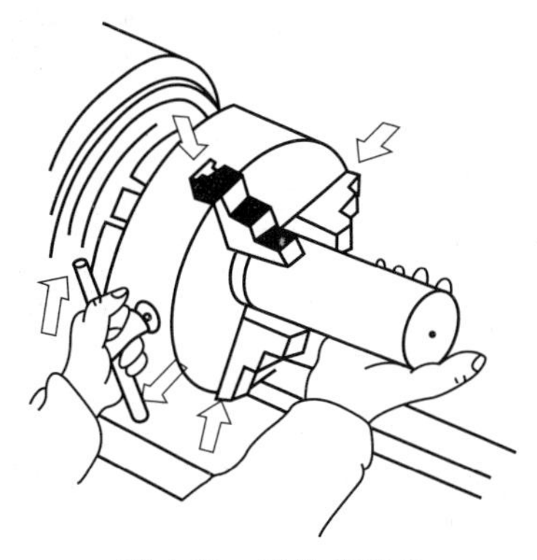
图 4-20　工件的装夹

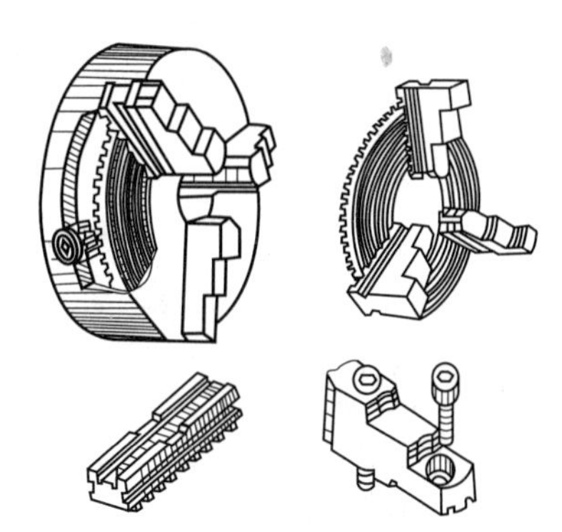
图 4-21　三爪自定心卡盘

明显锥度的毛坯外圆。

③ 工件必须装正夹牢。先轻轻夹紧工件，低速开车检验，若有偏摆应停车校正，再紧固工件。

④ 在满足加工要求的前提下，尽可能减小伸出长度，防止工件被车刀顶弯、顶落，造成打刀等事故。

4.4.2　一夹一顶安装工件

加工长度较长的轴类零件时，为了保证每道工序内及各道工序间的加工要求，通常采用工件两端的中心孔作为定位基准。装夹的方法有两顶尖装夹和一夹一顶装夹两种，其中一夹一顶的安装方法比较简单、方便，应用较为广泛，但其安装精度不如双顶尖安装。

顶尖的作用是确定工件的旋转中心，承受工件的重量和刀具作用在工件上的切削力。

顶尖分为固定顶尖和活顶尖两种，如图 4-22 所示。固定顶尖的特点是定位准确且刚性好，但它与工件中心孔产生滑动摩擦，易发热，磨损大，适用于低速精车。有时也采用镶硬质合金的固定顶尖，以减少磨损，提高转速。使用时，须在中心孔内加润滑脂。活顶尖与工件一起转动，适于高速车削，应用较广。如图 4-23 所示为采用活顶尖的一夹一顶装夹工件。

固定顶尖又分为前顶尖及后顶尖，前顶尖不淬火，后顶尖淬火。这是因为前顶尖装在主轴前端的锥孔内与工件一起旋转，不发生摩擦，而后顶尖装在尾座套筒内不旋转，与工件产生摩擦。

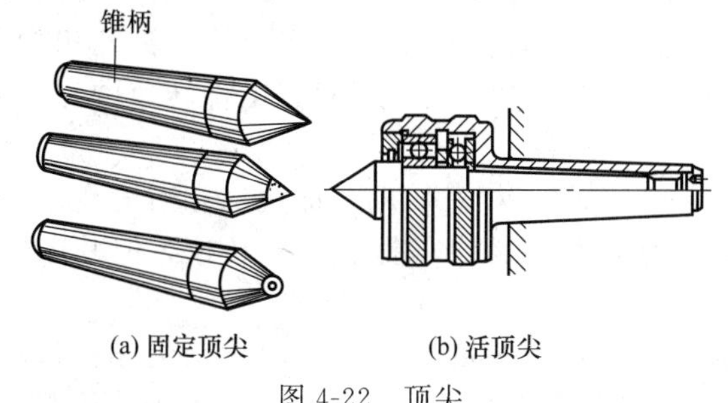

图 4-22　顶尖

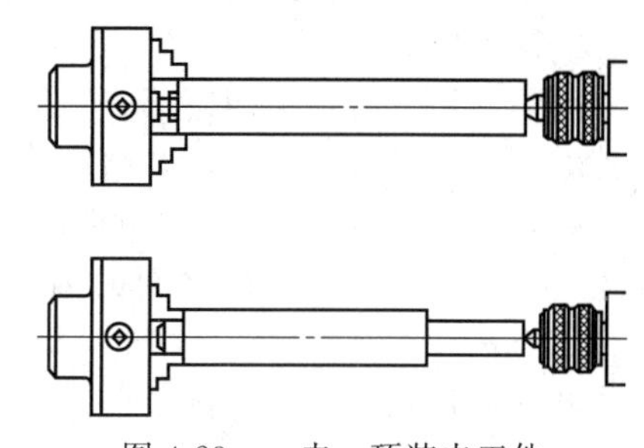
图 4-23　一夹一顶装夹工件

工件的安装过程如下。

① 擦净工件端面的中心孔，并在中心孔内加注润滑脂。

② 将工件的一端夹在三爪自定心卡盘上，左手托住另一端。用右手摇动尾顶尖顶入工件中心孔内，如图 4-23 所示。然后将三爪自定心卡盘锁紧，将顶尖顶紧锁住。

③ 移动床鞍，使车刀刀尖离工件右端面距离不少于 5～10mm。如距离不够，则中滑板与尾座相碰，应松开尾座重新调整套筒的伸出长度。

4.5 车床夹具及附件

4.5.1 车床夹具

机床上加工的工件，必须预先进行定位和夹紧，这一过程称为装夹。依据工件的形状、尺寸以及加工精度要求，在车床上装夹工件的夹具大致有以下几种。

(1) 顶尖装夹

车削具有同轴度要求的阶梯面和悬臂长、刚性差的圆工件时，通常在其端面上钻出中心孔，然后以中心孔定位，用顶尖装夹后进行加工。如图 4-24 所示为车床上用顶尖装夹工件后进行车外圆时的情形。工件 5 由前、后顶尖 2、6 顶夹牢固。主轴的旋转运动经拨盘 3、鸡心夹 4 传给工件，使其做旋转主运动。

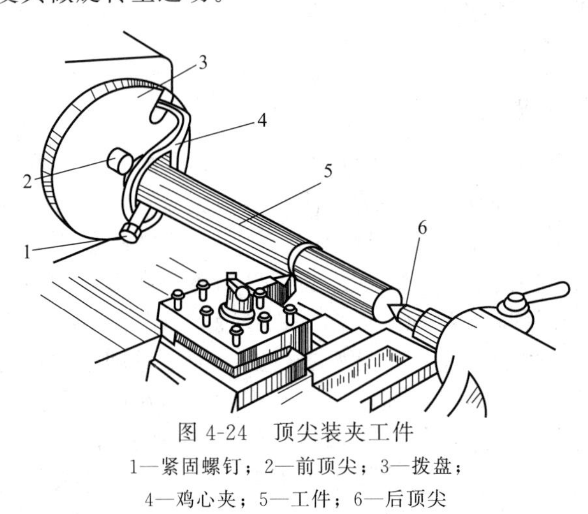

图 4-24 顶尖装夹工件

1—紧固螺钉；2—前顶尖；3—拨盘；
4—鸡心夹；5—工件；6—后顶尖

如图 4-25 所示为几种不同结构的顶尖。

图 4-25（a）为普通顶尖，亦称死顶尖，头部呈 60°锥角，锥尖工作部分采用淬火钢制成，或镶硬质合金［见图 4-25（b）］。尾部莫氏锥面与主轴内锥孔或尾座套筒内锥孔相配。其特点是，加工时顶尖固定不转，因而易使工件中心孔磨损发热，限制了工件转速的提高，但其刚性好、稳定可靠、回转精度高。

图 4-25（d）为回转活动顶尖。工作时，头部和尾部有相对转动，即尾部相对静止，头部随工件一起转动，头尾之间的内部装有滚动轴承，从而减少摩擦、提高转速，但其刚性差、定心精度不高。

若加工带孔的工件外圆，前顶尖常采用内拨顶尖［见图 4-25（c）］。内拨顶尖亦称梅花顶尖，它的齿嵌入工件内孔带动其转动。这样，既能车削工件外圆的全长，又不需使用鸡心夹头，使用方便。

若加工直径小于 6mm 的工件，则可采用如图 4-25（e）所示的反顶尖，预先将工件端部加工成 60°的圆锥面，反装于反顶尖的内锥孔中，待加工完毕后切除工件端部的圆锥部分。

用顶尖装夹工件时，必须预先在工件端面车平面、钻中心孔，或加工反顶锥。

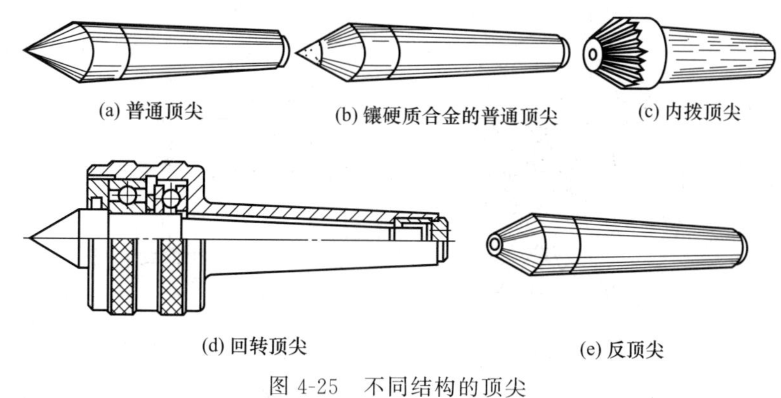

(a) 普通顶尖　(b) 镶硬质合金的普通顶尖　(c) 内拨顶尖

(d) 回转顶尖　(e) 反顶尖

图 4-25　不同结构的顶尖

两中心孔或反顶锥的中心线应尽量与工件中心线重合，以保证工件车削时表面的余量均匀。

(2) 卡盘装夹

卡盘是车床使用最多的一种夹具，可分为三爪自定心卡盘和四爪单动卡盘两种。

① 三爪自定心卡盘　如图 4-26 (a) 所示为三爪自定心卡盘的外形与结构。整个卡盘体 4 装在车床主轴上，盘体内有一碟形锥齿轮 3。当用方头扳手插入小锥齿轮 2 的方孔内转动时，小锥齿轮带动碟形锥齿轮轴向转动。三个卡爪 1 通过螺纹槽与碟形锥齿轮另一面的平面螺纹 5 啮合，当顺时针或逆时针扳动锥齿轮 2 转动时，三个卡爪便同时向轴心或反向移动，从而夹紧或放松工件。若将卡爪调头反装 [见图 4-26 (b)]，则可以增大装夹工件的直径范围。

三爪卡盘的最大特点是能自动定心对中，从而快速准确地夹紧工件。

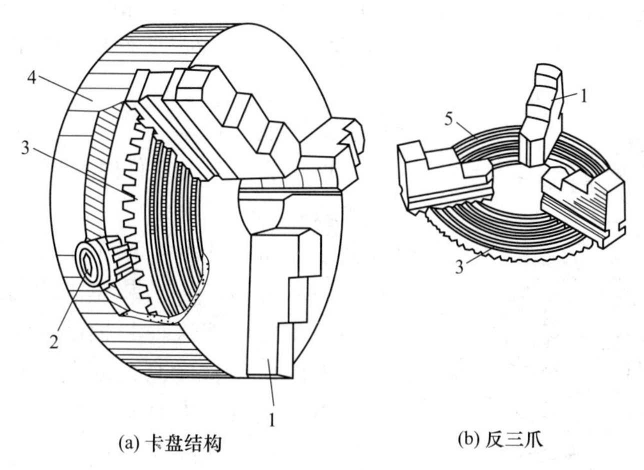

(a) 卡盘结构　(b) 反三爪

图 4-26　三爪自定心卡盘

1—卡爪；2—锥齿轮；3—碟形锥齿轮；4—卡盘体；5—平面螺纹

② 四爪单动卡盘　如图 4-27 (a) 所示为四爪单动卡盘的外形结构。端面上的四个卡爪 2 是通过各自独立的四根丝杆 3 来调整径向位置的（每个爪的内面有半瓣内螺纹与丝杆啮合）。用方头扳手通过端部方孔使丝杆转动时，与之相啮合的卡爪便沿径向移动。

四个卡爪各自独立、互不相干。因此，装夹工件时须用划针盘 4 按要求（以工件的外圆轮廓面或端面或预先的划线）找正工件 [见图 4-27 (b)]，使工件的几何中心与卡盘的回转中心重合。

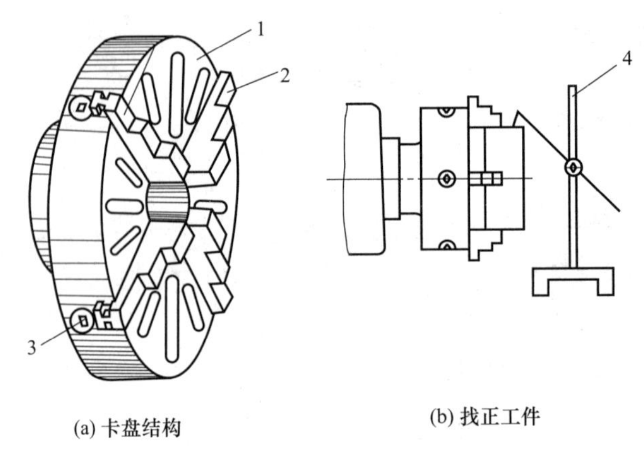

图 4-27　四爪单动卡盘

1—卡盘体；2—卡爪；3—丝杆；4—划针盘

四爪单动卡盘的特点是夹紧力大，适合装夹尺寸较大的圆形、方形、椭圆形以及形状不规则的工件，但装夹时找正工件费工时、生产效率不高。

(3) 花盘装夹

在车床上加工外形不规则的工件时，主要采用花盘装夹。如图 4-28 所示，花盘 1 是一个径向尺寸较大的铸铁盘，花盘端面上有许多长短不一的径向 T 形导槽，便于装入夹紧螺栓。图中的花盘上装有一个 90°的角板 5，工件 3（轴承座车内孔）通过角板装在花盘上，花盘与车床主轴相连。

使用角板的目的是保证轴承座底平面与加工后的孔心线平行。工件由压板 4 与角板相连。工件无论是通过角板还是直接与花盘连接，都须找正工件的位置，使加工面的中心尽量与主轴回转中心重合。与角板对应的另一侧装有平衡块 2，其作用是防止重心偏移，以免使加工质量受到影响和出现事故。

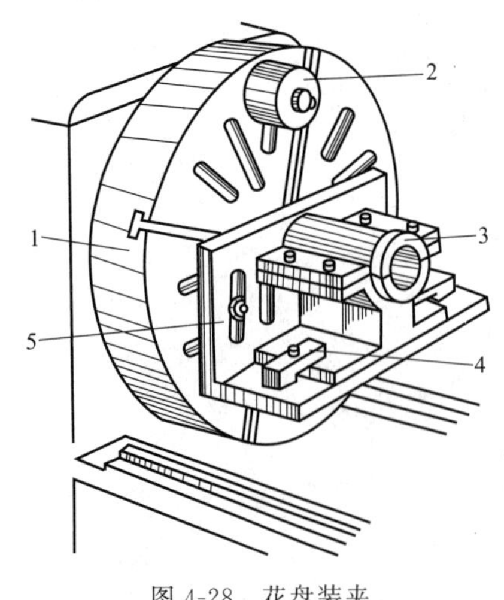

图 4-28　花盘装夹

1—花盘；2—平衡块；3—工件；4—压板；5—角板

(4) 心轴装夹

心轴是加工套类零件时使用的一种夹具。

普通心轴一般具有 1∶2 000～1∶5 000 的锥度，两端有中心孔［见图 4-29（a）］。工件内孔穿套在心轴上靠摩擦力紧固，心轴装在车床前、后顶尖上，由鸡心夹头带动旋转。这种心轴的优点是制造简单、装卸方便和工件加工精度高；缺点是承受的切削力小，只适宜于小工件的半精加工或精加工。

另一类心轴外圆面无锥度，它要求工件内孔的精度较高，使配合后的间隙较小，工件由螺母压紧［见图 4-29（b）］。其优点是夹紧力大、可一次装夹多个工件，但因心轴和工件内孔之间有间隙，所以定心精度较差。

4.5.2　车床附件及其使用

车削细长轴时，由于径向分力的作用，易使工件产生弯曲变形。为此，需采用中心架或跟刀架作辅助支承。

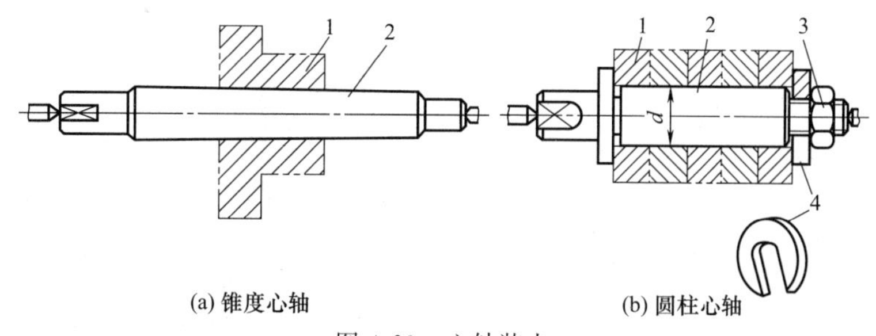

图 4-29　心轴装夹

1—工件；2—心轴；3—夹紧螺母；4—开口垫圈

(1) 中心架

如图 4-30（a）所示，中心架底座 2 通过螺栓压板与床身 1 的导轨固连。中心架有三个可动的支承爪 4，分别由各自的调节螺钉 3 调节径向位置。为装卸工件方便，中心架活动盖 5 可绕铰链翻转，工件装入后用锁紧螺钉 7 锁紧。工件在装夹前应首先在支承处加工出一段光滑面［见图 4-30（b）］，然后调整三个可动支承与光滑面接触，并用紧固螺钉 6 紧固。车完一端后再调头车另一端。由于在主轴和尾座两顶尖之间有牢固的辅助支承，可有效地避免工件的弯曲变形。

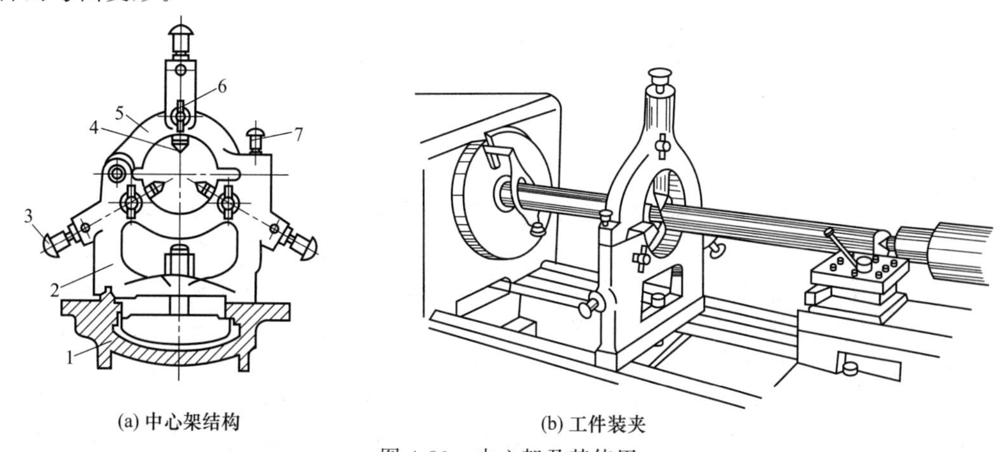

图 4-30　中心架及其使用

1—床身；2—中心架底座；3—调节螺钉；4—支承爪；5—中心架活动盖；6—紧固螺钉；7—锁紧螺钉

中心架多用于加工阶梯轴，也可用来车长轴端面（见图 4-31）、钻孔、攻螺纹等（此时，通常用卡爪夹一端，用中心架支承另一端）

(2) 跟刀架

跟刀架的结构如图 4-32（a）所示。它有两个可调的支承爪 1。与中心架的不同处是，它固装在床鞍上，可随其一起纵向移动。跟刀架装好后随车刀走过工件加工面全长，因此多用于精车或半精车细长光轴。跟刀架的使用情形如图 4-32（b）所示。

使用中心架与跟刀架时，工件被支承部分应是加工过的外圆表面，并用机油润滑。工件的转速不能过高，以避免与支承爪强烈摩擦而温度升高，导致加速支承爪磨损和影响工件加工精度。

图 4-31　车长轴端面

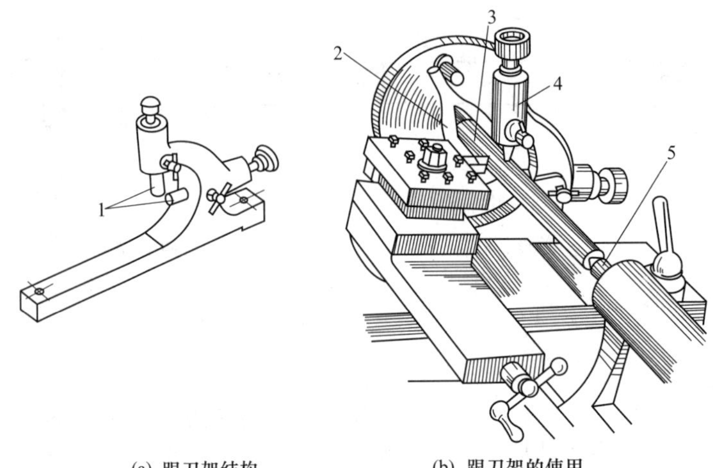

(a) 跟刀架结构　　(b) 跟刀架的使用

图 4-32　跟刀架及其使用

1—支承爪；2—鸡心夹头；3—工件；4—跟刀架；5—尾座顶尖

4.6　车削加工的操作

4.6.1　粗车和精车车削加工

各种形状的零件都是由基本的几何面所构成的，车削加工也是将零件根据几何面分解为各个步骤来进行，每个步骤就是对一个基本几何面的操作，最终完成整个零件的加工。

车削每个零件，往往需要多次走刀，甚至多次装夹才能完成。为了提高生产率，保证加工质量，生产中常把车削加工分为粗车和精车。

(1) 粗车

粗车的目的是尽快地从工件上切去大部分加工余量，使工件尽可能接近最后的形状和尺寸。粗车要给精车留有合适的加工余量，且精度和表面粗糙度要求较低。粗车后尺寸公差等级一般为IT14～IT11，表面粗糙度 Ra 值一般为12.5～6.31μm。

根据经验，加大背吃刀量不仅可提高生产率，而且对车刀的使用寿命影响不大。因此粗车时要优先选用较大的背吃刀量，其次根据可能适当加大进给量，最后选用中等或偏低的切削速度。

使用硬质合金车刀粗车时，切削用量的选用范围如下：背吃刀量 a_p 取2～4mm；进给量取0.15～0.4mm/r；切削速度 v 因工件材料不同而略有不同，切削钢时取0.8～1.2m/s，切削铸铁时可取0.7～1.0m/s。

粗车铸铁时，因工件表面有硬皮，若背吃刀量太小，刀尖容易被硬皮碰坏或加剧磨损，因此第一刀背吃刀量应大于硬皮厚度，如图4-33所示。

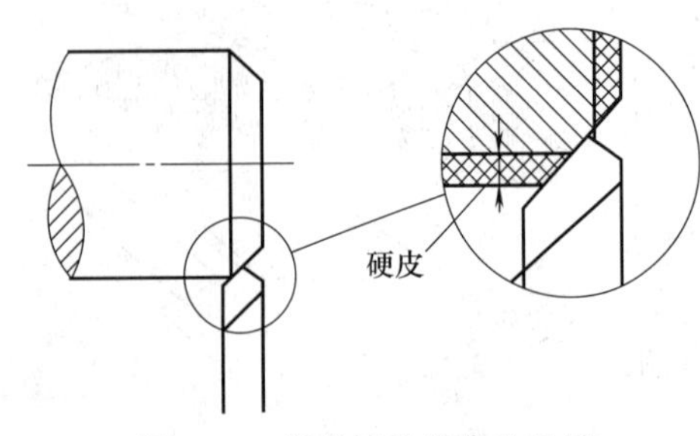

图 4-33　粗车铸件的背吃刀量

(2) 精车

粗车给精车留有的加工余量一般为0.5～2mm。精车的目的是要保证零件的尺寸精度和表面粗糙度等要求，尺寸公差等级可达IT8～IT7，

表面粗糙度 Ra 值可达 1.61μm。

精车时，完全靠刻度盘确定背吃刀量来保证工件尺寸精度是不够的，因为刻度盘和丝杠的螺距均有误差，往往不能满足精车的要求，所以必须采用试切法来保证工件精车的尺寸精度。

精车的另一个突出问题是如何保证加工表面粗糙度的要求，主要措施有以下几点。

① 采用较小的副偏角 κ_t' 或将刀尖磨出小圆弧。

② 选用较大的前角 γ_o，并用油石把车刀的前面和后面打磨得光滑一些。

③ 合理选择切削用量　车削钢件时较高的切削速度（1.7m/s 以上）或较低的切削速度（0.01m/s 以下）都可获得较小的 Ra 值；选用较小的背吃刀量对减小 Ra 值有利；采用较小的进给量可使残留面积减小，也有利于减小 Ra 值。精车的切削用量选择范围如下：背吃刀量 a_p 取 0.3～0.5mm（高速精车）或 0.05～0.1mm（低速精车）；进给量取 0.05～0.2mm/r；用硬质合金车刀高速精车钢件时切削速度 v_c 取 1.7～3.3m/s，精车铸铁时取 0.8m/s。

④ 合理使用切削液　低速精车钢件时用乳化液，低速精车铸铁件时用煤油。

(3) 车削加工的特点

① 车削加工一般是连续切削，切削过程平稳，容易满足加工零件表面的位置精度要求，同时还为高速切削和强力切削创造了条件。

② 车削刀具为单刃刀具，结构简单，制造、刃磨和装夹方便。车削加工成本低、经济性好且生产效率高。

③ 适宜有色金属零件的精加工。对不宜进行磨削的有色金属及其合金材料、可采用金刚石刀具进行精车，尺寸公差等级 IT6～IT5，表面粗糙度 Ra 可达 0.8～0.41μm。

④ 车削除了可以用于加工金属材料外，还可以用于加工木材、塑料、橡胶、尼龙等非金属材料。

4.6.2　基本车削加工工

(1) 端面

在车削加工中，一般先对工件的端面进行切削并以此作为轴向测量的基准。车端面时工件旋转，刀具横向进给，可以由外向工件中心进给，也可以由内向外进给，如图 4-34 所示。

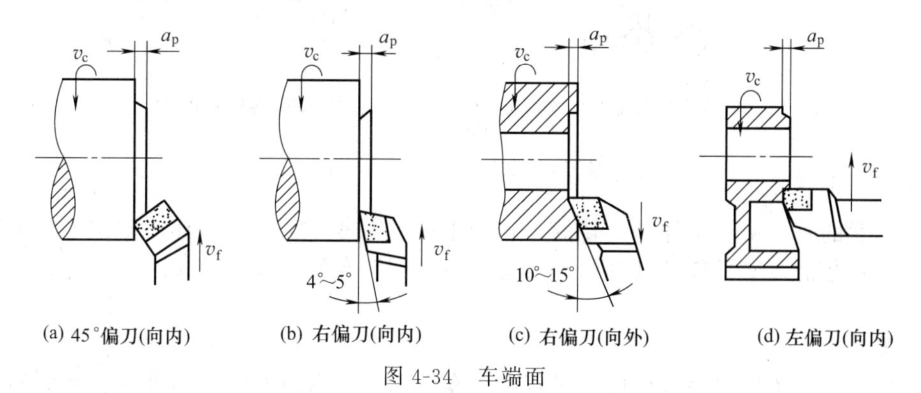

图 4-34　车端面

车端面常用 45°偏刀和右偏刀。45°偏刀适用于车削大平面，并能倒角。精车端面时，一般用右偏刀从中心向外切削，这样可以提高端面的加工质量。

车刀沿径向由外向中心车削时，端面直径是变化的，切削速度也在改变，不易获得较高的表面质量，此时可以适当提高转速。

车端面时，刀尖应严格对准工件中心，否则会在中心处留下凸台，还易损坏刀具。

(2) 车外圆

将工件车削成圆柱形表面的方法称为车外圆。它是生产中最基本、应用最广的工序。

车削外圆时常用的车刀有尖刀、45°弯头刀、90°偏刀等。尖刀主要用来车外圆；45°弯头刀和90°偏刀通用性较好，既可车外圆，又可车端面和倒角；右偏刀用来车削带有垂直台阶的外圆工件和细长轴，用其车削外圆时径向力很小，不易顶弯工件；带有圆弧的刀尖常用来车削带过渡圆弧表面的外圆。常见的外圆车削如图4-35所示。

车削工件时，必须掌握好车床上刻度盘的使用。调节背吃刀量时，应尽可能利用车床横向进给手柄上的刻度盘迅速而准确地控制尺寸。首先要熟悉所用机床刻度盘每转一小格时车刀的移动量，根据移动量计算出所需转过的格数。例如，C6132A型普通车床丝杠螺距为4mm，刻度盘上的一圈划分为80格，每格为4/80mm=0.05mm，如果背吃刀量为0.5mm，则刻度盘需要转过10格。转动手柄时动作不要太快，以使刻度线对准所需位置。

由于车床丝杠和与之配合的螺母之间存在间隙，所以会引起空程，即刻度盘转动而中拖板实际未带动刀架移动。因此，如果手柄转过了头或试切后发现尺寸太小而需重新调整刻度时，必须将刻度盘反向转回半圈以上以消除间隙的影响，然后再慢慢将刻度盘转到所需的刻度，如图4-36所示。

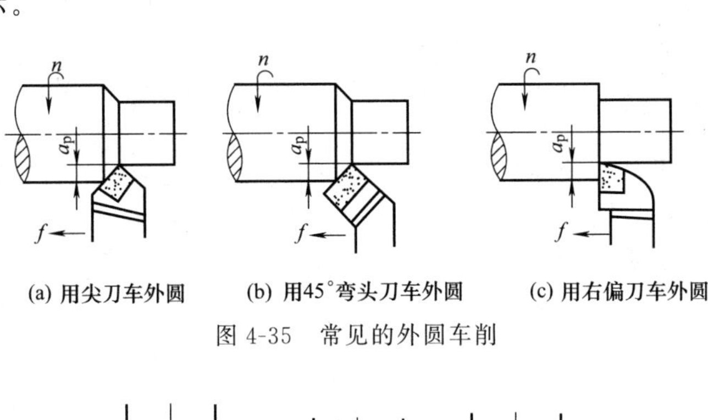

(a) 用尖刀车外圆　(b) 用45°弯头刀车外圆　(c) 用右偏刀车外圆

图4-35　常见的外圆车削

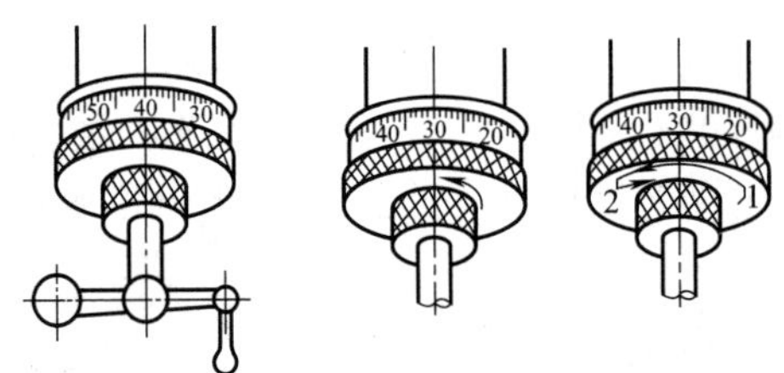

(a) 转过头(正确位置30)　(b) 直接退到位（错误）　(c) 反转一圈后再转到30

图4-36　刻度盘的正确使用

应当注意的是，由于工件是旋转的，转动中拖板刻度盘引起车刀移动量是工件半径的改变量，工件直径的改变量应是其两倍，然而小拖板刻度盘的刻度值直接表示工件长度方向的切削量。

(3) 车台阶

在工件上车出不同直径圆柱面的过程称为车台阶。车台阶实际上是外圆和端面的组合加工。根据相邻两圆柱直径差的尺寸，高度在5mm以下为低台阶，高度大于5mm时为高台阶。低台阶可使用外圆车刀在车外圆时同时车出；高台阶应分层车削，一般用90°偏刀。当台阶面与外圆面有垂直度要求时，应在最后一次装夹中加工形成。

有时为使长度符合要求，可用刀尖划出线痕，如图4-37所示。但这种方法不准确，一般线痕所定的长度应比所需的长度略短，以留有加工余量。

当台阶高度在 5mm 以上时，如图 4-38 所示，应使偏刀主切削刃与工件轴线成 95°角，分多次走刀，纵向进给车削［见图 4-38（a）］；在末次纵向进给后，车刀应横向退出，以平整台阶端面［见图 4-38（b）］。

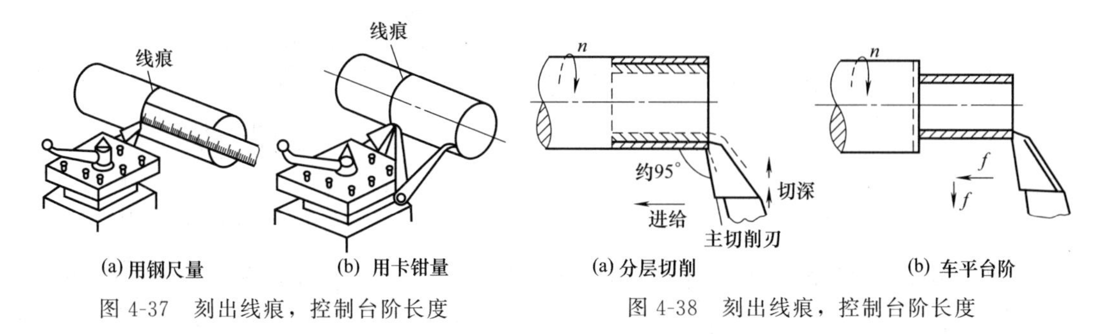

图 4-37　刻出线痕，控制台阶长度　　图 4-38　刻出线痕，控制台阶长度

(4) 切槽和切断

在工件表面切出沟槽的方法称为切槽。在车床上可加工外槽、内槽和端面槽，如图4-39所示。切外槽时应利用切槽刀横向进给到所需槽深，当切槽刀宽度不够时，可以分两次进刀。由于切刀很窄，不能承受侧向载荷，所以必须退刀并纵向调整宽度后再切到槽底。切内槽时用内孔切刀，形状与内孔车刀相似，将车刀伸入内孔要加工的位置，然后向外横向进给切出内槽。

切断与切槽相似，只是横向进给直到工件切断为止。切刀安装时要注意与工件回转中心等高，如图 4-40 所示。切断时为了减少切刀侧面摩擦，也可以像切槽一样分次进给，可将切口开宽后再切断工件。切断时应降低切削速度和进给速度，以降低切削热；即将切断时要放慢速度，以防止刀头折断。

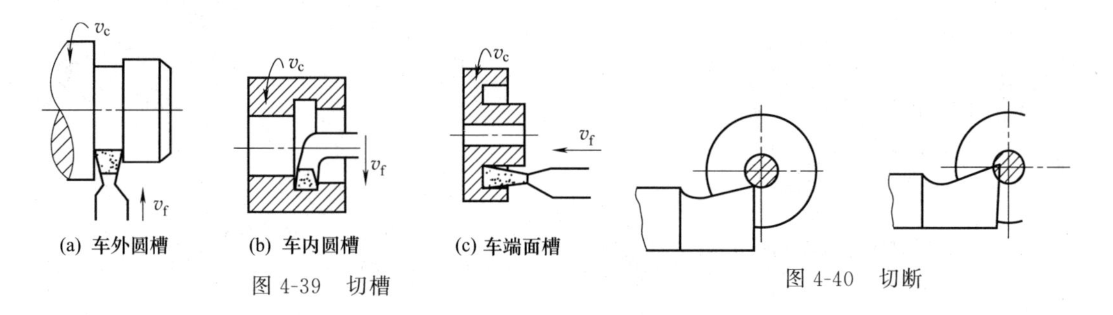

图 4-39　切槽　　图 4-40　切断

(5) 车锥面

当刀具直线移动轨迹与工件回转中心呈一定夹角时，可车削出圆锥面。常用的圆锥切削方法有宽刀法、转动小拖板法、偏移尾架法和靠模法等，分别适用于不同场合。

① 宽刀法　将车刀刃磨成与工件轴线成锥面斜角 α 角的切削刃，直接进行加工的方法称为宽刀法，如图 4-41 所示。这种方法的优点是方便、迅速，能加工任意角度的圆锥面。但由于切削刃较大，因此，要求机床和工件的刚性较好，加工的圆锥面不能太长，仅适合批量生产中锥角比较大而短锥面的车削。

② 转动小拖板法　将小拖板绕转盘轴线旋转 α 角，然后用螺钉紧固，加工时转动小拖板手柄，使车刀沿锥面的母线移动，就能加工出所需要的圆锥面，如图 4-42 所示。

这种方法调整方便、操作简单，可以加工任意斜角的内、外圆锥面，应用很广。但所切圆锥面的长度受小拖板行程的限制，且只能手动进给，故仅用于单件生产。

将刀架旋转 α 角（半锥角），如图 4-42 所示，此时车刀的进给方向与工件回转轴线形成一锥角，从而车削出锥面。

转动小拖板法主要用于单件小批量生产中精度较低和长度较短的内外锥面的车削。

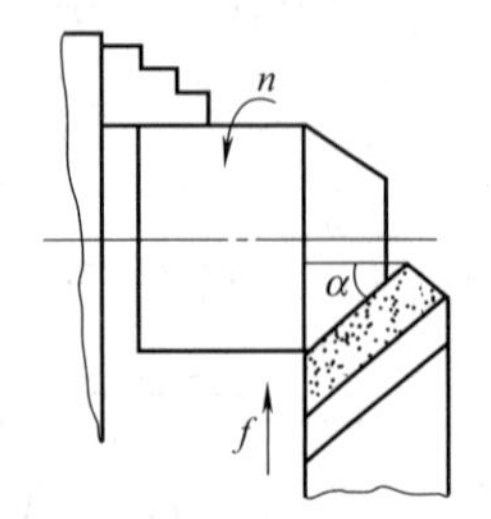

图 4-41　用宽刀法车圆锥面

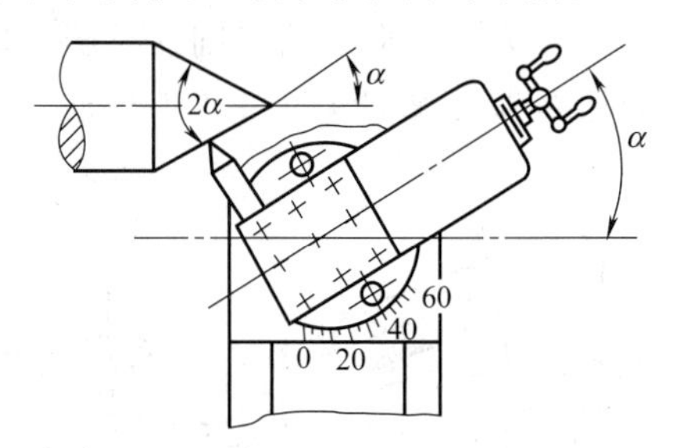

图 4-42　用转动小拖板法车圆锥面

③ 偏移尾架法　将尾架横向偏移，使工件的轴线与主轴中心成 α 角，如图 4-43 所示，使车刀纵向进给，从而车削出所需锥面。这种方法可自动走刀，加工质量比较高，主要用于单件小批量生产中锥角比较小的长圆锥面的车削。

④ 靠模板法　靠模板装置的底座一般固定在床身的后面，底板上面装有锥度靠模板，它可以绕中心轴旋转到与工件轴线相交成锥面斜角，如图 4-44 所示。为使中拖板自由地滑动，必须将中拖板与大拖板的丝杠与螺母脱开。为便于调整背吃刀量，小拖板必须转过 90°。

当大拖板做纵向自由进给时，滑板就沿着靠模板滑动，使车刀的运动平行于靠模板，就可车出所需的圆锥面。靠模板法适用于加工长度较长、任意锥角、批量生产的圆锥面和圆锥孔，且精度较高。

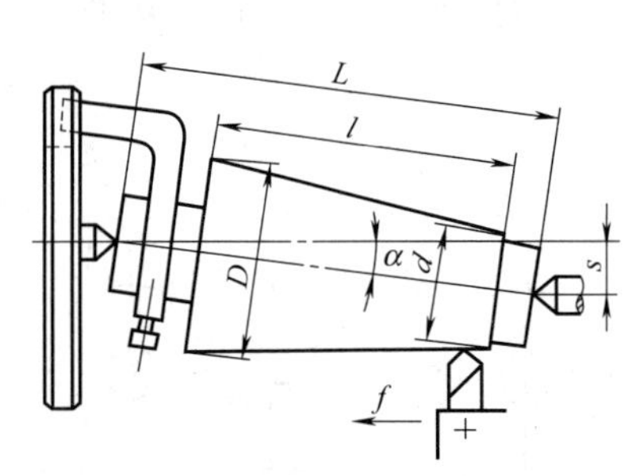

图 4-43　用偏移尾架法车圆锥面

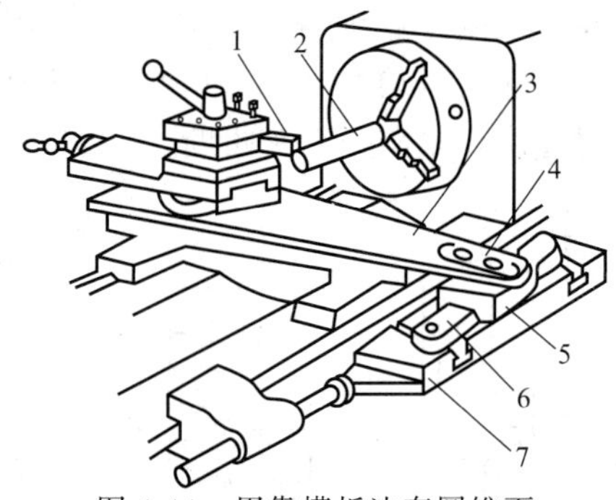

图 4-44　用靠模板法车圆锥面

1—车刀；2—工件；3—中拖板；4—固定螺钉；5—滑板；6—靠模板；7—托架

(6) 钻孔和镗孔

① 钻孔　在车床上可以利用麻花钻对工件进行钻孔。在车床上钻孔时，钻头安装在尾座上，采用这种方法易保证孔和外圆的同轴度及与端面的垂直度。

车床钻孔时，钻孔前要先车平工件端面，预钻中心孔，如图 4-45 所示，以便于定心。钻孔时将钻头安装于尾架套筒内，用手轮带动钻头做纵向进给钻孔，如图 4-46 所示。钻深孔时必须经常退出钻头以便排屑。

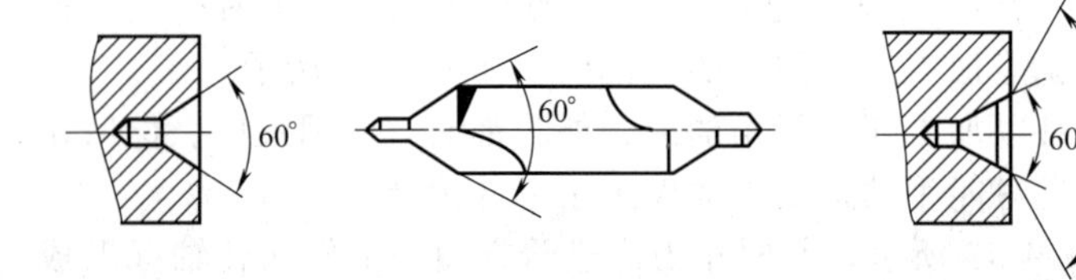

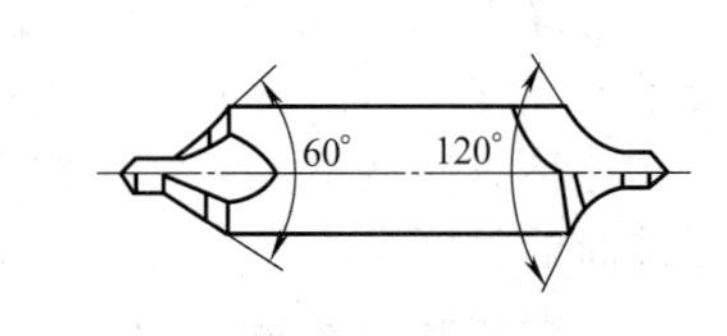

图 4-45　钻中心孔

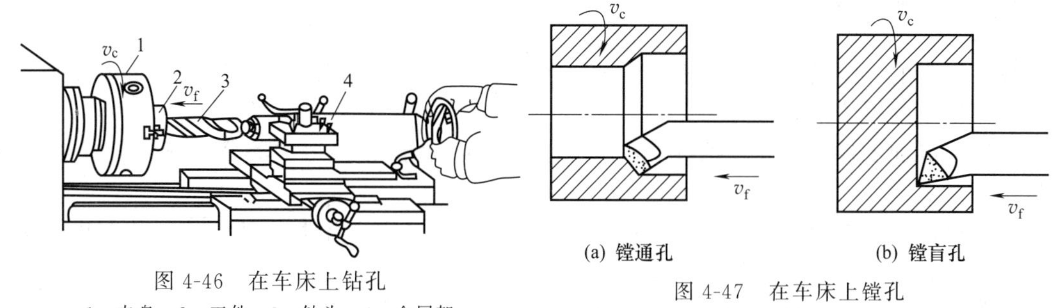

图 4-46　在车床上钻孔

1—夹盘；2—工件；3—钻头；4—金属架

图 4-47　在车床上镗孔

② 镗孔　镗孔是用镗刀对工件上已有孔进行再加工的一种常用的孔加工方法，可分为镗通孔和镗盲孔两种。车削通孔时使用通孔镗刀车削，车削盲孔时使用不通孔镗刀，如图 4-47 所示。镗刀可以扩大孔径、提高精度、降低表面粗糙度，较好地纠正原来孔轴线的偏斜，常用于孔的粗加工、半精加工与精加工，可加工任意孔径的孔，通用性好。

为保证工件上的孔与外圆面同轴并和端面垂直，在车床上镗孔时常采用所谓" 一刀落"的方法，即工件装夹后，端面、外圆面和内孔的粗、精加工按顺序连续完成，然后切断，再调头加工另一端面和倒角。

镗刀安装时刀尖要略高于工件回转中心，这样可防止扎刀及刀具下部碰到孔壁。正式车孔前要先试切，边测量边车削，再纵向走刀，直到符合零件要求。

因镗刀刀杆刚性较差，容易产生振动与变形，因此应尽可能缩短伸出长度。

(7) 车成形面

在车床上可以车削各种以曲线为母线的回转体表面，如手柄、手轮、球的表面等，这些带有曲线轮廓的表面称为成形面。在车床上加工成形面的方法通常有三种。

① 双手控制法　双手控制法是指利用双手同时摇动中拖板和小拖板的手柄，使刀尖所走的轨迹与所需成形面的母线相符，如图 4-48 所示。车削时可用成形样板检验并进行修正。双手控制法简单易行，但其加工精度取决于生产者的技术水平，仅适用于单件生产及精度要求不高的场合。

② 成形车刀法　成形车刀法是指利用切削刃形状与成形面母线形状相吻合的成形车刀来加工成形面，如图 4-49 所示。加工时成做车刀只做横向进给。其操作方便、生产率高，精度主要取决于成形车刀的刃磨质量，适用于成批生产；但车刀与工件的接触面大，易引起振动，且产生的热量高，须有良好的冷却润滑条件。

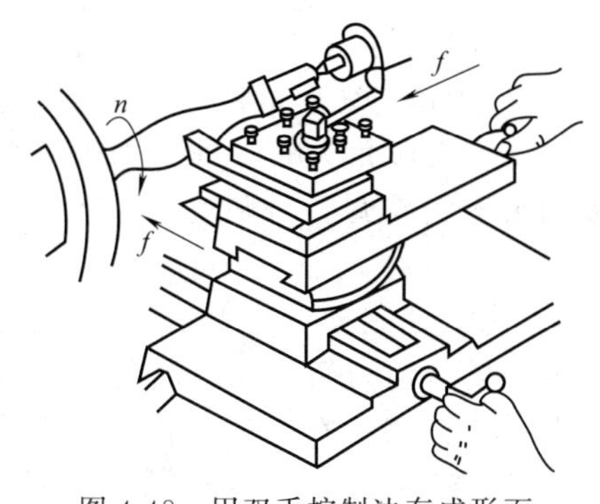

图 4-48　用双手控制法车成形面

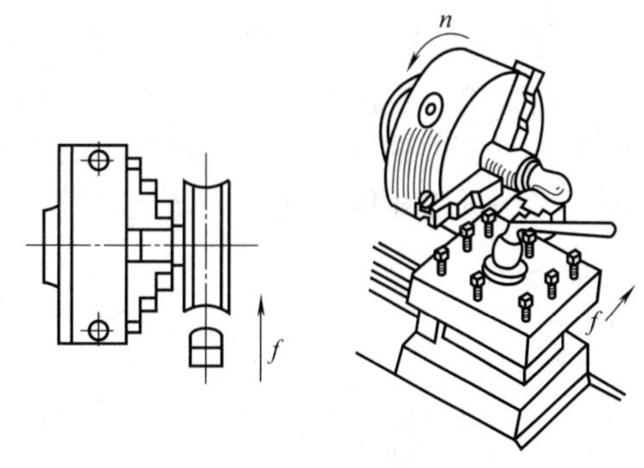

图 4-49　用成形车刀法车成形面

③ 用靠模车成形面　这种方法的加工原理和用靠模板法车削圆锥面相同，只需把滑板换成滚柱，把锥度模板换成带有所需曲线的靠模板即可。该方法加工质量好，生产率也高，

但制造靠模增加了成本，故广泛应用于批量生产中。

(8) 车螺纹

螺纹加工的方法很多，有车削、铣削、攻螺纹与套螺纹、搓螺纹与滚螺纹、磨削及研磨等，其中以车削螺纹最为常见。

车床上能加工各种螺纹，螺纹的种类很多，其中牙形角 $\alpha=60°$ 的公制三角普通螺纹应用最广。

螺纹总是内外配合的，决定螺纹形状的基本要素有 3 个：牙形角 d、螺距 P 和中径 d_2，如图 4-50 所示。

车削螺纹的技术要求是要保证螺纹的中径、牙型和螺距的精度。

车削螺纹的运动关系是：工件每转一周，车刀准确而均匀地移动一个螺距或导程（单线螺纹为螺距 P，多线螺纹为导程 $L=nP$）。

车螺纹时，首先将走刀箱和挂轮调整到所要加工的螺距，然后通过丝杠带动纵向走刀就可以加工出螺纹。车外螺纹的基本步骤如图 4-51 所示。

① 对刀　开车使车刀与工件轻轻接触，记下刻度盘数，向右退出车刀。

② 试切　用刀尖在工件表面切出一条螺线，再反转退刀返回。

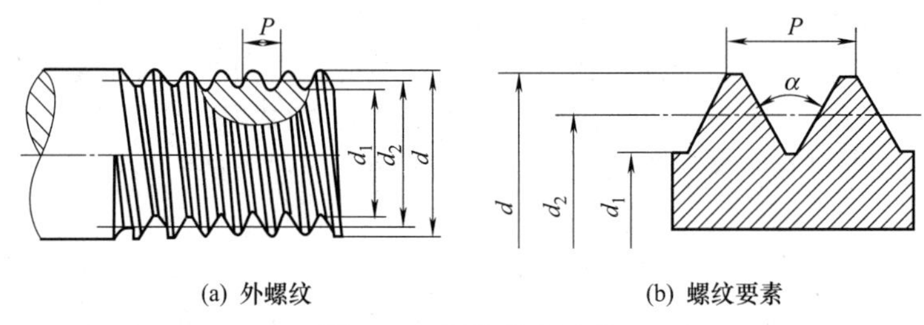

(a) 外螺纹　　(b) 螺纹要素

图 4-50　螺纹基本要素

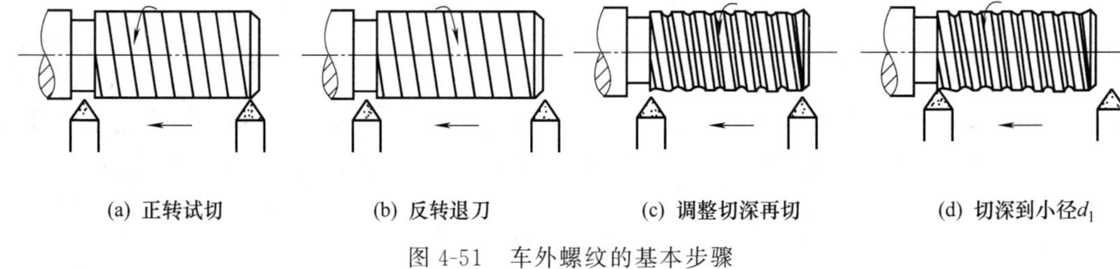

(a) 正转试切　　(b) 反转退刀　　(c) 调整切深再切　　(d) 切深到小径 d_1

图 4-51　车外螺纹的基本步骤

③ 检查调整　检查螺距是否正确，调整切深再纵向走刀切削，一直切到螺纹小径 d_1。

车削螺纹时应注意：车刀安装时刀尖与工件轴线等高；刀尖角与牙形角相等，且刀尖角的中分线与工件的轴线垂直；精车时还要保证车刀前角为 0°、刃倾角为 0°；螺纹加工一般要经过多次进刀才能完成；为防止“乱扣”，加工中不要打开开合螺母，否则就对不准螺纹的位置。

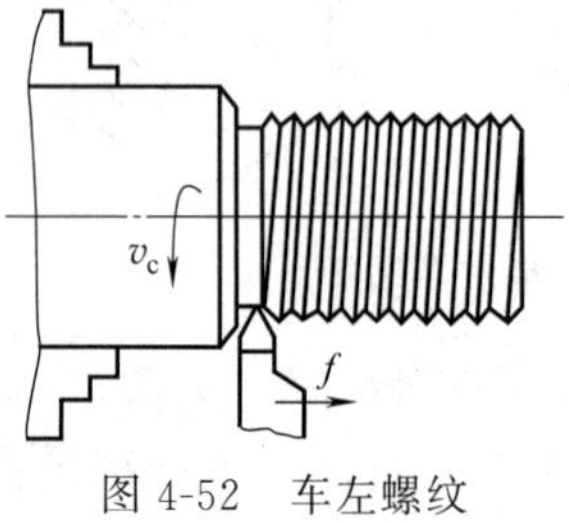

一般的螺纹都是右旋螺纹，加工右旋螺纹时刀架向左进给。

车削左螺纹时，主轴仍做正转，但刀架运动方向与车右螺纹相反，如图 4-52 所示，刀架向右进给。在车床主轴至丝杠的传动系统中有一个反向机构，使丝杠得以换向，即可车左螺纹。

图 4-52　车左螺纹

同样，在车床上还可以加工内螺纹。

在车床上除了能加工以上表面外，还可进行攻丝、滚花、缠绕弹簧等加工，不再一一赘述。

复习思考题

4.1　车削加工有哪些特点？车床上能加工哪些表面？

4.2　车床的种类很多，应用最广泛的是什么车床？试简述其主要组成和用途。

4.3　试述车刀的种类及用途。刃磨车刀时应注意哪些事项？

4.4　试述刀架的组成。车刀的装夹要领是什么？为什么要检查刀架的极限位置？

4.5　三爪自定心卡盘装夹工件有何特点？用于哪些场合？

4.6　试切的目的是什么？结合实际操作说明试切的步骤。

4.7　当改变车床主轴转速时，车刀的移动速度是否改变？进给量是否改变？

4.8　在操作刻度盘时，若刻度盘手柄摇过了几格怎么办？为什么？

4.9　粗车与精车的加工要求有何不同？刀具角度的选用有何不同？切削用量如何选择？

4.10　车端面有哪些方法？如何选择车刀？

4.11　为什么车削时一般先要车端面？为什么钻孔前也要先车端面？

4.12　车圆锥的方法有哪些？各有什么特点？各适用于何种条件？

4.13　车槽刀和车断刀的结构有何特点？安装时应注意哪些问题？

4.14　在车床上如何进行钻孔加工？

4.15　镗孔时如何安装镗刀？为什么镗孔时的切削用量比车外圆时小？

4.16　实训时你所使用的车床，光杠是通过何种传动方式将旋转运动变成刀具的纵向直线运动的？

4.17　如何正确地安装螺纹车刀？

4.18　为了保证内、外螺纹的配合精度，加工螺纹时应注意哪些基本要素？

4.19　车外螺纹的基本步骤是什么？

第 5 章

铣削加工

5.1 铣削加工概述

铣削是在铣床上用旋转的铣刀对移动的工件进行切削加工的方法。它可以加工平面、沟槽、螺旋槽、凸轮等，还可以加工成形表面及齿轮等（见图 5-1）。

铣削加工是在铣床上进行的以铣刀的旋转运动为主运动、以工件的移动为进给运动的一种切削加工方法。铣削加工的切削运动是由铣刀实现的。铣削使用旋转的多刃刀具，不但可以提高生产率，而且还可以使工件的表面获得较小的表面粗糙度值。因此，在机器制造业中，铣削加工占有相当大的比重。

(a) 凸圆弧铣刀铣凹圆弧面

(b) 凹圆弧铣刀铣凸圆弧面

(c) 模数铣刀铣齿形

图 5-1 铣削加工的方法

5.2 铣　床

5.2.1 常用铣床的种类

根据结构、用途及运动方式不同，铣床可分为不同的种类，主要有卧式升降台铣床、立式升降台铣床、工具铣床、龙门铣床、摇臂铣床、转塔铣床、仿形铣床、钻铣床、滑枕铣床、刻字铣床、键槽铣床、螺纹铣床，以及数控铣床和镗铣加工中心等。

常用的铣床有升降台式铣床和龙门铣床两类。

(1) 升降台式铣床

① 卧式铣床　其主要特征是主轴与工作台台面平行，呈水平位置。外观图如图 5-2（a）所示。

② 立式铣床　其主要特征是主轴与工作台台面垂直，呈垂直状态。外观图如图 5-2（b）

(a) 卧式铣床

(b) 立式铣床

图 5-2　升降台式铣床外观照片图

所示。

(2) 龙门铣床

龙门铣床是大型铣床，铣削动力安装在龙门导轨上，可做横向和升降运动。外观如图 5-3 所示。

5.2.2　铣床型号及组成

现以如图 5-4 所示的型号 X6132 卧式升降台铣床为例，简要介绍升降台式铣床型号意义及组成。

(1) 铣床的型号及其意义

铣床型号是铣床的代号，是金属切削机床型号中的一部分。按照 GB/T 15375—2008 规定，型号为 X6132 的铣床中各符号和数字的意义如下："X" 是指铣床（类代号）；"61" 是指卧式万能升降台铣床（组、系代号）；"32" 是指工作台面宽度的 1/10，即工作台面宽度为 320mm（主参数）。

图 5-3　龙门铣床

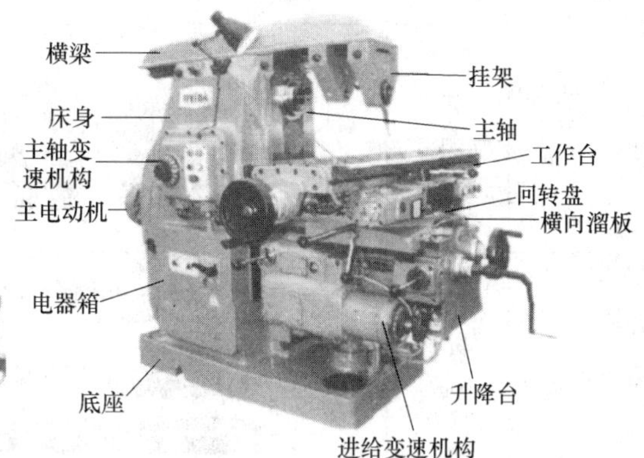

图 5-4　X6132 卧式升降台铣床

(2) X6132 型万能卧式铣床的主要组成及其作用

铣床由下列几部分组成。

① 床身　用来支承和固定铣床各部件。

② 底座　用以支承、安装、固定铣床的各个部件。底座还是一个油箱，其内部装有切削液。

③ 横梁　横梁上装有安装吊架，用以支撑刀杆的外端，减小刀杆的弯曲和振动。

④ 主轴　用来安装刀杆并带动它旋转。主轴做成空心轴，前端有锥孔，以便安装刀杆。

⑤ 升降台　位于工作台、转台、横向溜板的下方，并带动它们沿床身的垂直导轨做上下移动，以调整台面与铣刀间的距离。升降台内装有进给运动的电动机及传动系统。

⑥ 横向溜板　用来带动工作台在升降台的水平导轨上做横向移动。

⑦ 转台　上端有水平导轨，下面与横向工作台连接，可供纵向工作台移动、转动。

⑧ 挂架　用以加强铣刀杆的刚性。

5.3 铣　　刀

(1)　铣刀切削部分材料的基本要求

在切削过程中，刀具切削部分会由于受切削力、切削热和摩擦力而磨损，所以刀具不仅要锋利而且要耐用，不易磨损变钝。因此刀具材料必须具备以下几个基本要求。

① 高硬度和耐磨性。

② 良好的耐热性。

③ 高的强度和好的韧性。

(2) 铣刀的种类和用途

铣刀的种类很多，用途也各不相同。按材料不同，铣刀分为高速钢和硬质合金两大类；按刀齿与刀体是否为一体又分为整体式和镶齿式两类；按安装方法不同分为带孔铣刀和带柄铣刀。常用铣刀的种类及用途见表 5-1。

表 5-1　常用铣刀的种类及用途

用途	种类	铣刀图示	铣削示例
铣削平面用铣刀	圆柱铣刀		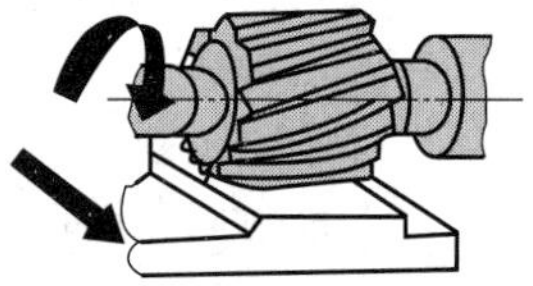
	端铣刀		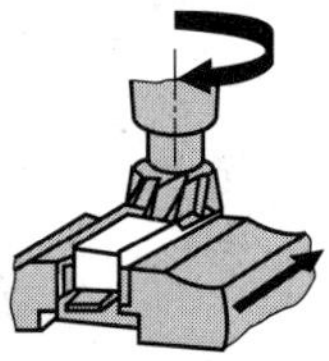
铣削直角沟槽和台阶用铣刀	直柄和锥柄立铣刀		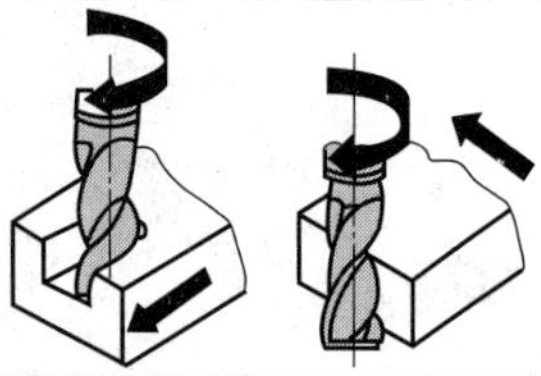
	直齿和错齿三面刃铣刀		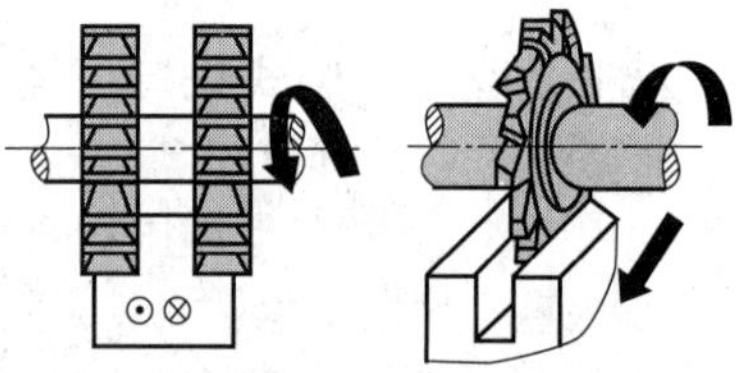

续表

用途	种类	铣刀图示	铣削示例
铣削直角沟槽和台阶用铣刀	键槽铣刀		
切断及铣窄槽用铣刀	锯片铣刀		
铣削特形沟槽用铣刀	T形槽铣刀		
	燕尾槽铣刀		
	角度铣刀		

(3) 铣刀的安装

铣刀的结构不同，在铣床上的安装方法也不一样。带孔的圆柱铣刀安装在刀杆上，刀杆与主轴的连接方法如图 5-5 所示。安装铣刀的步骤如下。

① 在刀杆上先套上几个垫圈，装上键，再套上铣刀，并注意旋转方向［见图 5-6 (a)］。

② 在铣刀外边的刀杆上再套上几个垫圈，拧紧左旋螺母［见图 5-6 (b)］。

③ 装上支架，拧紧支架紧固螺钉，在轴

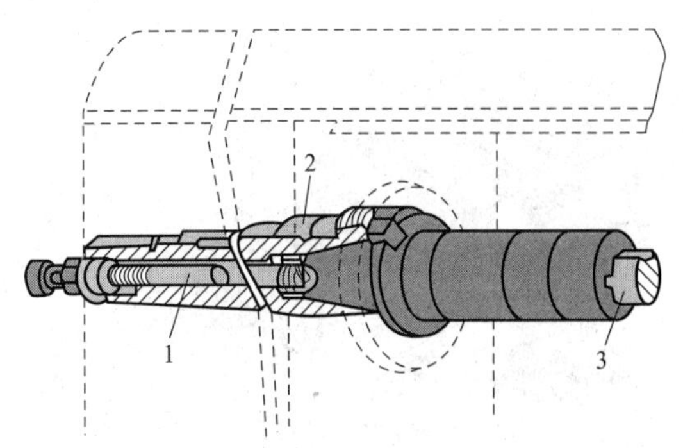

图 5-5　刀杆与主轴的连接方法

1—拉杆；2—主轴；3—刀杆

承孔内加润滑油［见图 5-6（c）］；

④ 初步拧紧螺母，开车观察铣刀是否装正，然后用力拧紧螺母［见图 5-5（d）］。装刀前应将刀杆、铣刀及垫圈擦干净，以保证铣刀的正确安装。

同是加工平面，可以用端铣也可以用周铣的方法；同是用圆柱铣刀加工平面又有顺铣与逆铣之分。在选择铣削方法时，应充分注意到它们各自的特点，选取合理的铣削方式，以保证加工质量和提高生产效率。

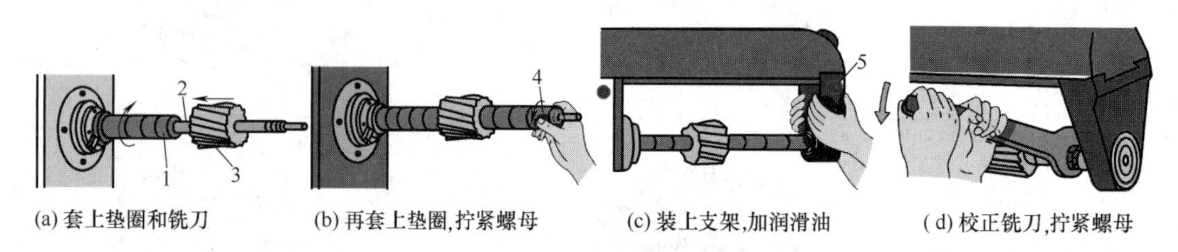

图 5-6　安装铣刀的步骤

1—垫圈；2—键；3—铣刀；4—压紧螺母；5—紧固螺钉

5.4　铣床主要附件

各种不同类型和形状的铣刀加上附件，可以使铣削范围更广。铣床的主要附件有机用平口钳、回转工作台、万能分度头等。

(1) 机用平口钳

机用平口钳是一种通用夹具，常用平口钳有回转式和非回转式两种。如图 5-7 所示是回转式平口钳，主要是由固定钳口、活动钳口、底座等组成。钳身能在底座上任意扳转角度。平口钳由于其钳口结构和尺寸的关系，所以多用于安装尺寸较小、形状较规则的零件。使用时应先校正其在工作台上的位置，然后再夹紧工件。平口钳的校正方法有如下三种（见图 5-8）。

① 用百分表校正固定钳口与铣床主轴轴心线垂直或平行。校正精度较高，一般用于精校正。

② 用划针校正固定钳口与铣床主轴轴心线垂直。校正精度较低，一般只做粗校正。

③ 用角度校正固定钳口与铣床主轴轴心线平行。校正精度一般，一般只做粗校正。

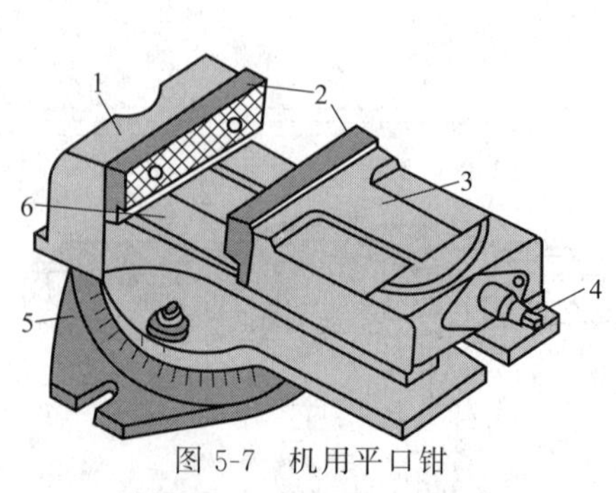

图 5-7　机用平口钳

1—固定钳口；2—钳口铁；3—活动钳口；4—螺杆；5—底座；6—钳身

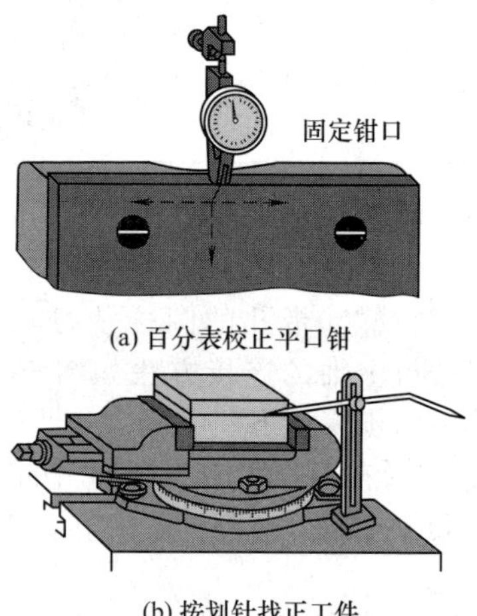

图 5-8　平口钳的校正

(2) 回转工作台

回转工作台又称圆形工作台，是卧式万能升降台铣床特有的附件。其外形如图 5-9 所示，结构如图 5-10（a）所示。回转工作台主要用于装夹中小型工件，进行圆周分度及做圆周进给，如对有角度、分度要求的孔或槽、工件上的圆弧槽等。转台周围有刻度用来观察和确定转台位置，手轮上的刻度盘也可读出转台的准确位置。如图 5-10（b）所示为在回转工作台上铣圆弧槽的情况，即利用螺栓压板把工件夹紧在转台上，铣刀旋转后，摇动手轮使转台带动工件进行圆周进给。铣削由于能够回转角度，因此扩大了加工范围。

图 5-9　回转工作台的外形

(a) 结构

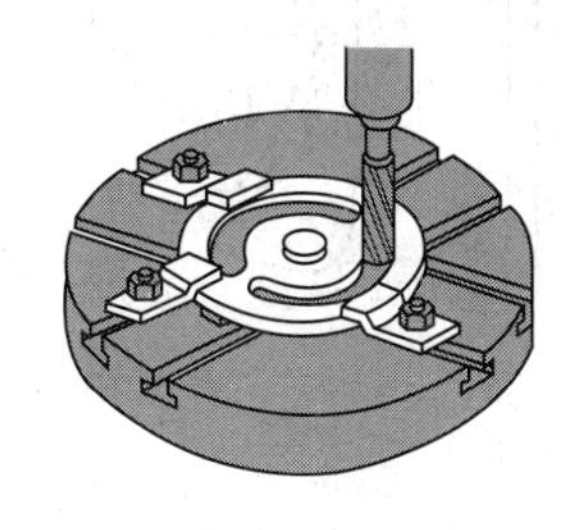

(b) 应用示例——铣圆弧槽

图 5-10　回转工作台结构及其工作

(3) 万能分度头

万能分度头的结构如图 5-11 所示，由底座、壳体、回转体、主轴（卡盘）刻度叉、分度盘、定位销、挂轮轴等组成。它是铣床的精密附件之一，用于装夹工件，并可对工件进行圆周等分、角度分度、直线移距分度及做旋转进给，通过配换齿轮与工作台纵向丝杠连接，加工螺旋槽、等速凸轮等，从而扩大加工范围。其应用示例如图 5-12 所示。

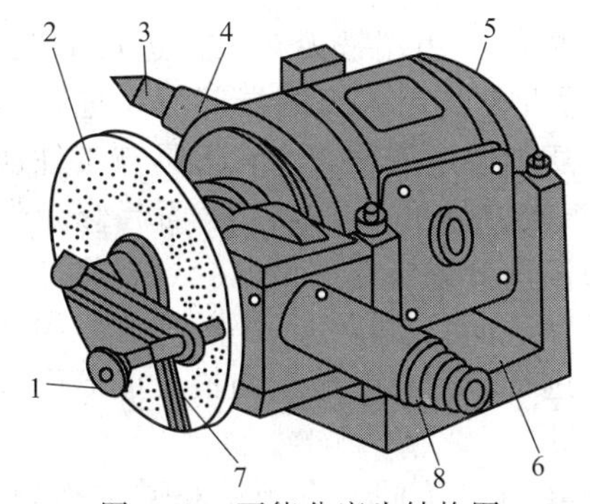

图 5-11　万能分度头结构图

1—定位销；2—分度盘；3—顶尖；4—主轴；5—壳体；6—底座；7—分度叉；8—挂轮轴

图 5-12　万能分度头应用示例

(4) 立铣头和万能铣头

在卧式铣床上安装立铣头，可以完成立铣床的工作，以扩大铣床加工范围。

① 立铣头　如图 5-13 所示。立铣头座体 2 利用夹紧螺栓 1 紧固在卧式铣床床身的垂直导轨上。立铣头可在平行于导轨面的垂直平面内扳转角度，其大小由刻度盘示值。立铣头的主轴 5 装在壳体 6 内。铣床主轴的旋转运动通过锥齿轮传至铣头主轴 5 上。为方便立铣头的安装，在座体 2 上设有吊环 3。立铣头主轴 5 可以在垂直面内转动任意角度，以适应各种倾斜表面的铣削加工。

② 万能铣头　万能铣头如图 5-14 所示。座体 5 通过螺栓固连在铣床垂直导轨 6 上。壳体 3 可相对于座体 5 在垂直面内转任意角度；铣头主轴壳体 1 又可相对于壳体 3 转动一定角

度。壳体 3 与壳体 1 的转动角度大小分别由刻度盘 4 和 2 示值。因此，万能铣头上的铣刀 7 可以在空间转动成所需的任意角度，以适应在更多的空间位置进行铣削加工。

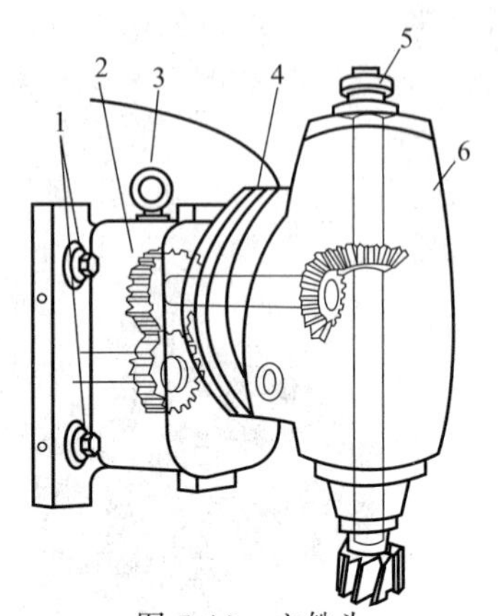

图 5-13　立铣头

1—夹紧螺栓；2—座体；3—吊环；4—刻度盘；5—主轴；6—壳体

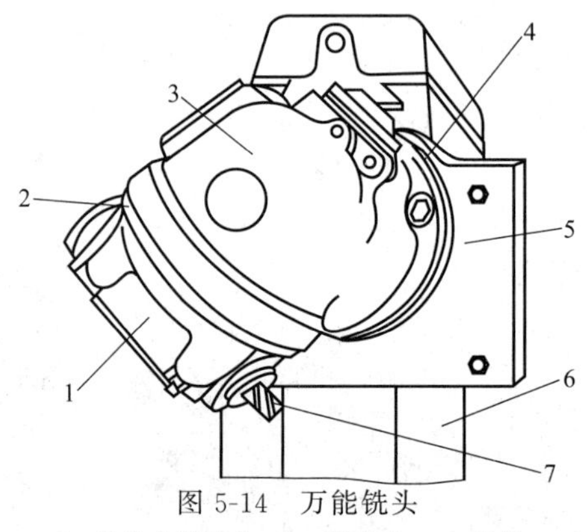

图 5-14　万能铣头

1—铣头主轴壳体；2—刻度盘；3—壳体；4—垂直刻度盘；5—座体；6—铣床垂直导轨；7—铣刀

5.5　铣削加工方法

铣削加工时，铣刀的旋转是主运动，工件做直线或曲线的进给运动。

(1) 铣平面

根据设备、刀具条件不同，可用圆柱铣刀对工件进行周铣或用端铣刀对工件进行端铣，如图 5-15 所示。前者是利用铣刀的圆周刀齿进行切削，后者是利用铣刀的端部刀齿进行切削。与周铣比较，端铣时同时参加工作的刀齿数目较多，切削厚度变化较小，刀具与工件加工部位的接触面较大，切削过程较平稳，且端铣刀上有修光刀齿可对已加工表面起修光作用，因而其加工质量较好。另外，端铣刀刀杆刚性大，切削部分大多采用硬质合金刀片，可采用较大的切削用量，通常可在一次走刀中加工出整个工件表面，所以生产率较高。但端铣主要用于铣平面，而周铣则可通过选用不同类型的铣刀，进行平面、台阶、沟槽及成形面等的加工，因此，周铣的应用范围较广。

使用圆柱铣刀铣平面时，根据铣刀旋转方向与工件进给方向不同，有顺铣和逆铣之分。

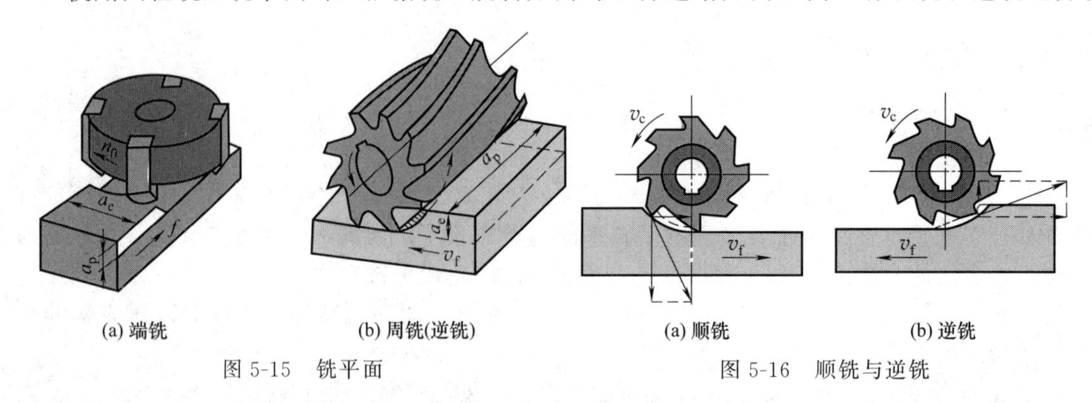

(a) 端铣　(b) 周铣(逆铣)

图 5-15　铣平面

(a) 顺铣　(b) 逆铣

图 5-16　顺铣与逆铣

顺铣时，铣刀旋转方向与工件进给方向相同；逆铣时，铣刀旋转方向与工件进给方向相反，如图 5-16 所示。顺铣时，铣刀可能突然切入工件表面而发生深啃（由丝杠与螺母的间隙引起），使传动机构和刀轴受到冲击，甚至折断刀齿或使刀轴弯曲，故通常用逆铣而少用顺铣。但顺铣时切削厚度由大变小，易于切削，刀具耐用度高。此外，顺铣时铣削力将工件压在工作台上，工作平稳。因此，若能消除间隙（例如 X6132 型铣床上设有丝杠螺母间隙调整机构）也可采用顺铣。

在卧式铣床上用圆柱铣刀铣平面的步骤如下。

① 启动机床使铣刀旋转，升高工作台使工件与铣刀轻微接触，停车，将竖直丝杠刻度盘对零［见图 5-17（a）］。

② 纵向退出工件［见图 5-17（b）］。

③ 利用刻度盘将工作台升高至规定的铣削深度位置，紧固升降台和横向工作台后，启动机床［见图 5-17（c）］。

④ 先用手做纵向进给，稍微切入后改变为自动进给［见图 5-17（d）］。

⑤ 铣完一遍后，停车，下降工作台［见图 5-17（e）］。

⑥ 退回工作台，测量工件尺寸，观察表面粗糙度，重复铣削直至合格［见图 5-17（f）］。

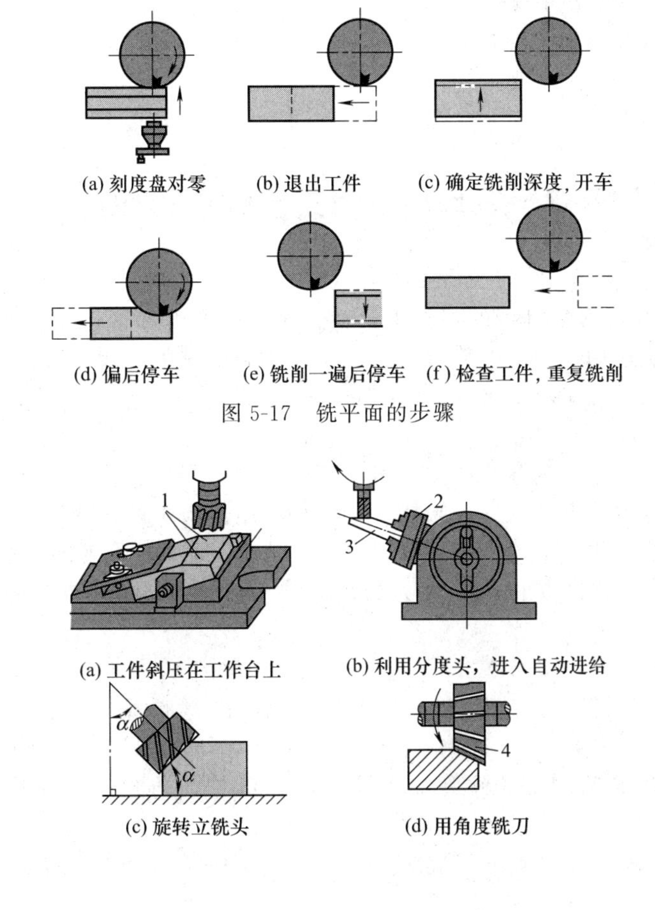

(a) 刻度盘对零　(b) 退出工件　(c) 确定铣削深度, 开车

(d) 偏后停车　(e) 铣削一遍后停车　(f) 检查工件, 重复铣削

图 5-17　铣平面的步骤

(a) 工件斜压在工作台上　(b) 利用分度头，进入自动进给

(c) 旋转立铣头　(d) 用角度铣刀

图 5-18　常用铣斜面方法

1,3—工件；2—卡盘；3—工件；4—铣刀

铣削时应尽量避免中途停车或停止进给，否则将会因为切削力突然变化而影响加工质量。

(2) 铣斜面

铣斜面是铣平面的特例，常用的铣斜面方法如图 5-18 所示。此外，在批量较大时，可利用专用夹具进行斜面铣削。

(3) 铣沟槽

在铣床上可加工多种沟槽（见表 5-1）。因沟槽尺寸的限制，使得铣削时排屑、散热困难，特别是对薄型和深槽工件，铣削时还极易变形。因此，铣沟槽应取较小的进给量，并应注意对好刀，以保证沟槽位置的正确。

5.6 冷却润滑液

冷却润滑液主要用来降低温度，减少摩擦，从而提高刀具耐用度和零件表面质量，所以必须正确地选择和使用冷却润滑液。良好的冷却润滑液应无损于工人健康、不腐蚀机床、不易燃、不变质，并且价格低廉。

冷却润滑液分为如下两大类。

(1) 以冷却为主的水溶液冷却润滑液。

(2) 以润滑为主的油类冷却润滑液。

5.7 铣削加工的工艺特点和应用

(1) 铣削的工艺特点

① 生产率较高　铣刀是典型的多刃刀具，铣削时有几个刀刃同时参加工作，总的切削宽度较大。铣削的主运动是铣刀的旋转，有利于采用高速铣削，所以铣削的生产率一般比刨削高。

② 容易产生振动　铣刀的刀刃切入和切出时会产生冲击，并引起同时工作的刀刃数的变化；每个刀刃的切削厚度是变化的，这将使切削力发生变化。因此，铣削过程不平稳，容易产生振动。铣削过程的不平稳性，限制了铣削加工质量与生产率的进一步提高。

③ 散热条件较好　铣削时铣刀刃间歇切削，可以得到一定程度的冷却，因而散热条件较好。但是，切入、切出时热的变化、力的冲击，将加速刀具的磨损，甚至可能造成刀具损坏。

(2) 铣削加工的应用

铣削加工的范围很广（见表 5-1），主要用来加工各类平面（水平面、垂直面、斜面、台阶面）、沟槽（直槽、键槽、角度槽、T 型槽、燕尾槽、V 型槽、圆弧槽、螺旋槽）和成形面等，也可进行孔的钻、铰、镗等加工及齿轮、链轮、凸轮、曲面等复杂工件的铣削加工。

一般情况下，铣削加工的尺寸精度为 IT7～IT9，表面粗糙度值为 Ra1.6～6.3μm。

5.8 铣削加工示例

(1) 工件图

铣削加工示例的工件图如图 5-19 所示。

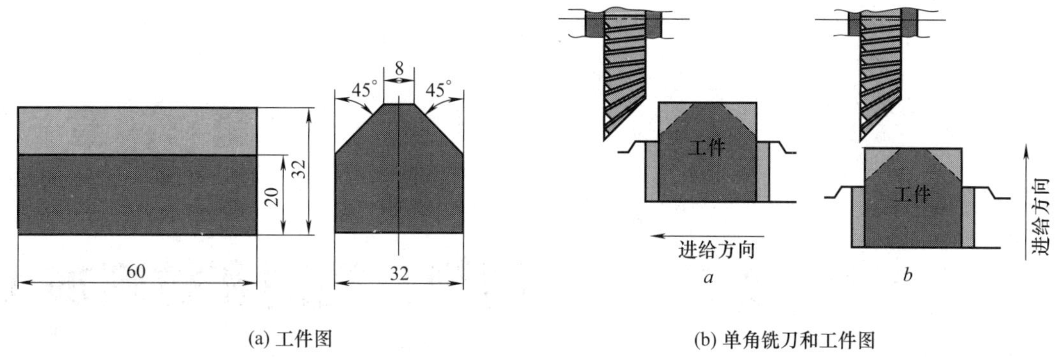

(a) 工件图　　(b) 单角铣刀和工件图

图 5-19　铣削加工示例

(2) 铣削斜面的步骤

① 确定斜面的铣削方法　因工件斜面宽度较小，且倾斜角为 45°，所以直接用角铣刀来加工较合理。

② 选择铣刀　如工件图要求，可选用 45°单角度铣刀，且刀刃宽度应大于工件斜面宽度。

③ 装加工件　可用机用平口钳夹紧工件的两个侧面。

④ 选取铣削加工用量　可分别用粗铣和精铣来完成加工。

⑤ 操作方法　可采用一把单角度铣刀铣削，铣完一个斜面后将刀拆卸下来翻转 180°，再铣另外一个斜面。也可采用两把 45°单角铣刀同时进行铣削。

⑥ 铣削结束后检查工件。

复习思考题

5.1　什么是铣削加工？铣削加工主要适合加工哪些类型的零件？

5.2　以 X6132 型万能卧式铣床为例，试述铣床基本部件的名称及作用。

5.3　卧式和立式铣床的主要区别是什么？铣床的主运动是什么？进给运动是什么？

5.4　常用的铣刀有哪些类型？各包括哪些典型的刀具？

5.5　安装带孔铣刀应注意什么？

5.6　铣床的主要附件有哪几种？其主要作用是什么？

5.7　何谓逆铣和顺铣？为什么通常采用逆铣？

5.8　铣床上工件的主要安装方法有哪几种？

5.9　铣削斜面的加工方法有哪几种？

5.10　铣削与车削相比有哪些不同？有何特点？

5.11　课堂讨论。如题 5.11 图所示，观察铣床加工出来的零件，讨论它们在结构上与车床加工出来的工件有何不同，加工表面有何特点。

题 5.11 图

第6章

刨削、插削和拉削加工

刨削、插削和拉削的机床的主运动都是直线运动，它们的加工方式有一定的共性，故将其在本章一起加以叙述。

6.1 刨削加工

在刨床上用刨刀对工件进行的切削加工称为刨削加工。刨削是以刀具和工件的相对往复直线运动进行金属切削的一种加工方式，主运动为刨刀或工件的往复直线运动。刨削是加工平面的主要方法之一，主要用于加工水平面、垂直面、斜面、各种沟槽（直槽、T形槽、V形槽和燕尾槽）及成形面。刨床适合加工的典型零件如图6-1所示。

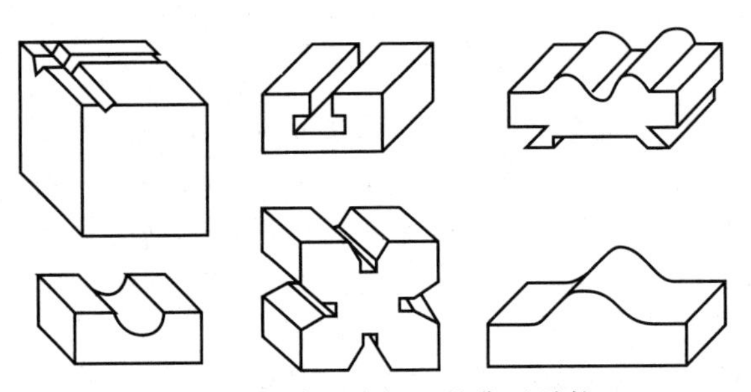

图6-1　刨床适合加工的典型零件

6.1.1　刨削加工的特点与应用

刨削加工为单向加工，向前运动为加工行程，返回行程是不切削的。而且切削过程中有冲击，反向时需要克服惯性，因此刨削的速度不高，生产率较低，只有在加工窄而长的表面时才可以获得比较好的生产率。刨削刀具简单，加工、调整灵活，适应性强，生产准备时间短，因此主要应用于单件、小批量生产以及修配工作。

6.1.2　刨床

用于进行刨削加工的设备称为刨床，刨床分为牛头刨床和龙门刨床两大类。

(1) 常用刨床

① 牛头刨床　牛头刨床是刨床中应用较广的类型，适用于刨削长度不超过1000mm的中、小型工件。

a. 床的结构组成　牛头刨床主要由床身、滑枕、刀架、工作台和横梁等构成，如图6-2

所示。

・床身　它与底座铸成一体，用来支撑和连接刨床各部件，顶面有燕尾形导轨，供滑枕往复运动。前面有垂直导轨，供横梁与工作台升降用。床身内部装有传动机构及润滑油。

・滑枕　它的前端装有刀架和刨刀，可沿床身导轨做往复直线运动。

・刀架　由转盘、滑板、刀座、抬刀板、刀夹和手柄等组成（见图 6-3），其作用是夹持刨刀。摇动刀架手柄，滑板可沿转盘上的导轨带动刨刀上下移动。松开转盘上的螺母，将转盘扳转一定角度后，可使刀架斜向进给。滑板上还装有可偏转的刀座（又称刀盒）。抬刀板可以绕刀座上的轴向上抬起。刨刀安装在刀架上，在返回行程时刨刀可自由上抬，以减少刀具与工件的摩擦。

・横梁　用来带动工作台垂直移动，并作为工作台的水平移动导轨，以调整工件与刨刀的相对位置。

・工作台　用于安装夹具和工件。两侧面有许多沟槽和孔，以便在侧面上用压板螺栓装夹某些特殊形状的工件。工作台除可随横梁上下移动或垂向间歇进给外，还可沿横梁水平横向移动或横向间歇进给。

・底座　用来支承整个刨床及工件的重量。

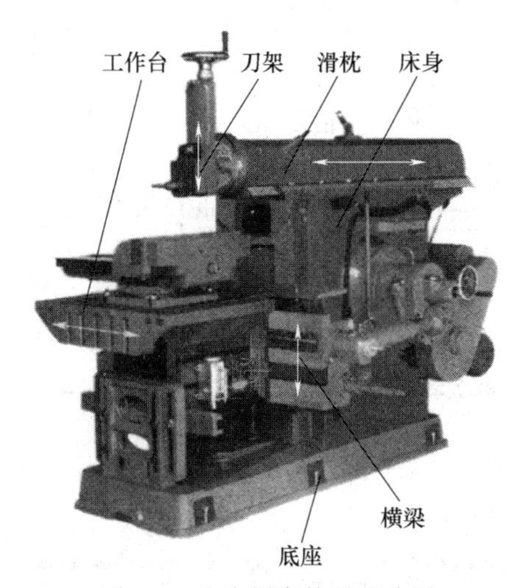

图 6-2　牛头刨床外形照片图

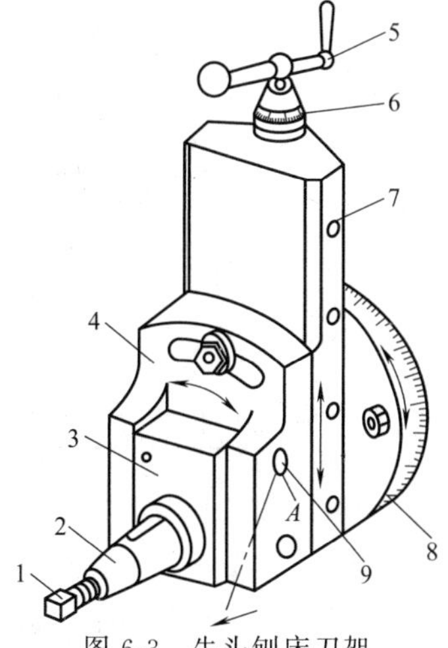

图 6-3　牛头刨床刀架

1—紧固螺钉；2—刀夹；3—抬刀板；4—刀座；5—手柄；6—刻度环；7—滑板；8—刻度转盘；9—轴

b. 牛头刨床的运动　牛头刨床的主运动为滑枕带动刀架（刨刀）的直线往复运动。电动机的回转运动经带传动机构传递给床身内的变速机构，然后由摆动导杆机构将回转运动转换成滑枕的直线往复运动。进给运动包括工作台的横向移动和刨刀的垂直（或斜向）移动。工作台的横向移动由曲柄摇杆机构带动横向丝杠间歇转动实现，在滑枕每次直线往复运动结束后到下一次工作行程开始前的间歇中完成。刨刀的垂直（或斜向）移动则通过手工转动刀架手柄完成。

c. 牛头刨床的传动系统　B6050 牛头刨床的传动机构主要有以下三种。

・摇臂机构　摇臂机构是牛头刨床的主运动机构，其作用是使电动机的旋转运动变为滑枕的直线往复运动，带动刨刀进行刨削。在图 6-4 及图 6-5 中，传动齿轮 1 带动摇臂齿轮转动，固定在摇臂上的滑块可在摆杆的槽内滑动并带动摇臂前后摆动，从而带动滑枕做前后直线往复运动。

· 进给机构　牛头刨床的工作台安装在横梁的水平导轨上，用来安装工件。依靠进给机构（棘轮机构），工作台可在水平方向做自动间歇进给。在图 6-4 和图 6-6 中，齿轮 2 与摇臂齿轮同轴旋转，齿轮 2 带动齿轮 3 转动，使固定于偏心槽内的连杆摆动拨杆，拨动棘轮，实现工作台横向进给。

· 减速机构　电机通过皮带、滑移齿轮、摇臂齿轮减速，如图 6-4 所示。

d. 牛头刨床的调整

· 主运动的调整　刨削时的主运动应根据工件的尺寸大小和加工要求进行调整。

· 滑枕每分钟往返次数的调整　调整方法如图 6-4 所示，将变速手柄置于不同位置，即可改变变速箱中滑动齿轮的位置，可使滑枕获得 12.5～73 次/min 之间 6 种不同的双行程数。

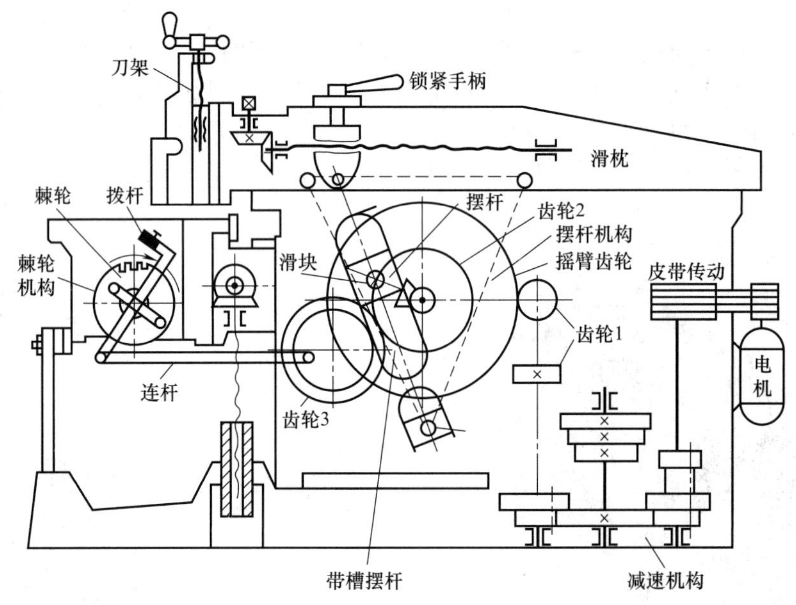

图 6-4　牛头刨床传动图

· 滑枕起始位置调整　调整要求为滑枕起始位置应和工作台上工件的装夹位置相适应。

调整方法如图 6-5 所示，先松开滑枕上的锁紧手柄，用方孔摇把转动滑枕上调节锥齿轮 A、B 上面的调整方榫，通过滑枕内的锥齿轮使丝杠转动，带动滑枕向前或向后移动，改变起始位置；调好后，扳紧锁紧手柄即可。

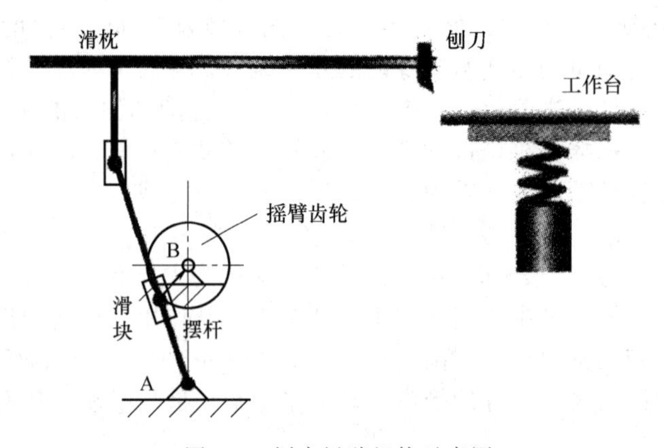

图 6-5　刨床摇臂机构示意图

·滑枕行程长度的调整　调整时要求滑枕行程长度应略大于工件加工表面的刨削长度。

调整方法如图6-7所示，松开行程长度调整方榫上的螺母，转动方榫，通过一对锥齿轮相互啮合运动使丝杠转动，带动滑块向摆杆齿轮中心内外移动，使摆杆摆动角度减小或增大，调整滑枕行程长度。

·进给运动的调整　刨削时，应根据工件的加工要求调整进给量和进给方向。

进给量是指滑枕往复运动一次时，工作台的水平移动量。进给量的大小取决于滑枕往复运动一次时棘轮爪能拨动的棘轮齿数。调整棘轮护盖的位置，可改变棘爪拨过的棘轮齿数，即可调整横向进给量的大小。

进给方向即工作台水平移动方向。将图6-6中棘轮爪转动180°，即可使棘轮爪的斜面与原来反向，棘爪拨动棘轮的方向相反，使工作台移动换向。

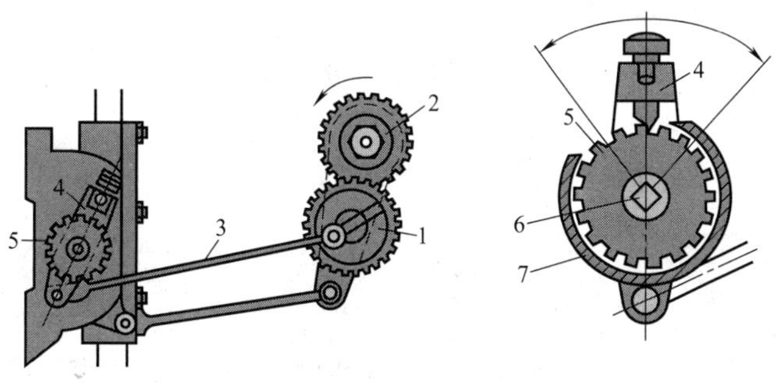

图6-6　棘轮机构

1—齿轮；2—齿轮；3—连杆；4—棘爪；
5—棘轮；6—丝杠；7—棘轮护盖

② 龙门刨床　龙门刨床因有一个大型的“龙门”式框架结构而得名，如图6-8所示。其主要特点是：主运动是工作台带动工件做往复直线运动，进给运动则是刀架沿横梁或立柱做间歇运动。它主要由床身、工作台、工作台减速箱、左（右）立柱、横梁、进给箱、垂直刀架进给箱、左侧（右侧、垂直）刀架进给箱、液压安全器等组成。

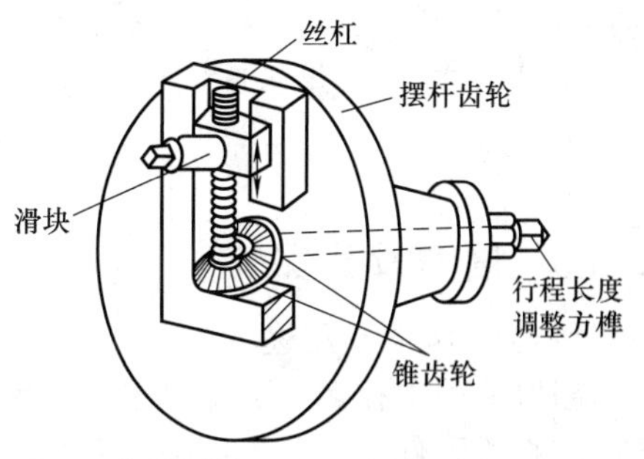

图6-7　滑块结构（行程长度调整）示意图

龙门刨床主要用于大型零件的加工，以及若干件小型零件同时刨削。在进行刨削加工时，工件装夹在工作台上，根据被加工面的需要，可分别或同时使用垂直刀架和侧刀架。垂直刀架和侧刀架都可做垂直或水平进给。刨削斜面时，可以将垂直刀架转动一定的角度。目前，刨床工作台多用直流发动机、电动机组驱动，并能实现无级调速，使工件慢速接近刨刀，待刨刀切入工件后，增速达到要求的切削速度，然后工件慢速离开刨刀，工作台再快速退回。工作台这样变速工作，能减少刨刀与工件的冲击。在小型龙门刨床上，也有使用晶闸管供电—电动机调速系统来实现工作台的无级调速，但因其可靠性较差、维修也较困难，故此调速系统目前在大、中型龙门刨床上用得较少。

(2) 刨床的加工范围

刨床一般用于加工平面、垂直面、内外斜面、沟槽、燕尾槽、V形槽等，如图6-9所示。

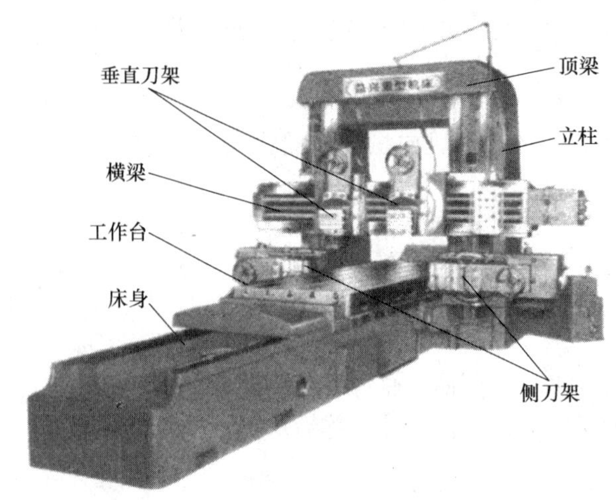

图 6-8　B2010 型龙门刨床

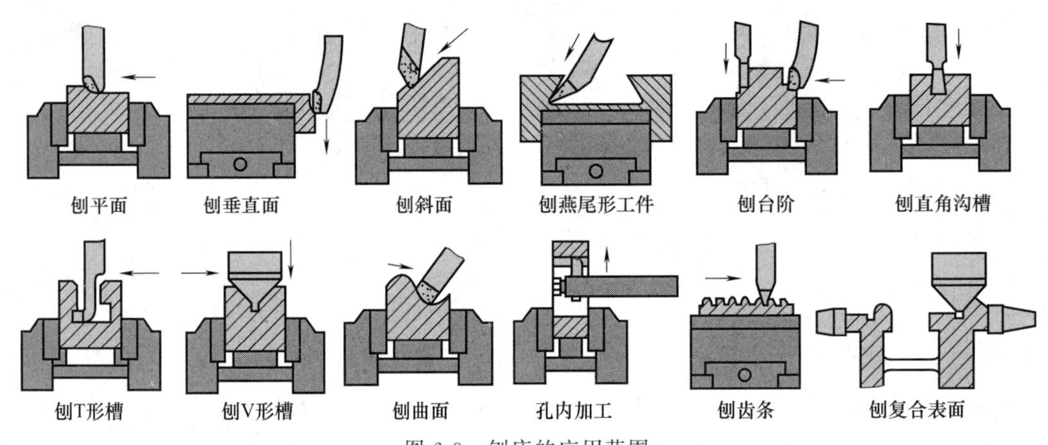

图 6-9　刨床的应用范围

6.1.3　刨刀及其安装

(1) 刨刀的种类及用途

刨刀的种类很多，加工时选择范围广，可以适应各种形状和部位的切削。此外，刨床上还配有相关附件，扩大了刨削加工的工作范围。

按刀杆的形状不同，刨刀可分为直杆刨刀和弯杆刨刀。牛头刨床多使用直杆刨刀，龙门刨床多使用弯杆刨刀。弯杆刨刀受到较大切削力时，刀杆绕支点向后弯曲变形，可避免啃伤工件或刀头崩坏。

按用途不同，刨刀可分为平面刨刀、偏刀、切刀、弯头刀、角度刀、样板刀等，如表 6-1 所示。

表 6-1　常用刨刀的种类和用途

种类	用途	刨刀图示	刨削示例
平面刨刀	刨削平面		

续表

种类	用途	刨刀图示	刨削示例
偏刀	刨削垂直面、台阶面和外斜面		
切刀	刨削直角槽、割槽及切断		
弯头刀	刨削 T 形槽及侧面割槽		
角度刀	刨削角度、燕尾槽和内斜槽		
样板刀	刨削 V 形槽和特殊形状的表面		

(2) **刨刀的安装**

牛头刨床的刀架安装在滑枕前端，如图 6-10 所示。刀架上有一刀夹，刀夹有一方孔，前端有一紧固螺钉，专供装夹刨刀之用。刨刀装入孔后，调整好背吃刀量，然后紧固螺钉，即可进行刨削。刨削平面时，刀架和抬刀板座都应在中间垂直位置；刨刀在刀架上不能伸出太长，以免在刨削工件时发生折断。

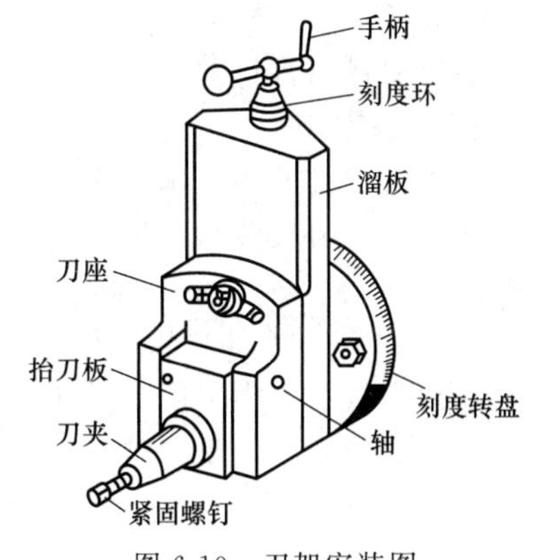

图 6-10　刀架安装图

6.1.4　工件的装夹

在牛头刨床上装夹工件，常用的有平口钳装夹和压板螺栓装夹两种方法。

(1) **平口钳装夹**

平口钳是一种通用夹具，常用来安装小型工件。使用时先把平口钳钳口找正并固定在工作台上，然后再安装工件。按划线找正的安装方法，如图 6-11 (a) 所示。

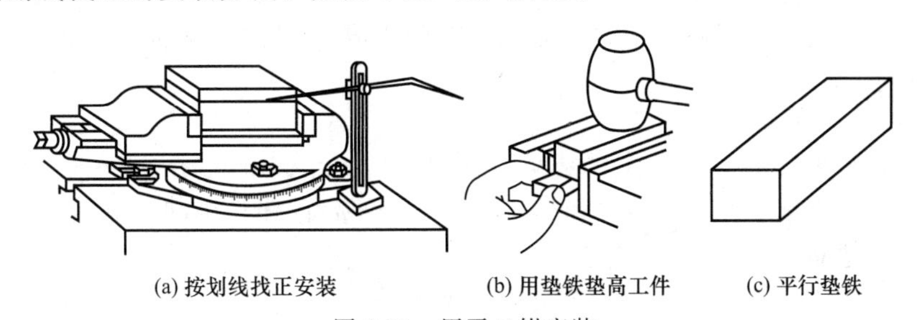

(a) 按划线找正安装　(b) 用垫铁垫高工件　(c) 平行垫铁

图 6-11　用平口钳安装

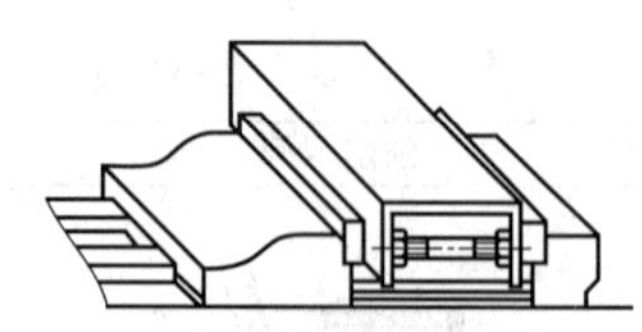

图 6-12　框形工件的安装图

分装时的注意事项如下。

① 工件的被加工面必须高出钳口，否则要用平行垫铁将工件垫高才能加工，如图 6-11（b）、（c）所示。

② 为防止刨削时工件走动，必须把比较平整的平面贴紧在垫铁和钳口上，以便安装牢固。

③ 为了保护工件的已加工表面，安装工件时需在钳口处垫上铜皮。

④ 用手挪动垫铁，检查贴紧程度，如有松动，说明工件与垫铁之间贴合不好，应该松开平口钳重新夹紧。

⑤ 对于刚性不足的工件需要增加支撑，以免在夹紧力的作用下工件变形，如图 6-12 所示。

(2) 压板、螺栓安装

有些工件较大或形状特殊，需要用压板、螺栓和垫铁把工件直接固定在工作台上进行刨削。

安装时先把工件找正，具体安装方法如图 6-13 所示。压板的位置要安排得当，压点要靠近切削面，压力大小要合适。粗加工时，压紧力要大，以防止切削时工件移动；精加工时，压紧力要合适，以防止工件变形。图 6-13 中给出了压紧方法的正误比较。

6.1.5　刨削加工的基本操作

(1) 刨削水平面

刨水平面时，刀架和刀座均在滑枕端部的中间垂直位置上，如图 6-14（a）所示。通过工作台，将工件调整到合适位置。通过刀架垂向进给手柄确定合理的背吃刀量，在调整行程的前提下，可横向进刀进行刨削。

(2) 刨削垂直面

对于长工件的端面用刨垂直面的方法加工较为方便：先把刀架转盘的刻度对准零线，再将刀座按一定方向（即刀座上部偏离加工面的方向）偏转 10°～15°［见图 6-14（b）］。偏转刀座的目的是使抬刀板在回程中能离开工件的加工面，保护已加工表面，减少刨刀磨损。刨削时可手动进给或自动进给。

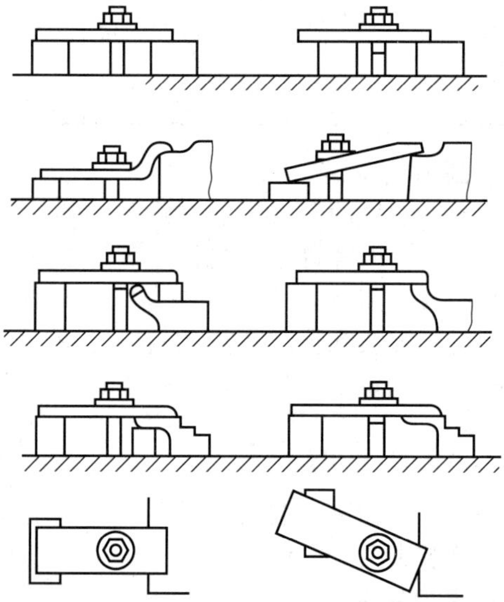

正确　　错误

图 6-13　用压板螺栓装夹工件

(3) 刨斜面

刨斜面常用的方法是正夹斜刨，即依靠倾斜刀架进行刨削。刀架扳转的角度应等于工件的斜面与铅垂线的夹角，刀座偏转方法与刨垂直面相同［见图 6-14（c）］。在牛头刨床上刨斜面只能手动进给。

(4) 刨削矩形件

矩形工件（如平行垫铁）要求相对两面互相平行，相邻两面互相垂直。这类工件的加工，既可铣削又可刨削。当采用平口钳装夹时，无论是铣削还是刨削，加工过程均可按照图 6-15 所示的步骤进行。

① 第一步　刨出平面 1，作为精基准面［见图 6-15（a）］。

② 第二步　将平面 1 作为基准面贴紧固定钳口，在活动钳口与工件之间的中部垫一圆

棒后夹紧，加工平面2［见图6-15（b）］。

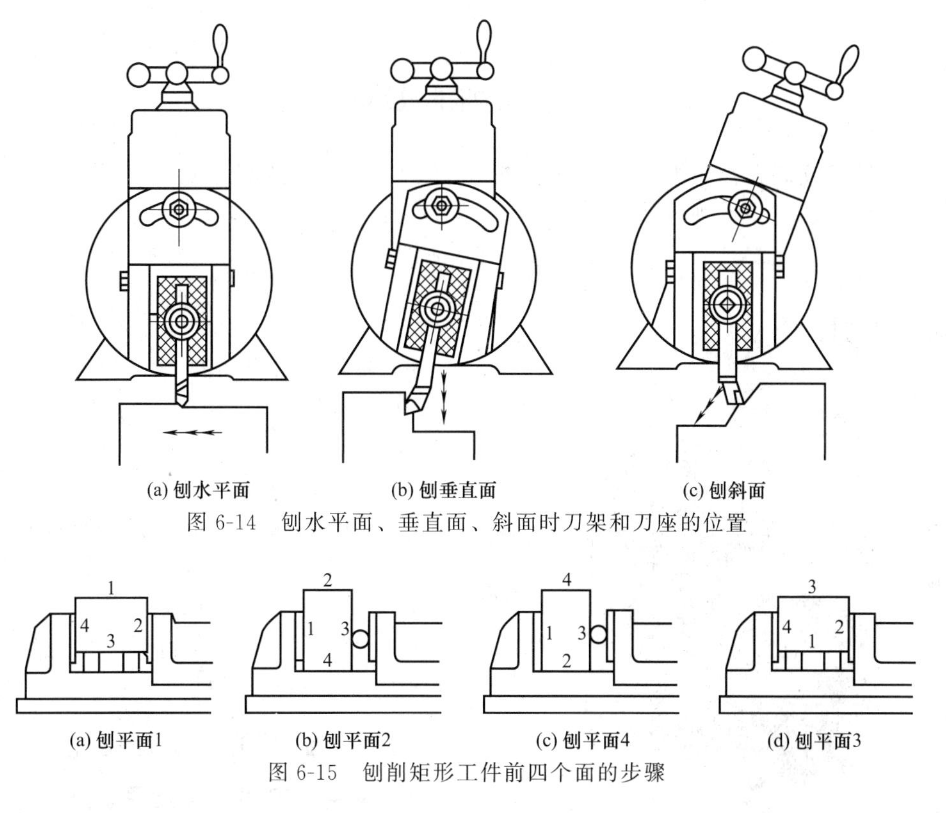

(a) 刨水平面　(b) 刨垂直面　(c) 刨斜面

图6-14　刨水平面、垂直面、斜面时刀架和刀座的位置

(a) 刨平面1　(b) 刨平面2　(c) 刨平面4　(d) 刨平面3

图6-15　刨削矩形工件前四个面的步骤

③ 第三步　平面2朝下，用与第二步相同的方法使基面1紧贴固定钳口。夹紧时，用锤子轻敲工件，使平面2紧贴平口钳底面，夹紧后即可加工平面4［见6-15（c）］。

④ 第四步　将平面1放在平行垫铁上，工件直接夹在两钳口之间。夹紧时用锤子轻轻敲打，使平面1与垫铁贴实，夹紧后加工平面3［见图6-15（d）］。

(5) 刨沟槽

① 刨直槽时用切刀以垂直进给完成，如图6-16所示。

② 刨V形槽的方法如图6-17所示：先按刨平面的方法把V形槽粗刨出大致形状，如图6-17（a）所示；然后用切刀刨V形槽底的直角槽，如图6-17（b）所示；再按刨斜面的方法用偏刀刨V形槽的两斜面，如图6-17（c）所示；最后用样板刀精刨至图样要求的尺寸精度和表面粗糙度，如图6-17（d）所示。

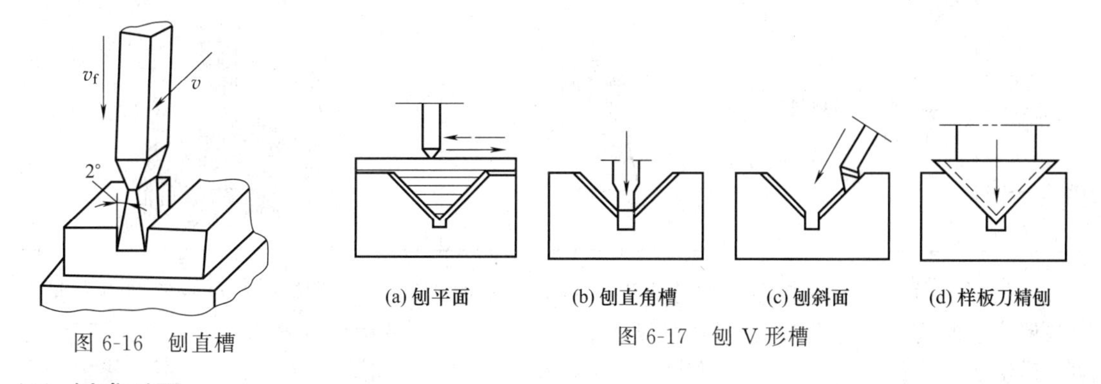

图6-16　刨直槽

(a) 刨平面　(b) 刨直角槽　(c) 刨斜面　(d) 样板刀精刨

图6-17　刨V形槽

(6) 刨成形面

在刨床上刨削成形面，通常是先在零件的侧面划线，然后根据划线分别移动刨刀做垂直进给

和移动工作台做水平进给。也可用成形刨刀加工，使刨刀刃口形状与零件曲面一致，一次成形。

6.2 插削加工简介

利用插床和安装在插床上的插刀对工件进行加工称为插削加工。插床实际上是一种立式刨床，其结构原理与牛头刨床属同一类型。

6.2.1 插床

(1) 插床的结构

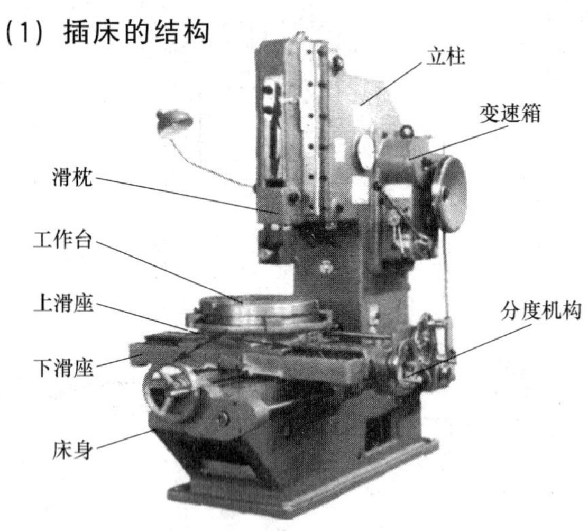

图 6-18 插床结构

插床的结构如图 6-18 所示。插床的主要部件有床身、上滑座、下滑座、工作台、滑枕、立柱、变速箱和分度机构等。

(2) 插床的运动

插床的主运动是滑枕（插刀）的直线往复运动。插刀可以伸入工件的孔中做纵向往复运动，向下是工作行程，向上是回程。安装在插床工作台面上的工件在插刀每次回程后做间歇进给运动。

6.2.2 插刀的种类及用途

(1) 常用插刀的种类及用途

常用插刀的种类及用途如表 6-2 所示。

表 6-2 常用插刀的种类及用途

种类	用途	插刀图示	插削示例
尖刃插刀	主要用于粗插或插削多边形孔		v_e $f_{纵}$ $f_{横}$ $f_{圆}$
平刃插刀	主要用于精插或插削直角沟槽		

插削加工时，插刀安装在滑枕的下面。它的结构原理与牛头刨床属于同一类型，只是在结构形式上略有区别，犹如滑枕垂直安装的牛头刨床。其主运动为滑枕的上下往复直线运动，进给运动为工作台带动工件做纵向、横向或圆周方向的间歇进给。工作台由下拖板、上拖板及圆工作台三部分组成。下拖板可做横向进给，上拖板可做纵向进给，圆工作台可带动

工件回转。在插床上插削方孔和孔内键槽的方法如图 6-19 所示。

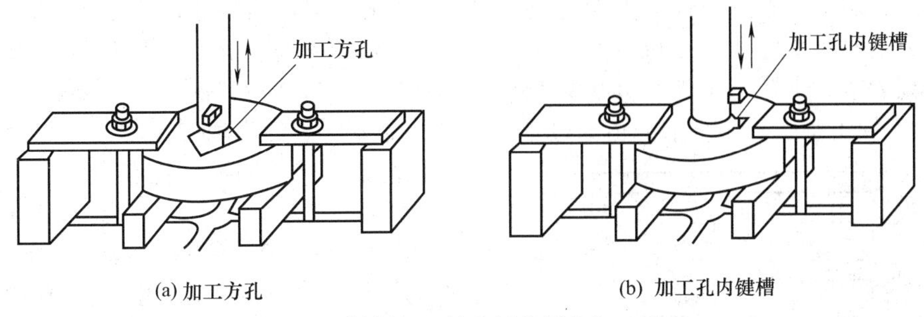

(a) 加工方孔　　(b) 加工孔内键槽

图 6-19　插削加工的应用范围和加工特点

插刀刀轴和滑枕运动方向重合，刀具受力状态较好，所以插刀刚性较好，可以做得小一点，因此可以伸入孔内进行加工。

插床上多用三爪自定心卡盘、四爪单动卡盘和插床分度头等安装工件，亦可用平口钳和压板螺栓安装工件。

(2) 插削加工的内容

插削与刨削的切削方式相同，只是插削是沿铅垂方向进行切削的。此外，刨削是以加工工件外表面上的平面、沟槽为主，而插削是以加工工件内表面上的平面、沟槽为主。在插床上可以插削键槽、方孔、多边形孔和花键孔等，如图 6-20 所示。

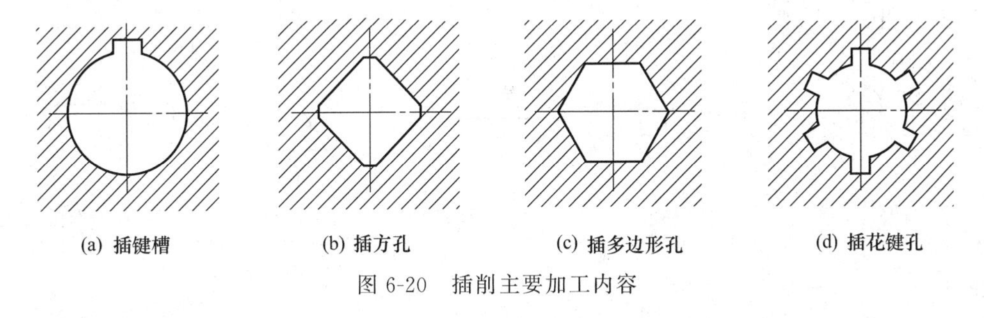

(a) 插键槽　　(b) 插方孔　　(c) 插多边形孔　　(d) 插花键孔

图 6-20　插削主要加工内容

(3) 插削加工的特点

① 插床与插刀结构简单，加工前的准备工作和操作也比较简便。除键槽、型孔外，插床还可以加工圆柱齿轮和凸轮等。

② 在插床上加工孔内表面时，刀具须进入工件的孔内进行插削，因此工件的加工部分必须事先有孔。如果工件原来无孔，就必须先钻一个足够大的孔，才能进行插削加工。

③ 插削的工作行程受刀杆刚性的限制，槽长尺寸不宜过大。

④ 插床的刀架没有抬刀机构，工作台也没有让刀机构，因此，插刀在回程时与工件产生摩擦，工作条件较差。

⑤ 与刨削一样，插削时也存在冲击现象和空行程损失。因此，插削生产率低，所以插床多用于工具车间、修理车间及单件小批生产的车间。

6.3 拉削加工简介

在拉床上用拉刀加工工件内、外表面的方法，称为拉削加工。拉削近似刨削，又不同于刨削。拉刀可以看成是由多把刨刀由低至高按序排列而成。

拉床结构简单，拉削加工的核心是拉刀。如图 6-21 所示的是平面拉刀局部刀齿的形状示意图。可以看出，拉削从性质上看近似刨削。拉削时拉刀的直线移动为主运动，进给运动则是靠拉刀的结构来完成的。拉刀的切削部分由一系列的刀齿组成，这些刀齿由前到后逐一增高地排列。当拉刀相对工件做直线移动时，拉刀上的刀齿逐齿依次从工件上切下很薄的切削层，如图 6-21 所示。当全部刀齿通过工件后，即完成了工件的加工。

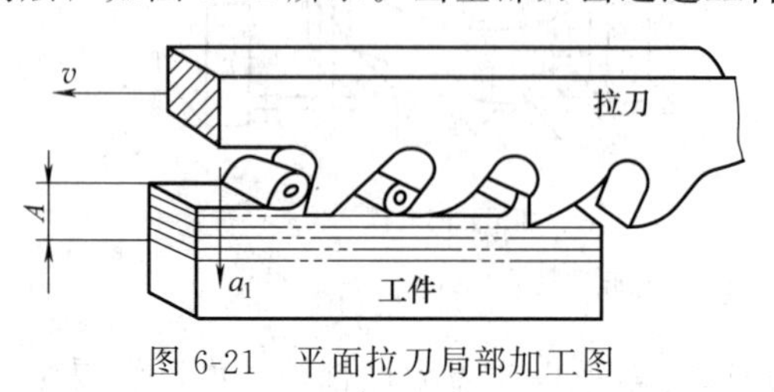

图 6-21　平面拉刀局部加工图

拉削加工特点明显，优点如下。

① 生产率高。

② 加工精度高，表面结构值小如图 6-22 所示为圆孔拉刀外形示意图，拉刀具有校准部分，可以校准尺寸、修光表面，因此拉削加工精度很高，表面结构值较小。

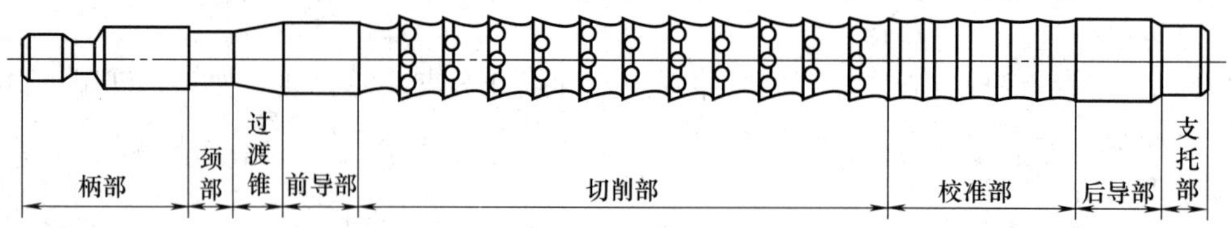

图 6-22　圆孔拉刀结构图

③ 加工范围广　有什么截面的拉刀就可加工什么样的表面。拉刀可以加工的各种零件表面截面图如图 6-23 所示。

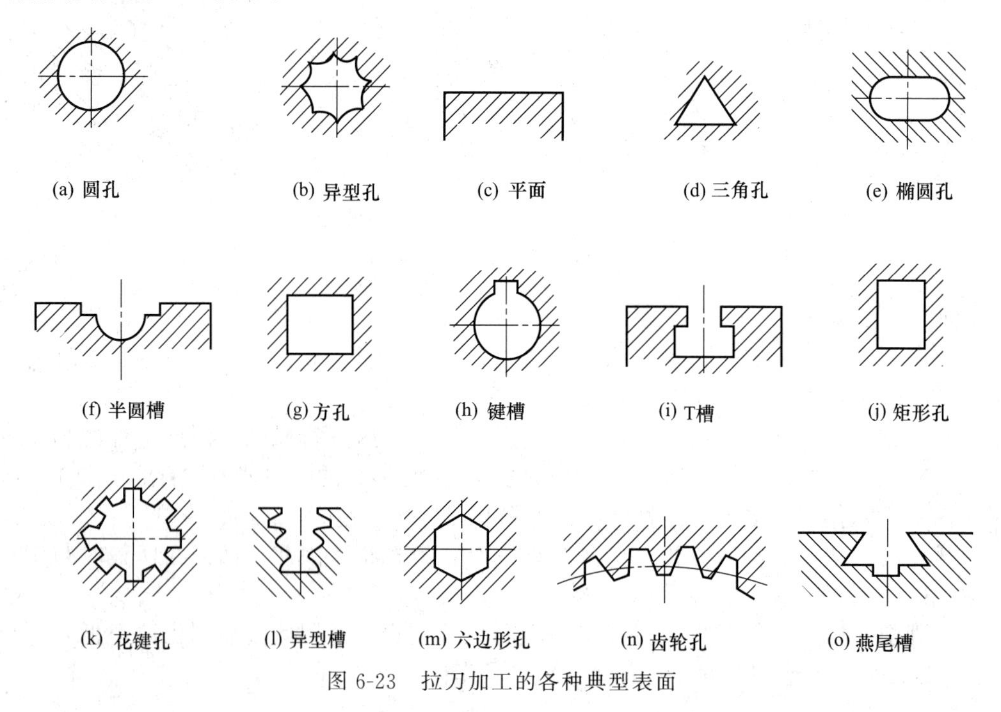

图 6-23　拉刀加工的各种典型表面

拉削加工的缺点是所用拉刀应视为定形刀具，因此，一把拉刀只适宜加工一种规格尺寸的表面。因拉刀结构复杂，制造成本高，故拉削只用于大批量生产中。

④ 生产率很高。

拉刀按加工表面部位的不同，分为内拉刀和外拉刀；按工作时受力方式的不同，分为拉刀和推刀。推刀常用于校准热处理后的型孔。

拉刀的种类虽多，但结构组成都类似。如普通圆孔拉刀（见图6-24）的结构组成为：头部，用以夹持拉刀和传递动力；颈部，起连接作用；过渡锥部，将拉刀前导部引入工件；前导部，起引导作用，防止拉刀歪斜；切削部，完成切削工作，由粗切齿和精切齿组成：校准部，起修光和校准作用，并作为精切齿的后备齿；后导部，用于支承工件，防止刀齿切离前因工件下垂而损坏加工表面和刀齿；尾部，承托拉刀。

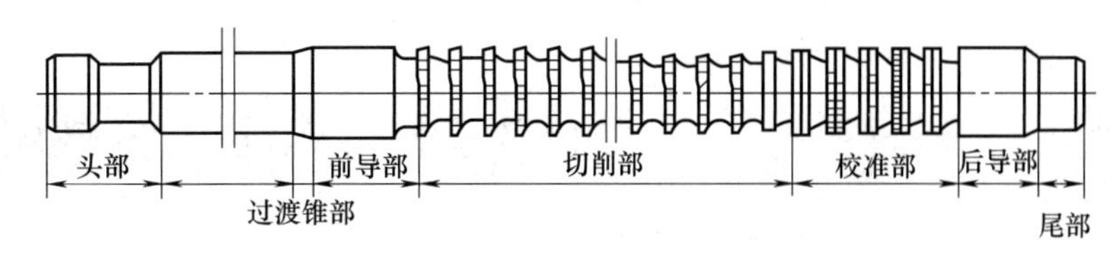

图6-24　圆子拉刀

复习思考题

6.1　刨削适于加工哪些表面类型？

6.2　牛头刨床与龙门刨床的运动有何不同？

6.3　为什么刨刀往往做成弯头的？

6.4　简述刨削加工的应用。

6.5　刨削前，牛头刨床需要进行哪些方面的调整？如何调整？

6.6　试述刨平面的步骤。

6.7　刨削垂直面和斜面如何操作？

6.8　试分析铣削和刨削加工在加工效率、加工质量和适用范围的异同点。

6.9　试述插削加工有何特点？适合加工哪些表面？

6.10　试述拉削加工有何特点？适于何种加工场合？

6.11　什么是插床？

第 7 章

钻削、铰削与镗削加工

机械零件中的内孔表面占很大比重，本章主要讨论内孔的基本加工方法。

一般情况下，尺寸较小的孔，在钻床或车床上进行钻削加工；尺寸较大的孔，在镗床或车床上镗削或车削加工；大工件或位置精度要求较高的孔，在镗床上加工。

7.1 钻削加工

7.1.1 钻孔

钻孔一般指钳工利用钻床和钻孔工具进行孔加工（钻孔、扩孔和铰孔）的方法。机械中各种零件的孔加工，除去一部分由车、镗、铣等机床完成外，很大一部分是由钳工完成的。

用钻头在实体材料上加工孔叫钻孔（见图 7-1）。在钻床上钻孔时，一般情况下，钻头应同时完成两个运动：主运动，即钻头绕轴线的旋转运动（切削运动）；辅助运动，即钻头沿着轴线方向对着工件的直线运动（进给运动）。钻孔时，主要由于钻头结构上存在的缺点影响加工质量，加工精度一般在 IT10 级以下、表面粗糙度为 Ra12.5μm 左右，属粗加工。

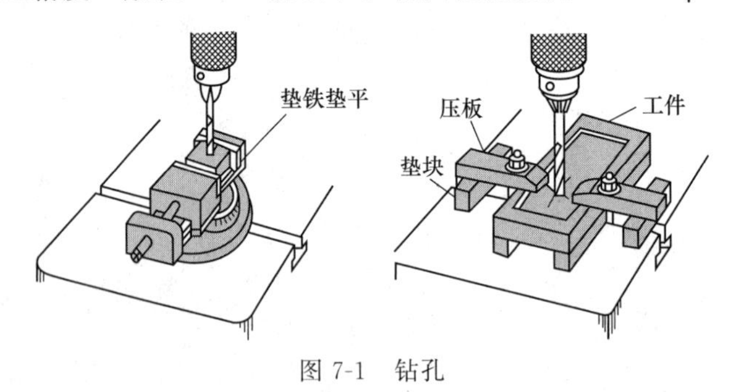

图 7-1　钻孔

7.1.2 钻床

(1) 钻床的工作

钻床的工作范围很广，如图 7-2 所示。

(2) 钻床的种类

常用的钻床有台式钻床、立式钻床和摇臂钻床三种，手电钻也是常用的钻孔工具。

① 台式钻床　简称台钻（见图 7-3），是一种在工作台上作用的小型钻床，其钻孔直径一般在 13mm 以下。台钻型号示例：Z4012，其中 Z 为类别代号（字母），指钻床；4 为组别

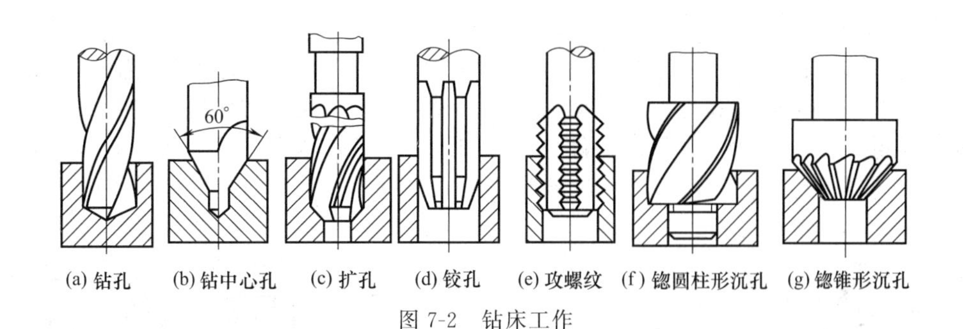

(a) 钻孔　(b) 钻中心孔　(c) 扩孔　(d) 铰孔　(e) 攻螺纹　(f) 锪圆柱形沉孔　(g) 锪锥形沉孔

图 7-2　钻床工作

代号（数字）；0 为台式钻床组代号（数字）；12 为主参数（数字），指最大钻孔直径为 12mm。

台钻的主轴转速可用改变三角皮带在带轮上的位置来调节。如图 7-4 所示的台式钻床具有五级皮带轮组，通过调整五级皮带轮组，这台台式钻床就可获得五种不同的转速。三角皮带位置由上至下分别对应的转速为由高到低。如图 7-5 所示，三角皮带的位置越高；转速越高；反之，转速越低。

台钻的主轴进给由转动进给手柄实现。在进行钻孔前，需根据工件高低调整好工作台与主轴架间的距离，并锁紧固定。

台钻小巧灵活，使用方便，结构简单，主要用于加工小型工件上的各种小孔。它在仪表制造、钳工和装配中用得较多。

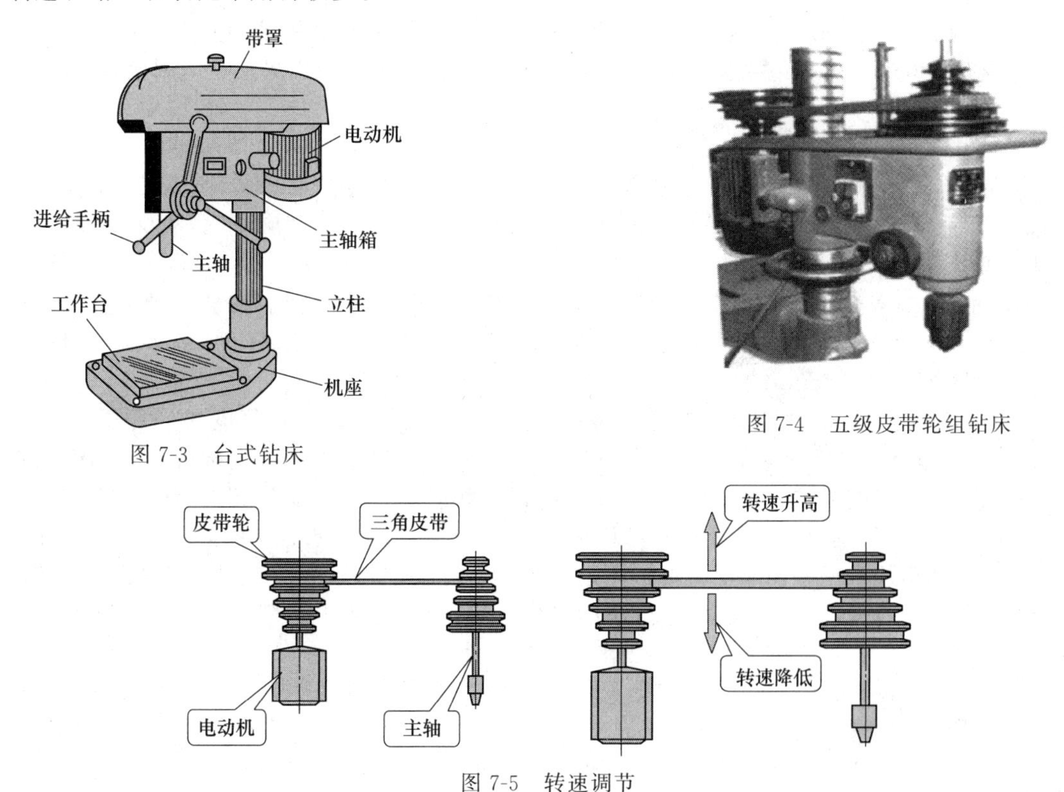

图 7-3　台式钻床

图 7-4　五级皮带轮组钻床

图 7-5　转速调节

② 立式台钻（见图 7-6）　简称立钻。这类钻床的规格用最大钻孔直径表示。常用的有 25mm、35mm、40mm 和 50mm 等几种。与台钻相比，立钻刚性好、功率大，因而允许钻削较大的孔，生产率较高，加工精度也较高。立钻适用于单件、小批量生产中加工中、小型

零件。

③ 摇臂钻床（见图 7-7）　它有一个能绕立柱旋转的摇臂，摇臂带着主轴箱可沿立柱垂直移动，同时主轴箱还能在摇臂上做横向移动。因此操作时能很方便地调整刀具的位置，以对准被加工孔的中心，而不需移动工件来进行加工。摇臂钻床适用于一些笨重的大工件以及多孔工件的加工。

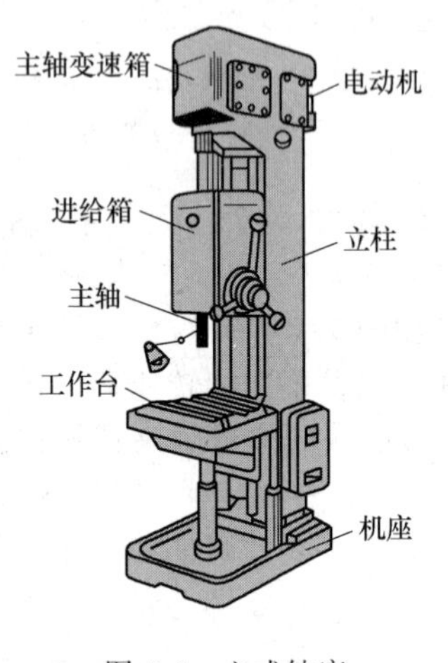

图 7-6　立式钻床

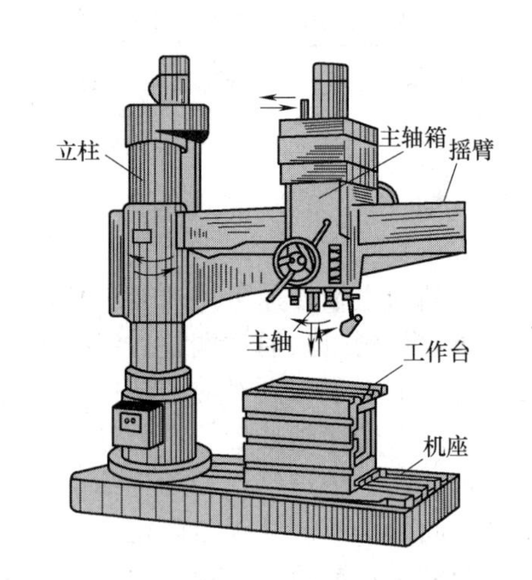

图 7-7　摇臂钻床

④ 手电钻　主要用于钻直径 12mm 以下的孔，常用于不便使用钻床钻孔的场合。手电钻的电源有 220V 和 380V 两种。手电钻携带方便，操作简单，使用灵活，应用比较广泛。

7.1.3　钻头

钻头是钻孔用的主要刀具，常用高速钢制造，工作部分经热处理淬硬至 62～65HRC。钻头由柄部、颈部及工作部分组成（见图 7-8）。工作部分外形像“麻花”，故又称麻花钻。其构造如下所述。

① 柄部　是钻头的夹持部分，起传递动力的作用。柄部有直柄和锥柄两种，直柄传递扭矩较小，一般用在直径小于 12mm 的钻头；锥柄可传递较大扭矩（主要是靠柄的扁尾部分），用在直径大于 12mm 的钻头。

② 颈部　是砂轮磨削钻头时退刀用的，钻头的直径、材料、厂标等也刻在颈部。

③ 工作部分　包括导向部分和切削部分（见图 7-9）。麻花钻的导向部分主要用来保持麻花钻切削加工时的方向准确。当钻头进行重新刃磨以后，导向部分又逐渐转变为切削部分。导向部分有两条狭长、螺旋形状的刃带（棱边，亦即副切削刃）和螺旋槽。棱边的作用是引导钻头和修光孔壁；两条对称螺旋槽的作用是排除切屑和输送切削液（冷却液）。切削部分结构见挂图与实物，它有两条主切削刃和一条柄刃。两条主切削刃之间的夹角通常为 118°±2°，称为顶角。横刃的存在使钻削时的轴向力增加。

7.1.4　钻孔用的夹具

钻孔用的夹具主要包括钻头夹具和工件夹具两种。常用的孔加工刀具安装方法如图7-10所示。

(1) 钻头夹具

① 钻夹头　适用于装夹直柄钻头。钻夹头柄部是圆锥面，可与钻床主轴内孔配合安装；头部三个爪可通过紧固扳手转动使其同时张开或合拢。

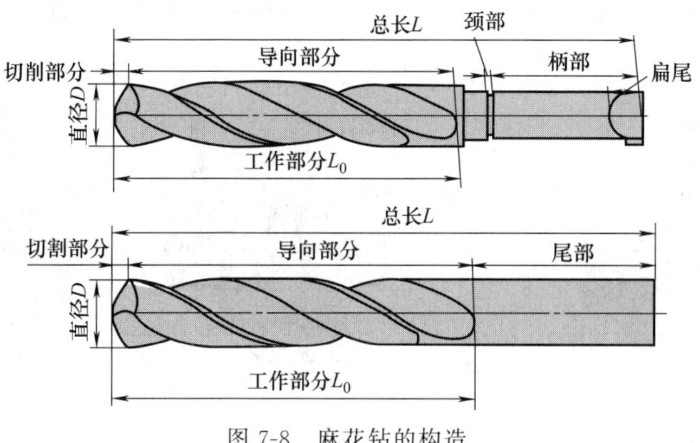

图 7-8　麻花钻的构造

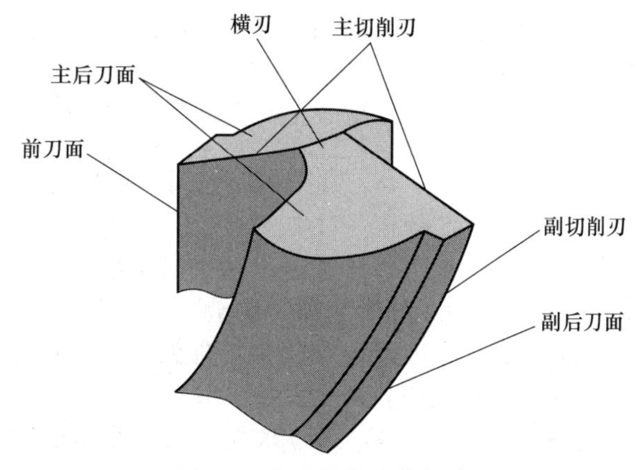

图 7-9　麻花钻的工作部分

② 钻套　又称过渡套筒，用于装夹锥柄钻头。钻套一端孔安装钻头，另一端外锥面接钻床主轴内锥孔。

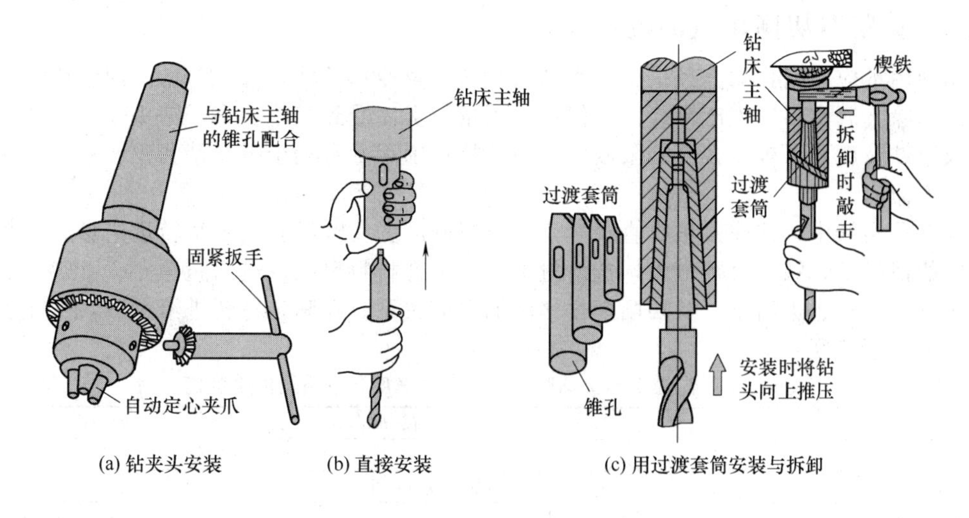

图 7-10　常用的孔加工刀具安装方法

(2) 工件夹具

常用的夹具有手虎钳、平口钳、V 形铁和压板等（见图 7-11）。装夹工件要牢固可靠，但又不准将工件夹得过紧而损伤工件，或使工件变形影响钻孔质量（特别是薄壁工件和小工件）。

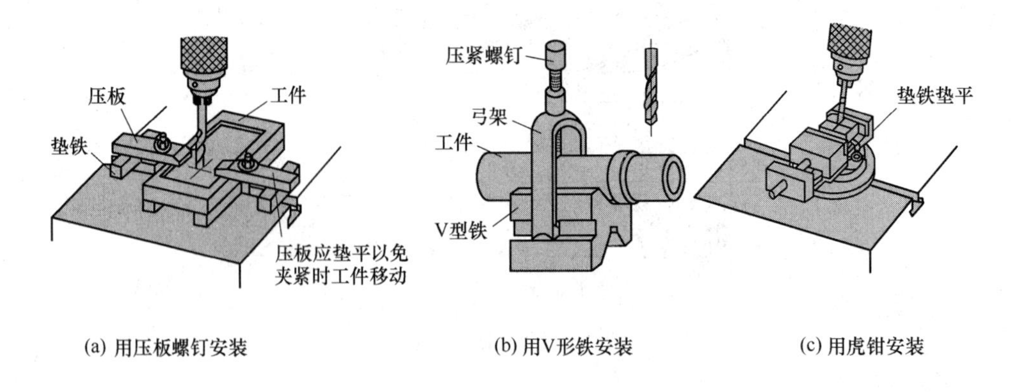

图 7-11 常用的孔加工工件夹具

7.1.5 钻孔操作

① 钻孔前一般先划线，确定孔的中心，在孔中心先用冲头打出较大中心眼。

② 钻孔时应先钻一个浅坑，以判断是否对中。

③ 在钻削过程中，特别钻深孔时，要经常退出钻头以排出切屑和进行冷却，否则可能使切屑堵塞或钻头过热磨损甚至折断，并影响加工质量。

④ 钻通孔时，当孔将被钻透时，进刀量要减小，避免钻头在钻穿时的瞬间抖动，出现“啃刀”现象，影响加工质量，损伤钻头，甚至发生事故。

⑤ 钻削大于 ϕ30mm 的孔应分两次钻，第一次先钻第一个直径较小的孔（为加工孔径的 0.5～0.7）；第二次用钻头将孔扩大到所要求的直径。

⑥ 钻削时的冷却润滑：钻削钢件时常用机油或乳化液；钻削铝件时常用乳化液或煤油；钻削铸铁时则用煤油。

7.1.6 钻削时切削用量的选择

切削用量应根据孔的直径、工件和钻头材料以及冷却条件来选择。切削用量愈大，单位时间内切除金属愈多，生产率愈高。但切削用量的提高受到机床功率、钻头强度、钻头耐用度以及工件精度要求等多方面的限制。合理选择切削用量有利于提高钻孔生产率、钻孔质量和钻头寿命。

在钻孔实践中，往往由钻头直径和工件材料硬度凭实践经验确定每转进给量。在其他条件一定的情况下，钻头直径愈大，进给量愈大；工件材料愈硬，进给量愈小。如表 7-1 所示反映了钻头直径、进给量以及切削速度之间的对应关系。在确定每转进给量后，可在表中查出允许的切削速度。

表 7-1 高速钢钻头钻削碳钢时切削速度和进给量的推荐值

进给量/(mm/r)	钻头直径/mm										
	2	4	6	10	14	20	24	30	40	50	60
	切削速度/(m/min)										
0.05	44.9	—	—	—	—	—	—	—	—	—	—
0.08	35.6	—	—	—	—	—	—	—	—	—	—
0.10	30.4	40.1	41.7	—	—	—	—	—	—	—	—
0.12	26.8	35.3	36.7	—	—	—	—	—	—	—	—

续表

进给量/(mm/r)	钻头直径/mm										
	2	4	6	10	14	20	24	30	40	50	60
	切削速度/(m/min)										
0.16	—	30.2	29.9	36.8	—	—	—	—	—	—	—
0.18	—	26.6	27.6	33.8	38.7	—	—	—	—	—	—
0.20	—	—	25.6	31.4	36.0	—	—	—	—	—	—
0.25	—	—	—	28.0	32.1	37.0	36.0	—	—	—	—
0.30	—	—	—	25.6	29.4	33.8	32.8	36.0	—	—	—
0.35	—	—	—	—	—	31.3	30.4	33.3	—	—	—
0.40	—	—	—	—	—	29.3	28.5	31.1	32.7	33.9	—
0.45	—	—	—	—	—	27.6	26.8	29.4	30.8	32.0	33.0
0.50	—	—	—	—	—	—	25.5	27.9	29.9	30.3	31.3
0.60	—	—	—	—	—	—	—	25.4	26.6	27.7	28.7
0.70	—	—	—	—	—	—	—	—	24.7	25.6	26.5
0.80	—	—	—	—	—	—	—	—	—	—	24.8

注：表内数据加切削液时适用。

7.2 扩孔、铰孔与锪削加工

(1) 扩孔

扩孔用以扩大已加工出的孔（铸出、锻出或钻出的孔），它可以校正孔的轴线偏差，并使其获得正确的几何形状和较小的表面粗糙度。其加工精度一般为IT9～IT10级，表面粗糙度 $Ra=3.2\sim6.3\mu m$。扩孔的加工余量一般为0.2～4mm。扩孔时可用钻头扩孔，但当孔精度要求较高时常用扩孔钻。扩孔钻的形状与钻头相似，不同的是：扩孔钻有3～4个切削刃，且没有横刃；其顶端是平的，螺旋槽较浅，故钻芯粗实、刚性好，不易变形；导向性好。

(2) 铰孔

铰孔是用铰刀从工件壁上切除微量金属层，以提高孔的尺寸精度和表面质量的加工方法。铰孔是应用较普遍的孔的精加工方法之一，其加工精度可达IT6～IT7级，表面粗糙度 $Ra=0.4\sim0.8\mu m$。

铰刀是多刃切削刀具（见图7-12），有6~12个切削刃和较小顶角，铰孔时导向性好。铰刀刀齿的齿槽很宽，铰刀的横截面大，因此刚性好。铰孔时因为余量很小，每个切削刃上的负荷小于扩孔钻，且切削刃的前角 $\gamma=0°$，所以铰削过程实际上是修刮过程。特别是手工铰孔时，切削速度很低，不会受到切削热和振动的影响，因此使孔加工的质量较高。

铰孔按使用方法分为手用铰刀和机用铰刀两种。手用铰刀的顶角较机用铰刀小，其柄为直柄（机用铰刀为锥柄）。铰刀的工作部分由切削部分和修光部分所组成。

铰孔时铰刀不能倒转，否则会卡在孔壁和切削刃之间，而使孔壁被划伤或切削刃崩裂。

铰孔时常用适当的冷却液来降低刀具和工件的温度；防止产生切屑瘤；并减少切屑细末黏附在铰刀和孔壁上，从而提高孔的质量。

(3) 锪削加工

用锪钻或锪刀刮平孔的端面或切出沉孔的方法称为锪削加工。锪削加工一般在钻床上进行，可以锪削锥形沉孔和圆柱形沉孔［见图7-13（a）、（b）］。锥形锪钻的顶角有60°、90°、120°三种。圆柱形平底锪钻端部有定位圆柱。锪沉孔的主要目的是为了安装沉头螺栓。锥形

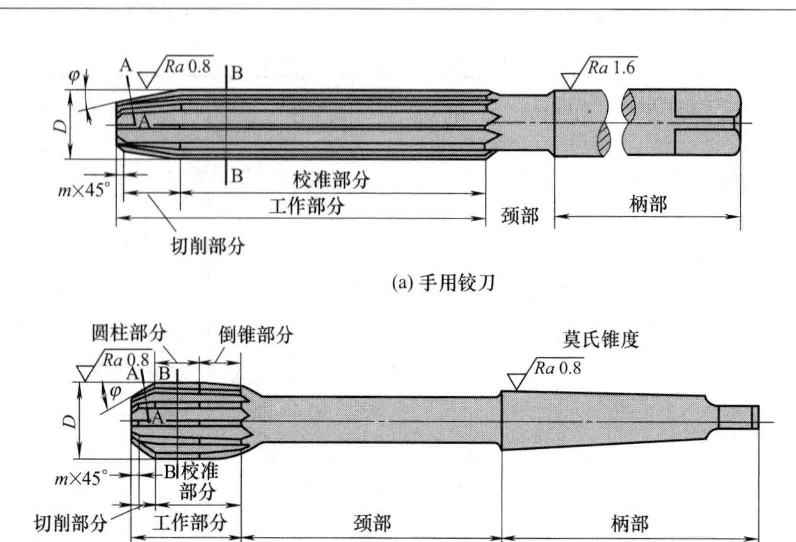

(a) 手用铰刀

(b) 机用铰刀

图 7-12 铰刀

锪钻还可用于清除孔端毛刺。

如图 7-13（c）所示为锪削孔的端平面。为保证端面与孔中心垂直，锪刀端部有定位圆柱。

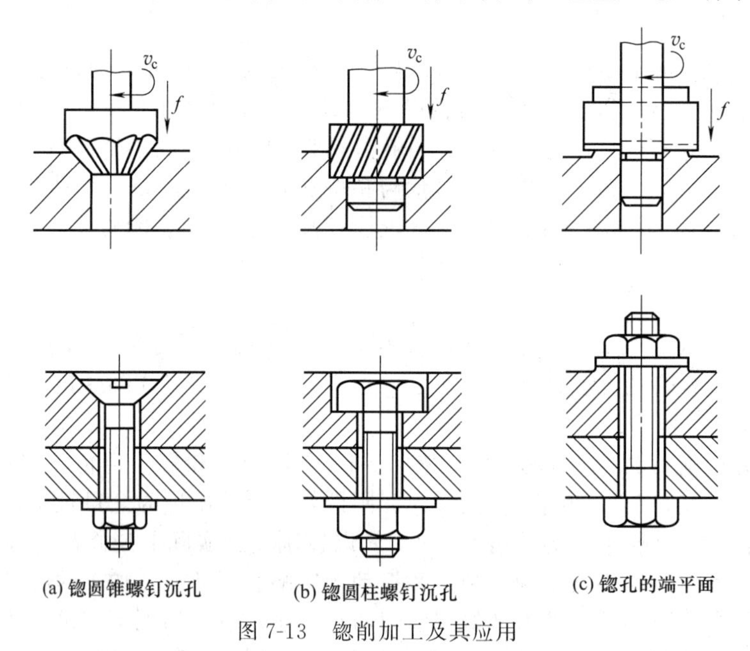

(a) 锪圆锥螺钉沉孔 (b) 锪圆柱螺钉沉孔 (c) 锪孔的端平面

图 7-13 锪削加工及其应用

7.3 镗削加工

7.3.1 镗削加工概述

镗削加工是用镗刀对零件进行切削的加工方法。镗削主要用于对已有直径较大的孔及零件上有位置精度要求的孔系加工，尤其对于直径大于 1m 的孔，镗削几乎是惟一的加工方法。

镗削主要在镗床上完成，也可以在车床、铣床及组合机床上进行。与钻、扩和铰孔加工方法相比，镗孔孔径尺寸不受刀具尺寸限制。镗孔不但能够修正上道工序造成的孔中心线偏斜误差，还能保证孔与其他表面之间的位置精度。

在镗床上除了进行镗孔外，还可以进行钻孔、扩孔和铰孔，以及平面、端面、外圆柱面、内外螺纹表面等的加工，如图 7-14 所示。

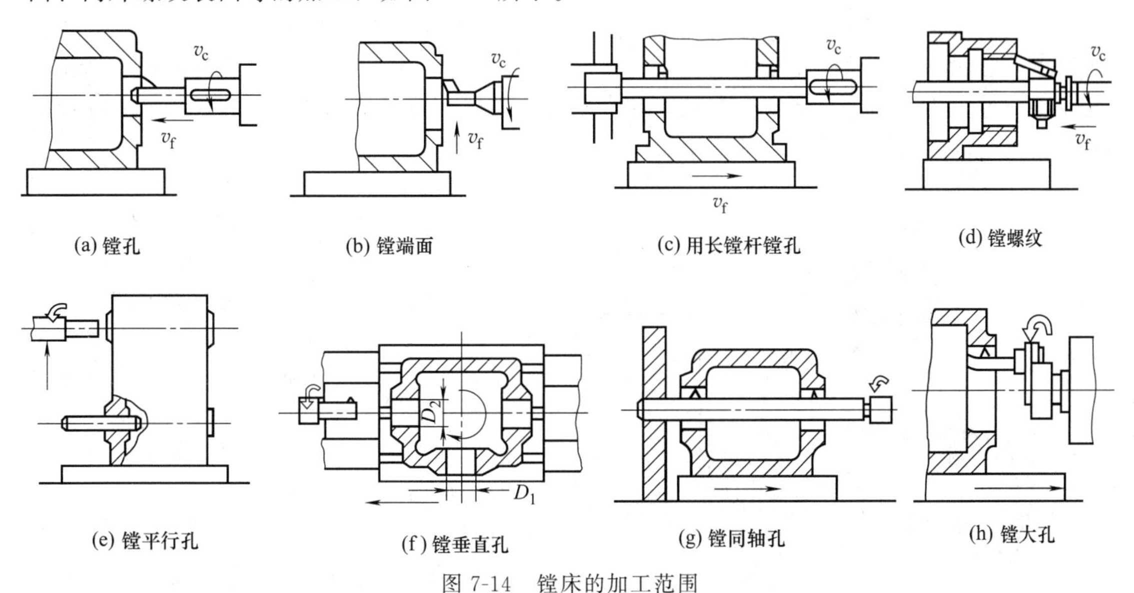

图 7-14　镗床的加工范围

镗削加工的经济加工精度为：尺寸公差等级 IT11～IT6 级，表面粗糙度 Ra 为 1.6～0.8μm。

7.3.2　镗床

常用的镗床有卧式铣镗床、立式镗床、坐标镗床、深孔镗床、金刚镗床及数控镗床等。

(1) 卧式铣镗床

图 7-15 所示为卧式铣镗床的外形图。

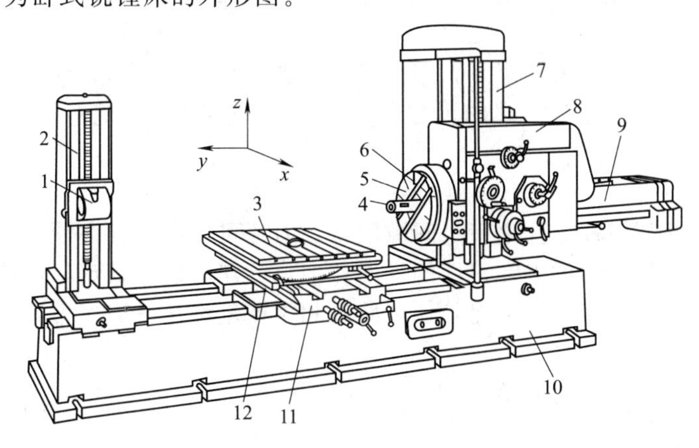

图 7-15　卧式铣镗床的外形图

1—尾架；2—后立柱；3—工作台；4—镗轴；5—平旋盘；6—径向刀具溜板；7—前立柱；8—主轴箱；9—后尾筒；10—床身；11—下滑座；12—上滑座

主轴可以伸缩以完成进给运动。主轴箱和后支承架可分别沿前、后立柱自由升降，以便加工不同高度的孔。镗削时，镗杆插入主轴前端的锥孔，或者安装在平旋盘的径向刀架上；工件安装在工作台上，工作台可由下滑座带动沿床身导轨做纵向移动，也可由上滑座带动沿下滑座的横向导轨移动，以调整位置或在加工端面时做横向进给。工作台还可绕上滑座的圆导轨旋转任意角度，以适应在工件不同方向镗孔，或将工作台回转 180°，调头镗削同轴孔。

(2) 坐标镗床

坐标镗床是具有精密坐标定位装置的镗床，属于高精密机床。

① 立式单柱坐标镗床　如图 7-16 所示为立式单柱坐标镗床的外形结构。它主要用于镗削尺寸、形状和位置精度要求高的孔系，还可以用来钻孔、扩孔、铰孔、坐标测量、精密划线、刻线等。为了满足高精度、高效率和自动化的要求，很多坐标镗床已数控化，并在数控坐标镗床基础上发展成了精密加工中心。

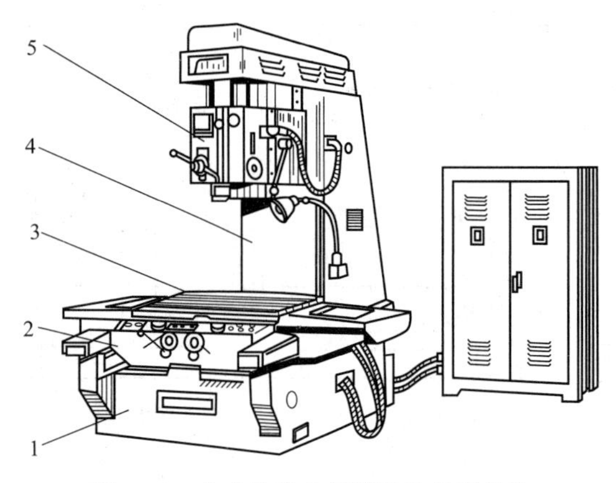

图 7-16　立式单柱坐标镗床的外形结构

1—底座；2—滑座；3—工作台；4—立柱；5—主轴箱

坐标镗床加工的孔距精度一般为机床坐标定位精度的 1.2～2 倍，孔径精度为 IT6～IT7，表面粗糙度值 Ra 为0.8～0.4μm。

② 立式双柱坐标镗床　由两根立柱、横梁、主轴箱、工作台和床身构成。横梁可沿立柱上下调整，主轴箱装在横梁上可沿横梁导轨移动，工作台可沿床身导轨移动，由此可以确定镗床坐标的位置。两个立柱、横梁和床身构成龙门框架，所以刚度较好，一般为大、中型机床。

③ 卧式坐标镗床　其外形与普通卧式镗床相似。由于其工艺性能好，所加工工件不受高度限制，装夹工件方便，可利用工作台的分度运动，并可在一次安装中完成工件几个面上的孔与面的加工，易于保证工件的位置精度，因此近年来使用日趋广泛。

7.3.3　镗刀

常用的镗刀有单刃镗刀、浮动镗刀和微调镗刀，如图 7-17 所示。

(1) 单刃镗刀

单刃镗刀实际上是一把内孔车刀。用单刃镗刀镗孔时，镗刀垂直或倾斜安装在镗刀刀杆上，以适应通孔和盲孔的镗削。孔的尺寸是由操作者调节镗刀头在镗杆上的径向位置来保证的。

(2) 浮动镗刀

浮动镗刀的刀片与刀杆方孔之间是间隙配合，刀片可以在刀杆内浮动。由于浮动镗刀两个刀刃都可以切削，且刀片可以在刀杆的径向孔中自行浮动以自动定心，从而补偿了由于镗杆径向跳动而引起的加工误差，因而其加工质量和生产率都比单刃镗刀高。

(3) 微调镗刀

微调镗刀可以提高镗刀的调整精度。

7.3.4　镗孔工艺

镗孔就是用镗刀对已有的孔进行再加工。对于直径较大的孔（一般 $D>80\sim100$mm）和孔系、内成形面或孔内环槽等，镗削是唯一合适的加工方法。

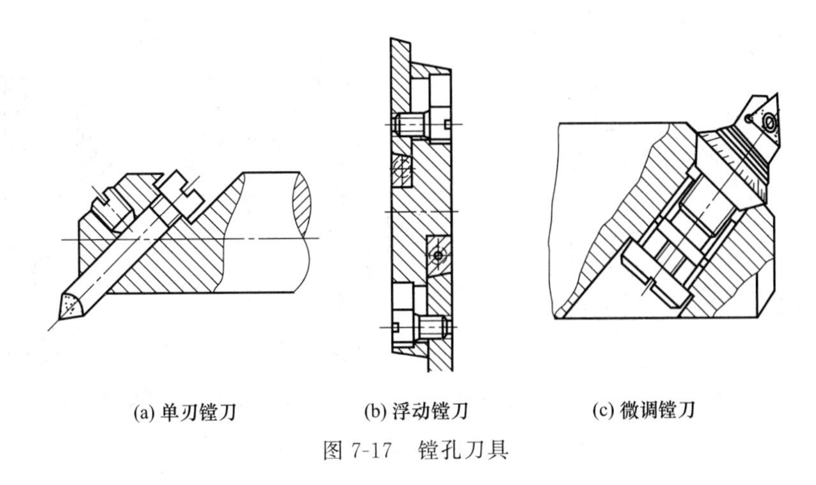

(a) 单刃镗刀　(b) 浮动镗刀　(c) 微调镗刀

图 7-17　镗孔刀具

(1) 镗孔的工艺特点

① 用单刃镗刀镗孔的工艺特点　单刃镗刀只有一条切削刃，其刀头的结构与车刀类似，如图 7-18 所示。

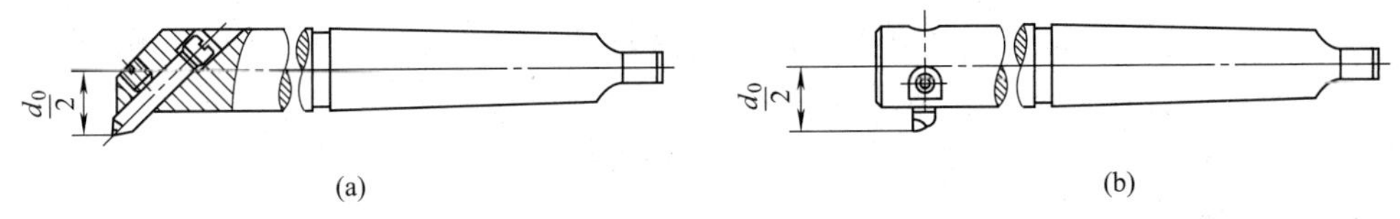

(a)　(b)

图 7-18　单刃镗刀

用单刃镗刀镗孔时有如下工艺特点。

a. 单刃镗刀结构简单，既可用于粗加工，也可用于半精加工和精加工，而且一把镗刀可以加工不同直径的孔。因此，使用方便，适应性广。

b. 可以校正原有孔的轴线偏斜或位置偏差。

c. 单刃镗刀的刚性较差，而且只有一个切削刃参加切削；另外，孔的尺寸主要由工人的操作技能来保证。因此，镗孔的生产率较低，对工人的技术水平要求较高。

d. 单刃镗刀镗孔比较适合于单件小批生产。

② 用多刃镗刀镗孔的工艺特点　多刃镗刀是在同一镗刀杆上装有几个单刃或多刃镗刀块的刀具，它可以用来加工同轴孔或阶梯孔。如图 7-19 所示的是多刃镗刀中的一种，即可调浮动镗刀。用浮动镗刀镗孔之前，应先调整好镗刀片的尺寸，然后将镗刀片插入镗刀杆的长方孔中（无需固定），以使镗刀片能在垂直于镗杆轴线的方向上自由滑动。镗孔时，通过作用在镗刀片两个对称切削刃上产生的切削力，自动平衡其位置。

用浮动镗刀镗孔具有如下工艺特点。

a. 由于镗刀片在加工过程中的浮动，可以抵消刀具安装误差或镗杆偏摆引起的不良影响；浮动镗刀有较宽的修光刃，可修光孔壁，减小表面粗糙度值，因此加工质量较高。但用浮动镗刀镗孔时不能校正原有孔的轴线歪斜或位置偏差。

b. 浮动镗刀片有两个主切削刃同时切削，而且镗刀片尺寸调整方便，因此生产率较高。

c. 由于浮动镗刀片结构比单刃镗刀复杂，且刃磨要求高，因此刀具的成本较高。

d. 浮动镗刀镗孔主要用于批量生产、精加工箱体类零件上直径较大的孔。

(2) 镗孔的应用

镗孔可以在车床、钻床、铣床和镗床等机床上进行，但是分布在工件不同表面上的直径

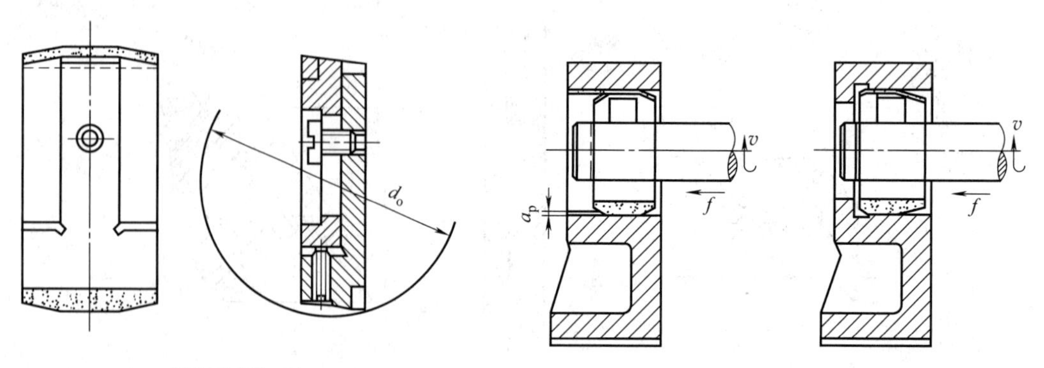

(a) 可调节浮动镗刀片

(b) 浮动镗刀工作情况

图 7-19 浮动键刀片及其工作情况

较大的孔和孔系，多在镗床上进行加工。镗孔的加工精度可达 IT8～IT7，表面粗糙度 Ra 值可达 1.6～0.89μm。

复习思考题

7.1 常用钻床类机床有哪几种？其用途如何？

7.2 什么是镗床？镗床能完成哪些工作？

7.3 在车床上镗孔和在镗床上镗孔有什么区别？

7.4 卧式镗床可以加工哪些类型的孔？为什么？

第8章

磨削加工

8.1 磨削加工概述

8.1.1 磨削加工范围

在磨床上用砂轮对工件表面进行切削加工的方法称为磨削加工，也就是利用高速旋转的磨具如砂轮、砂带、磨头等，从工件表面切削下细微切屑的加工方法。磨削加工的用途很广，可用不同类型的磨床分别加工内外圆柱面、内外圆锥面、平面、成形表面（如花键、齿轮、螺纹等）及刃磨各种刀具等，如图 8-1 所示。

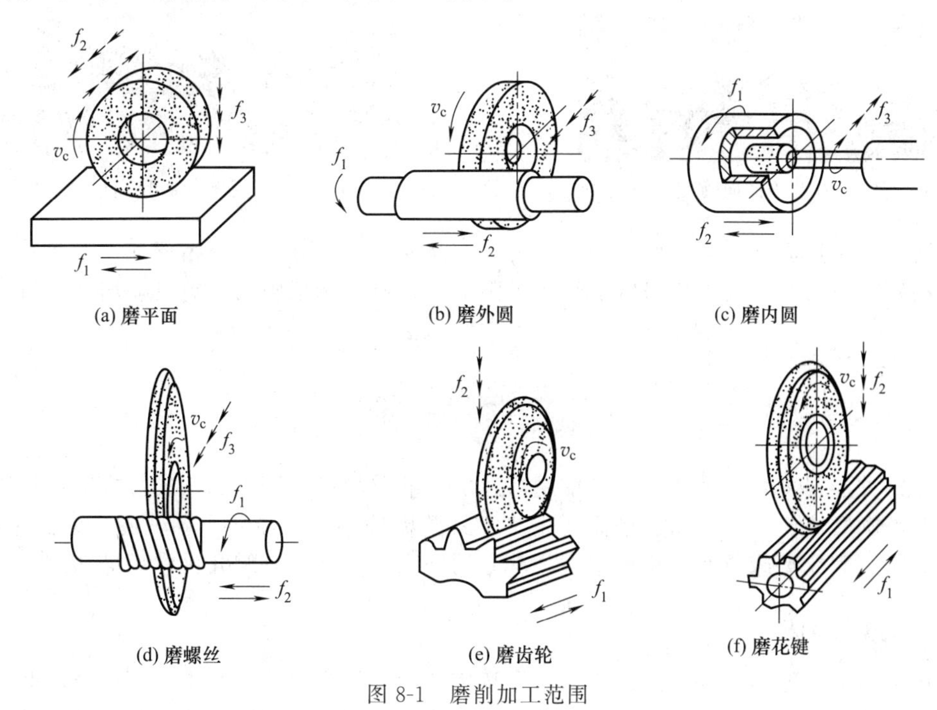

图 8-1　磨削加工范围

8.1.2 磨削加工的特点

与其他切削方式相比，磨削加工具有许多独特之处。

① 磨削属多刃、微刃切削　磨削用的砂轮是由许多细小坚硬的磨粒用结合剂黏结在一起，经焙烧而成的疏松多孔体。砂轮表面每平方厘米的磨粒数量为 60～1400 颗。这些锋利的磨粒就像铣刀的切削刃，在砂轮高速旋转的条件下，切入零件表面，故磨削是一种多刃、微刃切削过程。

② 加工精度高，表面质量好　磨削的切削厚度极薄，每颗磨粒的切削厚度可小到微米，故磨削的尺寸公差等级可达 IT6～IT5，表面粗糙度 R_a 值达 0.8～0.1μm。

③ 磨粒硬度高　砂轮的磨粒材料通常采用 Al_2O_3、SiC、人造金刚石等硬度极高的材料，因此，磨削不仅可加工一般金属材料（如碳钢、铸铁等），还可加工一般刀具难以加工的高硬度材料（如淬火钢、各种切削刀具材料及硬质合金等）。

④ 磨削温度高　磨削过程中，由于切削速度很高，产生大量切削热，工件加工表面温度可达 1000℃以上。为防止工件材料性能在高温下发生改变，在磨削时应使用大量的冷却液，降低切削温度，保证加工表面质量。

⑤ 磨削加工切深抗力（径向力）较大，易使工件发生变形，影响加工精度　如图 8-2 所示，车削或磨削细长轴时，因为工件用顶尖安装后，中间刚性较差，砂轮的径向力使工件弯曲并向后缩，致使中间实际切削深度较小；两端刚性较大，受径向力影响较小，实际切削深度较大；但恢复变形后，工件变成腰鼓形。该问题可以通过技术手段解决，如在精磨或最后光磨时，以小的或零切削深度加工，以切除零件因变形产生的弹性回复量，保障零件外形精度，如图 8-2 所示（该图是外圆车刀车外圆的情形，与磨削外圆时径向分力对工件影响原理相同），径向分力大使工件产生向后弯曲，从而使背吃刀量减小。如图 8-3 所示为刀具脱离接触后工件回复变形，产生腰鼓状误差的情形。

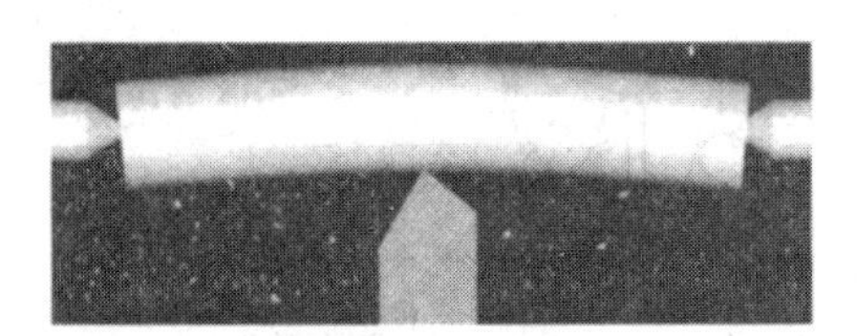

图 8-2　加工中大的径向力使工件变形

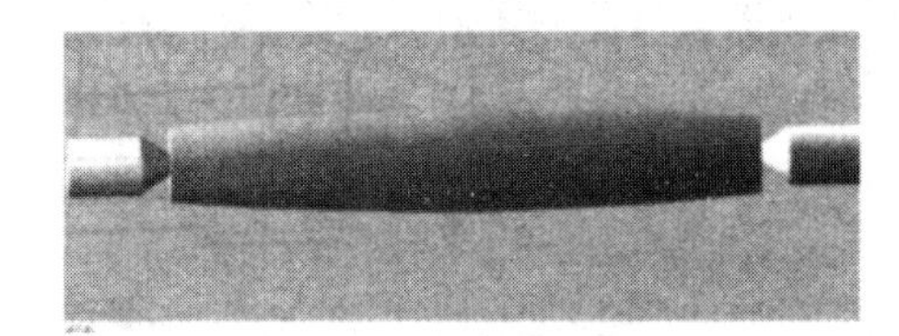

图 8-3　加工后工件回复变形产生误差

磨削加工是机械制造中重要的加工工艺，广泛应用于各种零件的精密加工。随着精密加工工艺的发展以及磨削技术自身的进步，磨削加工在机械加工中的比重日益增加。

8.2 磨　床

磨床的种类很多，大多数磨床是使用高速旋转的砂轮进行磨削加工的。根据用途不同磨床可分为外圆磨床、内圆磨床、平面磨床及工具磨床等。此外，还有导轨磨床、曲轴磨床、凸轮轴磨床、螺纹磨床及磨齿机轧辊磨床等专用磨床。本节只介绍几种常用磨床。

8.2.1 外圆磨床

外圆磨床分为万能外圆磨床、普通外圆磨床和无心外圆磨床。其中，万能外圆磨床既可以磨削外圆柱面和圆锥面，又可以磨削圆柱孔和圆锥孔；普通外圆磨床可磨工件的外圆柱面和圆锥面；无心外圆磨床可磨小型外圆柱面。

(1) 万能外圆磨床

如图 8-4 所示为 M1420 万能外圆磨床。其中，“M”表示磨床类；“1”表示外圆磨床；

“4”表示万能外圆磨床；“20”表示最大磨削直径的 1/10，即此型号磨床最大磨削直径为 200mm。

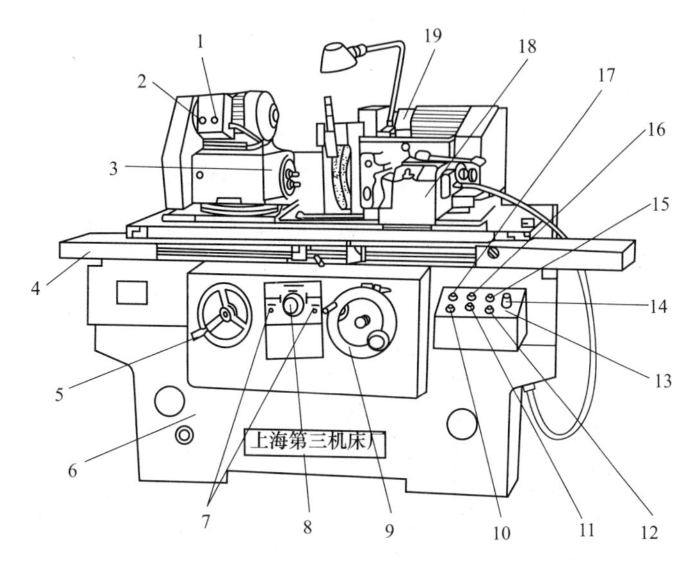

图 8-4 M1420 万能外圆磨床结构图

1—工件转动变速旋钮；2—工件转动点动按钮；3—工件头架；4—工作台；5—工作台手动手轮；6—床身；7—工作台左、右端停留时间调整旋钮；8—工作台自动及无级调速旋钮；9—砂轮横向手动手轮；10—砂轮启动按钮；11—砂轮引进、工件转动、切削液泵启动旋钮；12—液压油泵启动按钮；13—电器操纵板；14—砂轮变速旋钮；15—液压油泵停止按钮；16—砂轮退出、工件停转、切削液泵停止按钮；17—总停按钮；18—尾架；19—砂轮架

M1420 万能外圆磨床主要由床身、工作台、工件头架、尾架、砂轮架和砂轮整修器等部分组成，其各部分的主要作用如下。

① 床身 床身用于支承和连接磨床各个部件。床身内部装有液压系统，上部有纵向和横向两组导轨以安装工作台和砂轮架。床身是一个箱形结构的铸件，床身前部作油池用，电器设备置于床身的右后部，油泵装置装在床身后部的壁上。床身前面及后面各铸有两圆孔，供搬运机床时插入钢钩用。床身底面有三个支承螺钉，作调整机床的安装水平用。

② 工作台 工作台主要由上台面与下台面组成，上台面能做顺时针 5°到逆时针 9°、回转，用以调整工件锥度。当上台面转动大于 6°、时，砂轮架应相应转一定角度，以免尾架和砂轮架相碰。

工作台的运动由油压缸驱动，动作平稳，低速无爬行。工作台的左右换向停留时间可以调整。

③ 工件头架 工件头架由头架箱和头架底板组成。头架箱可绕头架底板上的轴回转，回转的角度可以从刻度牌上读出。头架主轴的转速分六挡，通过电动机转速调整和变换三角带位置获得。头架可以安装三爪卡盘，夹持工件磨削。

④ 尾架 尾架套筒主轴孔采用莫氏 3 号锥孔，并配有手动进退和液压脚踏板控制进退两种方式，方便装卸工件。在磨削表面结构要求不高的外圆工件时，金刚钻笔可装在尾架上进行砂轮修整。

⑤ 砂轮架 砂轮架上有一台双出轴电动机，它一端经多楔带与砂轮主轴连接，另一端经平皮带与内圆磨具主轴连接，但二者不能同时使用。砂轮架能回转，回转的角度可从刻度牌上读出，如要磨内孔时，只要将砂轮架转 180°，把内圆磨具转到前面来即可。当磨内孔

时，快速进退功能不起作用，以避免意外事故，保护内磨具的安全。

本机床用于磨削圆柱形和圆锥形的外圆和内孔，也可磨削轴向端面。机床的加工精度和磨削表面结构稳定地达到了有关外圆磨床时的精度标准。机床的工作台纵向移动方式有液动和手动两种，砂轮架和头架可转动，头架主轴可转动，砂轮架可实现微量进给。液压系统采用了性能良好的齿轮泵。机床误差较小，适用于工具、机修车间及中小批量生产的车间。

(2) 无心外圆磨床

如图 8-5 所示为 M1080 无心外圆磨床。其主要用于磨削大批量的细长轴及无中心孔的轴、套、销等零件，生产率高。M1080 无心磨床的特点是工件不需顶尖支承，而是导轮、砂轮和托板支持（因此称为无心磨床）。砂轮担任磨削工作，导轮是用橡胶结合剂做成的，转速较砂轮低。

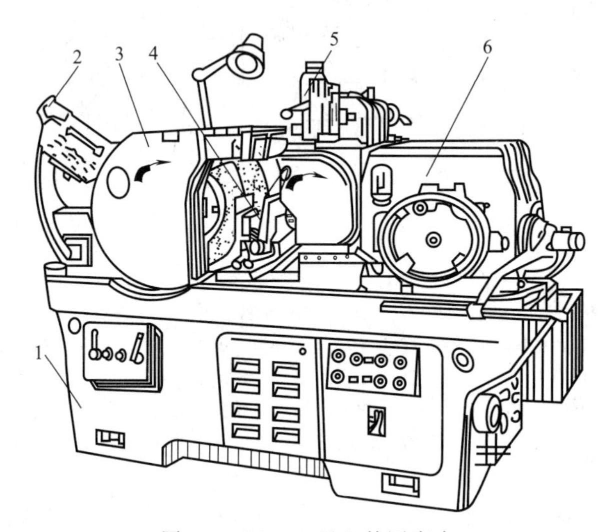

图 8-5　M1080 无心外圆磨床

1—床身；2—磨削修整器；3—磨削轮架；4—工件支架；5—导轮修整器；6—导轮架

工件在导轮摩擦力的带动下产生旋转运动，同时导轮轴线相对于工件轴线倾斜 1°～4°，这样工件就能获得轴线进给量。在无心磨床上磨削工件时，被磨削的加工面即为定位面，因此磨削外圆时工件不需打中心孔，磨削内圆时也不必用夹头安装工件。无心磨削的圆度误差为 0.005～0.01mm，工件表面粗糙度值 Ra 为 0.1～0.25μm。

如图 8-6 所示为无心外圆磨床的工作原理图。工件放在砂轮和导轮之间，由工件托板支承。磨削时导轮、砂轮均沿顺时针方向转动，由于导轮材料摩擦系数较大，故工件在摩擦力带动下，以与导轮大体相同的低速旋转。无心磨削也分纵磨和横磨，纵磨时将导轮轴线与工件轴线倾斜一定的角度，此时导轮除带动工件旋转外，还带动工件作轴向进给运动。

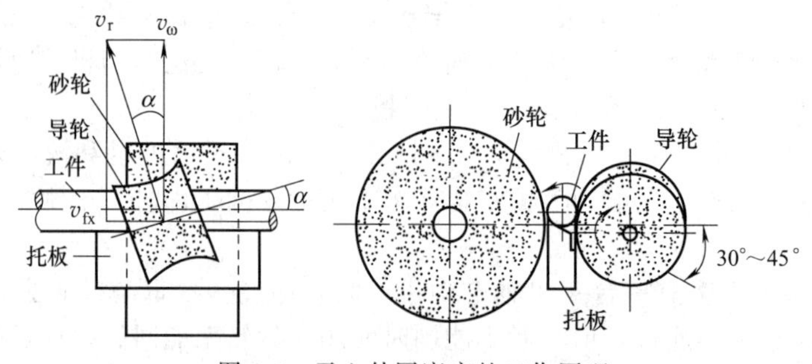

图 8-6　无心外圆磨床的工作原理

无心磨削的特点如下。

① 生产率高 无心磨削时不必打中心孔或用夹具夹紧工件，生产辅助时间少，故效率大大提高，适合于大批量生产。

② 工件运动稳定 磨削均匀性不仅与机床传动有关，还与工件形状、导轮和工件支架状态及磨削用量有关。

③ 外圆磨削易实现强力、高速和宽砂轮磨削；内圆磨削则适用于同轴度要求高的薄壁件磨削。

使用时应注意以下几点。

① 开动机床前，用手检查各种运动后，再按照一定顺序开启各部位开关，使机床空转 10～20min 后方可磨削。在启动砂轮时，切勿站在砂轮前面，以免砂轮偶然破裂飞出，造成事故。

② 在行程中不可转换工件的转速，在磨削中不可使机床长期过载，以免损坏零件。

(3) 内圆磨床

内圆磨床主要用于磨削内圆柱面、内圆锥面及端面等，其结构特点是砂轮主轴转速特别高，一般达 10000～20000r/min，以适应磨削速度的要求。

M2110 普通内圆磨床外形结构如图 8-7 所示。其中，“M”表示磨床类；“21”表示内圆磨床；“10”表示最大磨削直径为 100mm。普通内圆磨床主要由床身、工作台、工件头架、砂轮架和砂轮修整器等部分组成。

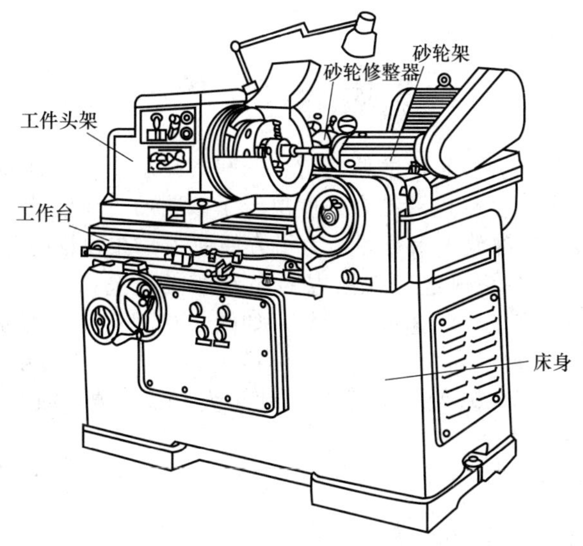

图 8-7 M2110 普通内圆磨床

内圆磨削时，工件常用三爪自定心卡盘或四爪单动卡盘安装，长工件则用卡盘与中心架配合安装。磨削运动与外圆磨削基本相同，只是砂轮旋转方向与工件旋转方向相反。其磨削方法也分为纵磨法和横磨法，一般纵磨法应用较多。

与外圆磨削相比，内圆磨削的生产率很低，加工精度和表面质量较差，测量也较困难。一般内圆磨削能达到的尺寸精度为 IT6～IT7，表面粗糙度 Ra 值为 0.8～0.2 μm。在磨锥孔时，头架须在水平面内偏转一个角度。

8.2.2 平面磨床

平面磨床的主轴有立轴和卧轴两种，工作台也分为矩形和圆形两种。如图 8-8 所示为卧式矩台平面磨床的外形图，它由床身、工作台、立柱、拖板、磨头等部件组成。与其他磨床不同的是，平面磨床工作台上装有电磁吸盘，用于直接吸住工件。

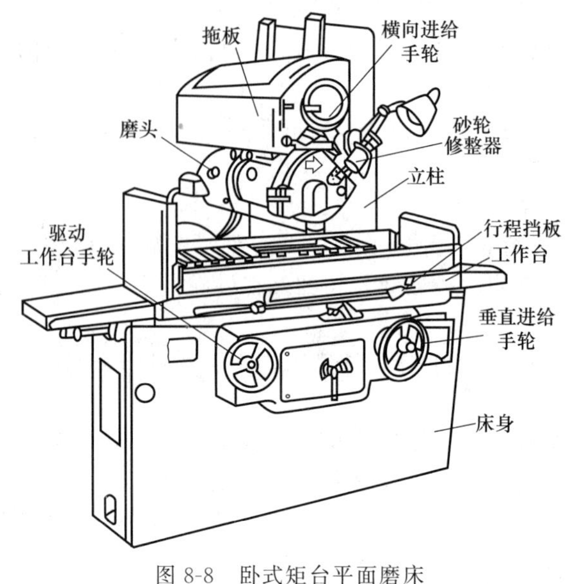

图 8-8　卧式矩台平面磨床

8.3 砂　轮

砂轮是磨削的主要工具。砂轮由磨粒、结合剂和气孔组成，亦称砂轮三要素。磨粒的种类和大小、结合剂的种类和多少以及结合强度决定了砂轮的主要性能。

如图 8-9 所示为砂轮局部放大示意图。为了方便使用，在砂轮的非工作面上标有砂轮的特性代号。GB/T 2484—2006 规定了其标志顺序及意义，包括形状、尺寸、磨料、粒度、硬度、组织、结合剂和最高工作线速度。例如，如图 8-10 所示砂轮端面的代号 P 400×50×203A 60L 6V 35 表示形状代号为 P（平型）、外径 400mm、厚度 50mm、孔径 203mm、磨料为棕刚玉（A）、粒度号为 60、硬度等级为中软 2 级（L）、结合剂为陶瓷结合剂（V）、最高工作线速度为 35m/s 的砂轮。

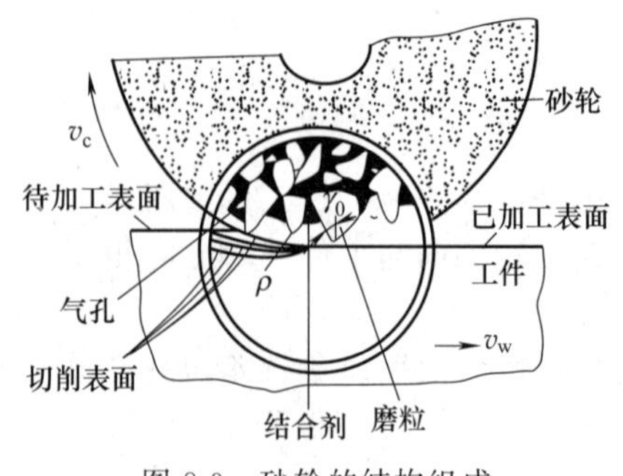

图 8-9　砂轮的结构组成

图 8-10　砂轮特性代号标注

磨粒在磨削过程中担任切削工作，每一个磨粒都相当于一把刀具，用以切削工件。常见的磨粒有两类：刚玉（Al_2O_3）类和碳化硅（SiC）类。刚玉类适用于磨削钢料及一般刀具，碳化硅类适用于磨削铸铁、青铜等脆性材料及硬质合金刀具。

磨粒的大小用粒度表示，粒度号数越大颗粒越小。粗颗粒主要用于粗加工，细颗粒主要用于精加工。如表 8-1 所示为不同粒度号的磨粒的颗粒尺寸范围及适用范围。

表 8-1　磨料粒度的选用

粒度号	颗粒尺寸范围/μm	适用范围	粒度号	颗粒尺寸范围/μm	适用范围
12～36	2000～1600 500～400	粗磨、荒磨、切断钢坯、打磨毛刺	W40～W20	40～28 20～14	精磨、超精磨、螺纹磨、珩磨
46～80	400～315 200～160	粗磨、半精磨、精磨	W14～W10	14～10 10～7	精磨、精细磨、超精磨、镜面磨
100～280	165～125 50～40	精磨、成形磨、刀具刃磨、珩磨	W7～W3.5	7～5 3.5～2.5	超精磨、镜面磨、制作研磨剂等

磨料用结合剂可以黏结成各种形状和尺寸的砂轮，以适用于不同表面形状和尺寸的加工，如图 8-11 所示。工厂中常用的结合剂为陶瓷。磨料黏结得愈牢，则砂轮的硬度就愈高。

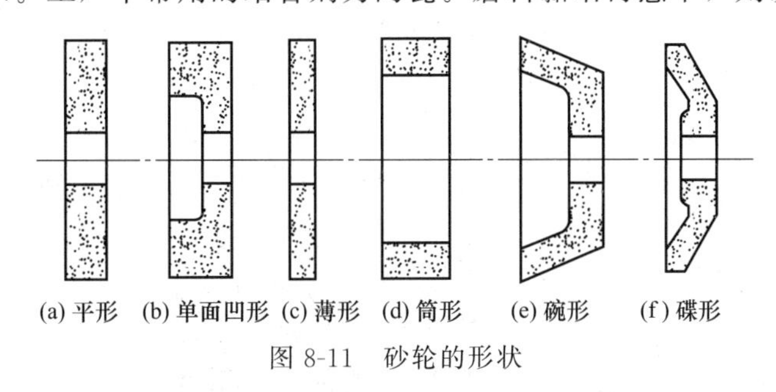

图 8-11　砂轮的形状

8.4　工件的安装

(1) 外圆磨削中工件的安装

外圆磨床磨削外圆时，工件采用顶尖安装、卡盘安装和心轴安装三种方式。

① 顶尖安装　轴类零件常用顶尖装夹。安装时，工件支承在两顶尖之间（见图 8-12），其装夹方法与车削中所用方法基本相同。但磨床所用的顶尖都是不随工件一起转动的，这样可以提高加工精度，避免了由于顶尖转动带来的误差，尾顶尖是靠弹簧推力顶紧工件的。

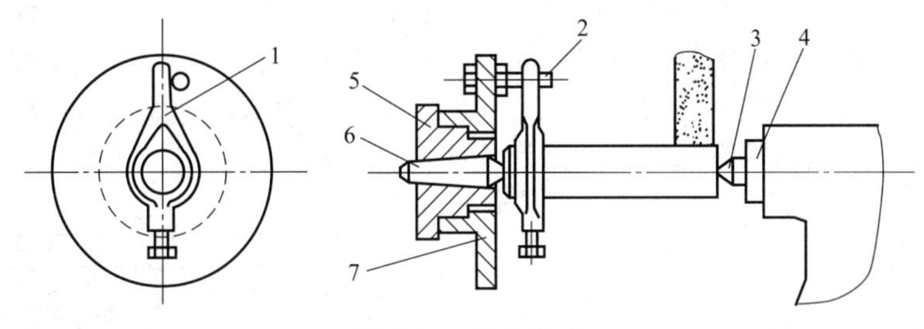

图 8-12　顶尖装夹

1—夹头；2—拨杆；3—后顶尖；4—尾架套筒；5—头架主轴；6—前顶尖；7—拨盘

磨削前，工件的中心孔均要进行修研，以提高其几何形状精度和表面粗糙度。修研的方法在一般情况下是用四棱硬质合金顶尖（见图 8-13）在车床或钻床上进行挤研，研亮即可；当中心孔较大、修研精度较高时，必须选用油石顶尖或铸铁顶尖作前顶尖，一般顶尖作后顶尖。修研时，头架旋转，工件不旋转（用手握住）。研好一端再研另一端，如图 8-14 所示。

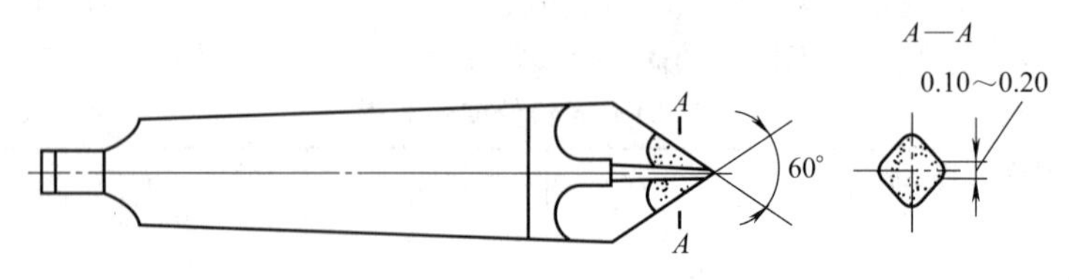

图 8-13　四棱硬质合金顶尖

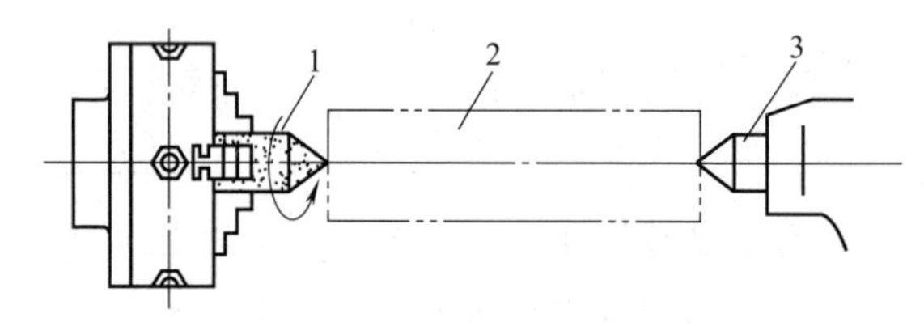

图 8-14　用油石顶尖修研中心孔

1—油石顶尖；2—工件；3—后顶尖

② 卡盘安装　卡盘装夹有三爪卡盘、四爪卡盘和花盘三种，与车床基本相同。无中心孔的圆柱形工件大多采用三爪卡盘，不对称工件采用四爪卡盘，形状不规则的采用花盘装夹。

③ 心轴安装　盘套类空心工件常以内孔定位磨削外圆，往往采用心轴来装夹工件。常用的心轴种类和车床类似。心轴必须和卡箍、拨盘等传动装置一起配合使用。其装夹方法与顶尖装夹相同。

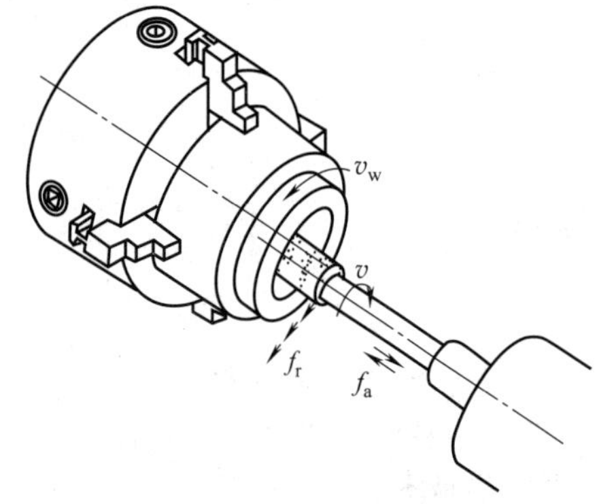

图 8-15　用四爪卡盘安装工件

(2) 内圆磨削中工件的安装

磨削工件内圆，大都以其外圆和端面作为定位基准，通常采用三爪卡盘、四爪卡盘、花盘及弯板等安装工件，其中最常用的是用四爪卡盘通过找正安装工件，如图 8-15 所示。

(3) 平面磨削中工件的安装

磨削中小型工件的平面，常采用电磁吸盘工作台吸住工件。电磁吸盘工作台的工作原理如图 8-16 所示。1 为钢制吸盘体，在它的中部凸起的芯体 2 上绕有线圈 5，钢制盖板 4 被绝磁层 3 隔成一些小块。当线圈 5 中通过直流电时，芯体 2 被磁化，磁力线由芯体 2 经过盖板 4—吸盘体 1—芯体 2 而闭合（图中用虚线表示），工件被吸住。绝磁层由铅、铜或巴氏合金等非磁性材料制成。它的作用是使绝大部分磁力线都能通过工件再回到吸盘体，而不能通过盖板直接回去，这样才能保证工件被牢固地吸在工作台上。

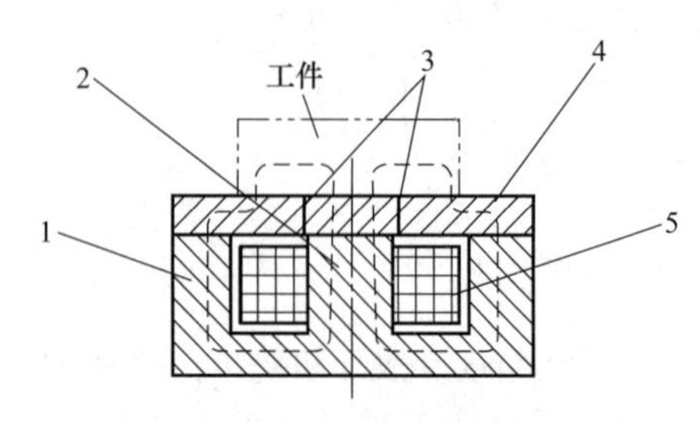

图 8-16　电磁吸盘工作台的工作原理

1—吸盘体；2—芯体；3—绝磁层；4—钢制盖板；5—线圈

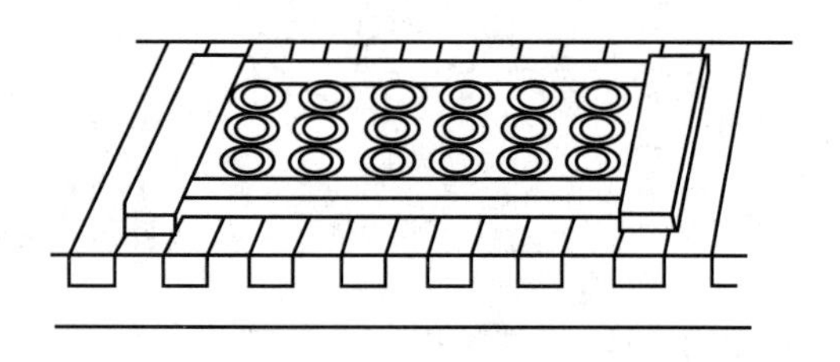

图 8-17　用挡铁围住工件

当磨削键、垫圈、薄壁套等尺寸小而壁较薄的零件时，因零件与工作台接触面积小，吸力弱，容易被磨削力弹出去而造成事故。因此装夹这类零件时，须在工件四周或左右两端用挡铁围住，以免工件走动，如图 8-17 所示。

8.5　磨削加工基本操作

(1) 磨平面

磨平面时，一般是以一个平面为基准，磨削另一个平面。若两个平面都要磨削并要求平行，则可互为基准，反复磨削。

① 装夹工件　磁性工件可以直接吸在电磁吸盘上，对于非磁性工件（如有色金属）或不能直接吸在电磁吸盘上的工件，可使用精密平口钳或其他夹具装夹后，再吸在电磁吸盘上。

② 磨削方法　平面的磨削方式有：周磨法（用砂轮的周边磨削），如图 8-18（a）、（b）所示；端磨法（用砂轮的端面磨削），如图 8-18（c）、（d）所示。磨削时的主运动为砂轮高速旋转，进给运动为工件随工作台做直线往复运动或圆周运动以及磨头做间歇运动。平面磨削尺寸精度为 IT5～IT6，两平面平行度误差小于 100∶0.1，表面结构值 Ra 为 0.4～0.2μm（精密磨削时 Ra 可达 0.1～0.01μm）。

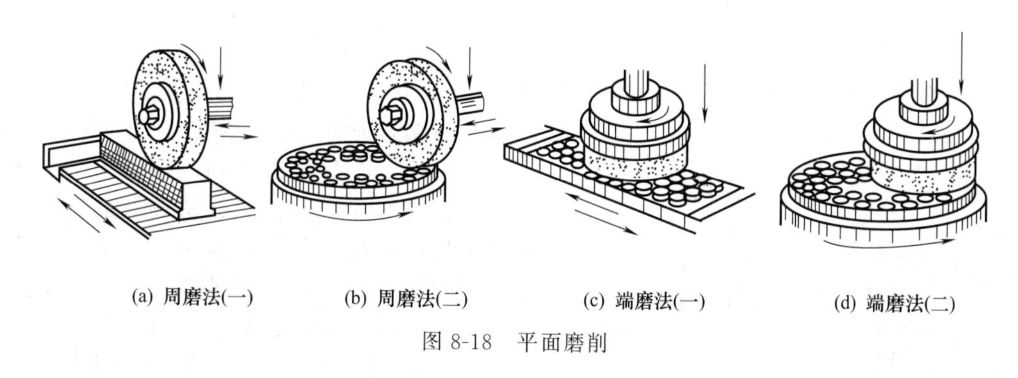

(a) 周磨法(一)　(b) 周磨法(二)　(c) 端磨法(一)　(d) 端磨法(二)

图 8-18　平面磨削

周磨法是用砂轮的圆周面磨削平面的方法，这时需要以下几个运动：

a. 砂轮的高速旋转，即主运动；

b. 工件的纵向往复运动，即纵向进给运动；

c. 砂轮周期性横向移动，即横向进给运动；

d. 砂轮对工件作定期垂直移动，即垂直进给运动。

端磨法为用砂轮的端面磨削平面的方法，这时需要下列运动：

a. 砂轮高速旋转；

b. 工作台圆周进给；

c. 砂轮垂直进给。

周磨法的特点是工件与砂轮的接触面积小、磨削热少、排屑容易、冷却与散热条件好、磨削精度高、表面结构值低，但是生产效率低，多用于单件小批量生产。

端磨法的特点是工件与砂轮的接触面积大、磨削热多、冷却与散热条件差、磨削精度比周磨低、生产效率高，多用于大批量生产中磨削要求不太高的平面，且常作为精磨的前一工序。

无论哪种磨削，具体磨削也是采用试切法，即启动机床，启动工作台，摇进给手轮，让砂轮轻微接触工件表面，调整切削深度，磨削工件至规定尺寸。

(2) **磨外圆**

在外圆磨床上常用的磨削外圆的方法有纵磨法、横磨法、涤磨法和混合磨法四种。

① 纵磨法　是指采用大直径的砂轮，磨削时工件与砂轮同向旋转，使工作台带动工件纵向往复运动进行磨削的方法，如图 8-19（a）所示。纵磨法的特点是加工精度较高、表面粗糙度值较小、通用性较强，但生产效率较低，因此多用于精磨加工，尤其适合磨削细长轴。

② 横磨法　是指采用较宽的砂轮，磨削时工件与砂轮同向旋转，工作台和工件不动，依靠砂轮切入进给进行磨削的方法，如图 8-19（b）所示。横磨法的特点是工件与砂轮接触面积大、质量稳定、生产效率高，但切削力大，散热条件差，因此工件的加工精度较低，表面粗糙度值较大，多用于粗磨加工。

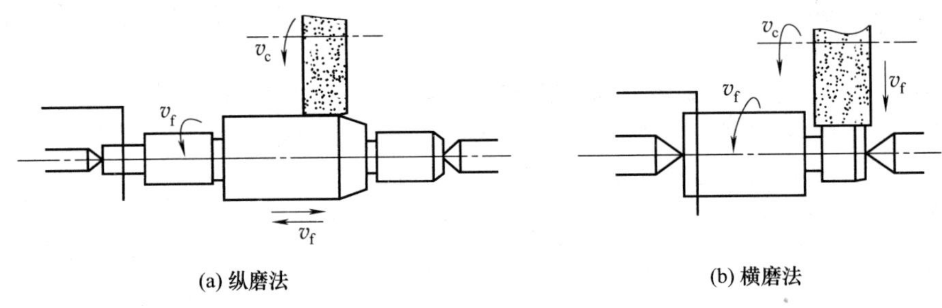

图 8-19　磨削外圆柱面

③ 深磨法　如图 8-20 所示，将砂轮的一端外缘修成锥形或阶梯形，选择较小的圆周进给速度和纵向进给速度，在工作台一次行程中，将工件的加工余量全部磨除，达到加工要求尺寸。深磨法的生产率比纵磨法高，加工精度比横磨法高，但修整砂轮较复杂，只适合大批量生产刚性较好的工件，而且被加工面两端应有较大的距离，方便砂轮切入和切出。

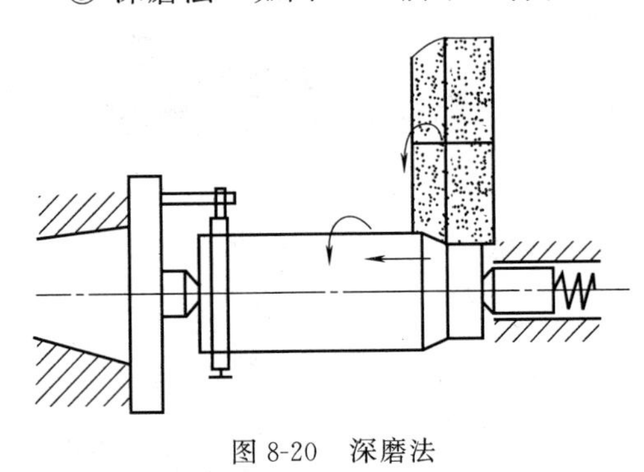

图 8-20　深磨法

④ 混合磨法（也叫分段综合磨法）先采用横磨法对工件外圆表面进行分段磨削，每段都留下 0.01～0.03mm 的精磨余量，然后用纵磨法进行精磨。这种磨削方法综合了横磨法生产率高、纵磨法精度高的优点，适合于磨削加工余量较大、刚性较好的工件。

(3) **磨内圆**

在万能外圆磨床上可以磨削内圆。与磨削外圆相比，由于砂轮受工件孔径限制，直径较小，切削速度大大低于外圆磨削，加上磨削时散热、排屑困难，磨削用量不能选择太高，所以生产效率较低。此外，由于砂轮轴悬伸长度大、刚性较差，故加工精度较低。又由于砂轮直径较小，砂轮的圆周速度较低，加上冷却排屑条件不好，所以表面结构值不易降低。因此，磨削内圆时，为了提高生产率和加工精度，应尽可能选用直径较大的砂轮和砂轮轴，砂轮轴伸出长度应尽可能缩短。

由于磨内圆具有万能性，不需要成套的刀具，故在小批及单件生产中应用较多。特别是对于淬硬工件，磨内圆仍是精加工内圆的主要方法。

内圆磨削时的运动与外圆磨削基本相同，但砂轮旋转方向与工件旋转方向相反。

内圆磨削精度可达 IT6～IT7，表面结构值 Ra 为 0.2～0.8μm。高精度内圆磨削尺寸精

度 Ra 可达0.005μm以内，表面结构值 Ra 达0.1～0.25μm。

磨削内圆时，工件大多数是以外圆和端面为定位基准的。通常采用三爪卡盘、四爪卡盘、花盘及弯板等装夹。其中最常用的是四爪卡盘安装，精度较高。

① 工件的装夹　在万能外圆磨床上磨削内圆时，短工件用三爪卡盘或四爪卡盘找正外圆装夹，长工件的装夹方法有两种：一种是一端用卡盘夹紧，一端用中心架支撑；另一种是用V形夹具装夹。

② 磨内孔的方法　磨削内孔一般采用切入磨和纵向磨两种方法，如图8-21所示。磨削时，工件和砂轮按相反的方向旋转。

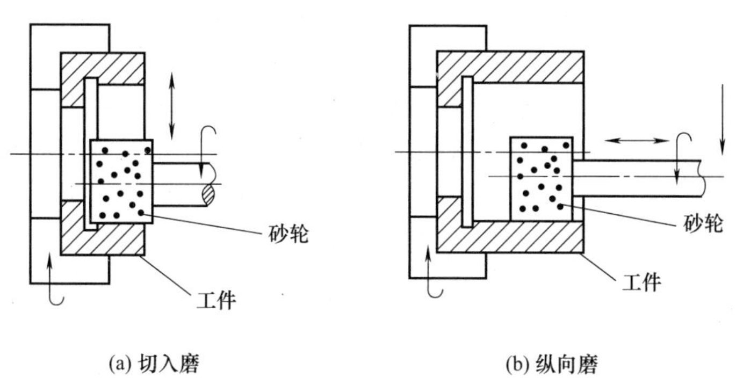

(a) 切入磨　(b) 纵向磨

图8-21　磨削内孔

(4) 磨削锥面

圆锥面有外圆锥面和内圆锥面两种。工件的装夹方法与外圆和内圆的装夹方法相同。在万能外圆磨床上磨外圆锥面有三种方法，如图8-22所示。

① 转动上层工作台磨外圆锥面　适合磨削锥度小而长度大的工件，如图8-22（a）所示。

② 转动头架磨外圆锥面　适合磨削锥度大而长度小的工件，如图8-22（b）所示。

③ 转动砂轮架磨外圆锥面　适合磨削长工件上锥度较大的圆锥面，如图8-22（c）所示。

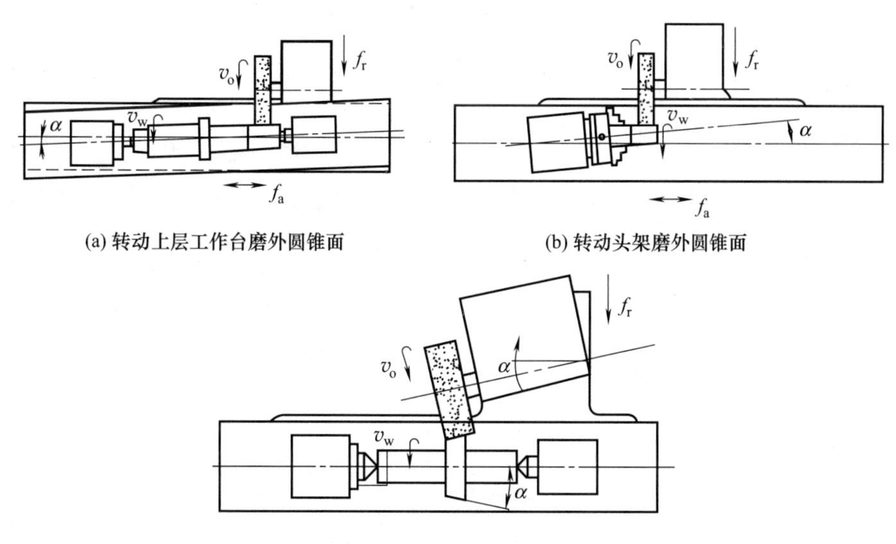

(a) 转动上层工作台磨外圆锥面　(b) 转动头架磨外圆锥面

(c) 转动砂轮架磨外圆锥面

图8-22　磨外圆锥

在万能外圆磨床上磨削内圆锥面有以下两种方法：

① 转动头架磨削内圆锥面　适合磨削锥度较大的内圆锥面；

② 转动上层工作台磨内圆锥面　适合磨削锥度小的内圆锥面。

复习思考题

8.1　什么是磨床？磨削平面和外圆表面主要有哪些方式？

8.2　试说明万能外圆磨床工作台与卧轴矩形平面磨床工作台的区别。

8.3　砂轮的结构三要素是什么？

8.4　常用的砂轮磨料有哪些？各用于加工何种工件材料？

8.5　砂轮的硬度指的是什么？应如何选择不同硬度的砂轮？

8.6　砂轮是怎样进行切削的？砂轮的特性取决于哪些因素？

8.7　在万能外圆磨床上用两顶尖装夹磨削外圆与车床上用两顶尖装夹车削外圆，在装夹有区别吗？

8.8　磨削平面主要有哪些方式？

8.9　磨削外圆有哪些方法？怎样进行操作？

第9章

齿形加工

齿轮是机械和仪表中使用较广泛的零件。齿轮用于传递动力和运动，具有传动平稳、传递速比准确、传递扭矩大、承载能力强等特点。齿轮的种类很多，按齿圈结构形状可分为圆柱齿轮、圆锥齿轮、蜗轮和齿条等；按齿线形状可分为直齿、斜齿（螺旋齿）和曲线齿三种；按齿廓形状可分为渐开线、摆线和圆弧曲线等。目前机械传动中使用较多的齿轮是渐开线圆柱齿轮。

9.1 齿形加工方法及装备

齿轮加工的关键是齿形加工。齿形加工方法很多，按加工中有无切削，可分为无切削加工和有切削加工两大类。无切削加工包括热轧齿轮、冷轧齿轮、精锻、粉末冶金等方法，具有生产率高、材料消耗少、成本低等一系列的优点。但因其加工精度较低，工艺不够稳定，特别是生产批量小时难以采用，限制了它的使用。而齿形的有切削加工具有良好的加工精度，目前仍是齿形的主要加工方法，按其加工原理可分为成形法和展成法两种。常用的齿形加工方法及设备如表 9-1 所示。

表 9-1　常用的齿形加工方法及设备

齿形加工方法		刀具	机床	加工精度及适用范围
成形法		模数铣刀	铣床	加工精度与生产率均较低，精度等级为 IT9 以下
		齿轮拉刀	拉床	加工精度与生产率均较高，但成本高，适用于大批量生产，适于拉内齿轮
展成法	滚齿	齿轮滚刀	滚齿机	生产率较高，通用性好，一般情况下精度等级为 IT10～IT6，最高可达 IT4，常用于直齿齿轮、斜齿外啮合圆柱齿轮和蜗轮的加工
	插齿	插齿刀	插齿机	生产率较高，通用性好，一般情况下精度等级为 IT9～IT7，最高可达 IT6，通常用于内外啮合齿轮、扇形齿轮和齿条等的加工
	剃齿	剃齿刀	剃齿机	生产率较高，一般精度等级为 IT7～IT5，通常用于齿轮滚齿、插齿和预加工后、淬火前的精加工
	磨齿	砂轮	磨齿机	生产率低且加工成本高，一般精度等级为 IT7～IT3，大多用于淬硬后齿形的加工
	珩齿	珩磨轮	珩磨机	一般精度等级为 IT7～IT6，多用于经过剃齿和高频淬火后齿形的精加工

(1) 成形法

成形法又称仿形法，是指用与被切齿轮齿槽形状相符的成形刀具加工齿形的方法，可以直接在铣床上铣齿加工和在磨床上磨齿加工。其特点是所用刀具的切削刃形状与被切齿轮轮槽的形状相同。用成形法加工齿形的方法分为用齿轮铣刀铣齿和用齿轮拉刀拉齿两种。此法由于存在分度误差及刀具的安装误差，所以加工精度较低，一般只能加工出 IT9～IT10 级精度的齿轮，生产率也较低。因此，成形法主要用于单件小批量生产和修配工作中加工精度不高的齿轮。

(2) 展成法

展成法又称范成法，是利用齿轮刀具与被切齿轮的互相啮合运转而切出齿形的方法。采用这种方法加工出来的齿形轮廓是刀具切削刃运动轨迹的包络线。齿数不同的齿轮，只要模数和齿形角相同，都可以用同一把刀具来加工。展成法的加工精度和生产率都较高，刀具通用性好，所以在生产中应用十分广泛。

展成法加工主要有插齿加工、滚齿加工及珩齿、剃齿等精加工齿轮的方法。展成法加工齿轮必须用专门的齿轮加工机床。

9.2 基本加工方法

(1) 铣齿加工

铣齿加工是用模数铣刀在铣床上加工齿轮的成形加工方法。铣齿加工主要用于加工直齿、斜齿和人字形齿轮，如图 9-1 所示。

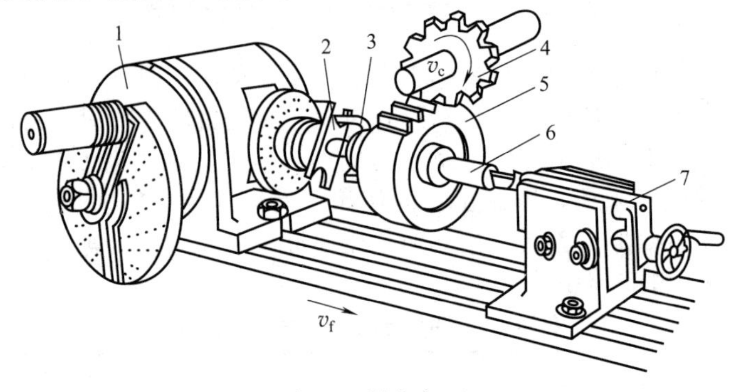

图 9-1 铣齿加工

1—分度头；2—拨盘；3—卡箍；4—模数铣刀；5—工件；6—心轴；7—尾座

① 铣齿加工的切削运动。

a. 主运动 铣齿加工的主运动是齿轮铣刀的旋转运动。

b. 进给运动 工件纵向直线运动和分度运动为进给运动。

在铣床上铣齿时将齿坯装在心轴上，用分度头和顶尖安装，每次只能加工一个齿槽，完成一个齿槽的加工后，工件退回起始位置，对工件进行一次分度再接着铣下一个齿槽，直至完成整个齿轮。

② 模数铣刀的选择 模数铣刀有盘状模数铣刀和指状模数铣刀之分。盘状模数铣刀用于卧式铣床，指状模数铣刀用于立式铣床，如图 9-2 所示。

渐开线齿轮的形状与其模数、齿数和齿形角有关。模数大于 8 的齿轮采用指状模数铣刀加工，其余采用盘状模数铣刀加工。在实际生产中，同一模数的铣刀分成几个号数，每号铣刀加工的齿数范围不同。加工时先根据被加工齿轮的模数，选择相应铣刀的模数，再按被加工齿轮的齿数选择相应号数的铣刀进行加工。加工齿轮时模数铣刀刀号的选择如表 9-2 所示。

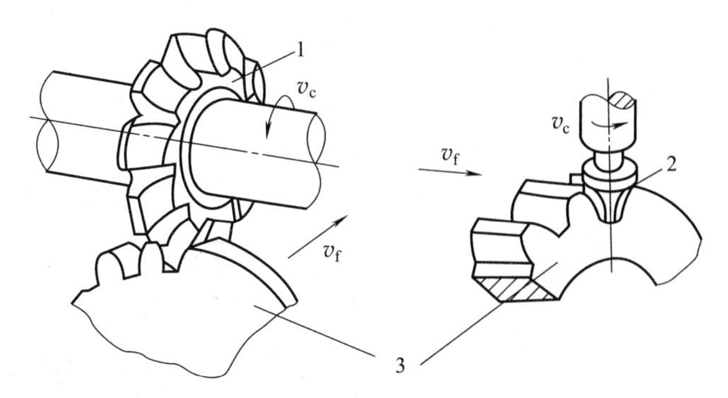

图 9-2 模数铣刀

1—盘状模数铣刀；2—指状模数铣刀；3—工件

表 9-2 模数铣刀的选用

刀号	1	2	3	4	5	6	7	8
加工齿数	12～13	14～16	17～20	21～25	26～34	35～54	55～134	≥135

③ 铣齿加工特点　铣齿加工不需要专用设备，成本低；由于铣刀每铣一个齿都要重复一次分度、切入、切削和退刀的过程，辅助时间多，故生产率低；由于存在分度误差及刀具本身的理论误差，因而加工出的齿轮精度低，一般为 11～9 级。铣齿加工主要用于单件小批量及修配生产或加工转速低、精度不高的齿轮。

(2) 插齿加工

插齿加工是利用一对轴线平行的圆柱齿轮的啮合原理而加工齿形的方法。插齿加工主要用于加工直齿圆柱齿轮、多联齿轮及内齿轮等。插齿加工如图 9-3 所示。

① 插齿加工的切削运动　插齿加工主要由主运动、对滚运动、径向进给运动和让刀运动组成。

a. 主运动　插齿加工的主运动是插齿刀的上下往复直线运动。

b. 对滚运动　插齿刀和齿坯之间的对滚运动，包括插齿刀的圆周进给运动 n_0 和工件的分齿转动 n_W，如图 9-3 所示。插齿加工时，强制地要求插齿刀和被加工齿轮之间保持啮合关系。

c. 径向进给运动　为了完成齿全深的切削，在分齿运动的同时，插齿刀沿工件的半径方向做进给运动。

d. 让刀运动　插齿刀向下是切削运动，向上是空行程。为了避免回程时擦伤已加工工件表面，并减小插齿刀的磨损，要求工作台短距离的往复让刀运动，即空程时水平退让，切削时恢复原位。

② 插齿刀　插齿加工是利用插齿刀在插齿机上加工齿轮的方法。插齿刀外形像一个齿轮，在其每一个齿上磨出前角和后角，形成锋利的刀刃。插齿加工中，一种模数的插齿刀可以加工模数相同而齿数不同的各种齿轮。

③ 插齿加工的特点　插齿加工精度、表面质量高，一般为 IT7～IT8 级，齿面的表面粗糙度 Ra 为 1.6μm。特别适合加工其他齿轮机床难于加工的内齿轮和多联齿轮等。

(3) 滚齿加工

滚齿加工是利用一对螺旋圆柱齿轮的啮合原理而加工齿形的方法。滚齿加工可以加工直齿外圆柱齿轮、斜齿外圆柱齿轮、蜗轮、链轮等。滚齿加工与滚切原理如图 9-4 所示。

① 滚齿加工的切削运动　滚齿加工主要由主运动、分齿运动和垂直进给运动组成。

a. 主运动　滚齿刀的旋转运动是滚齿加工的主运动。

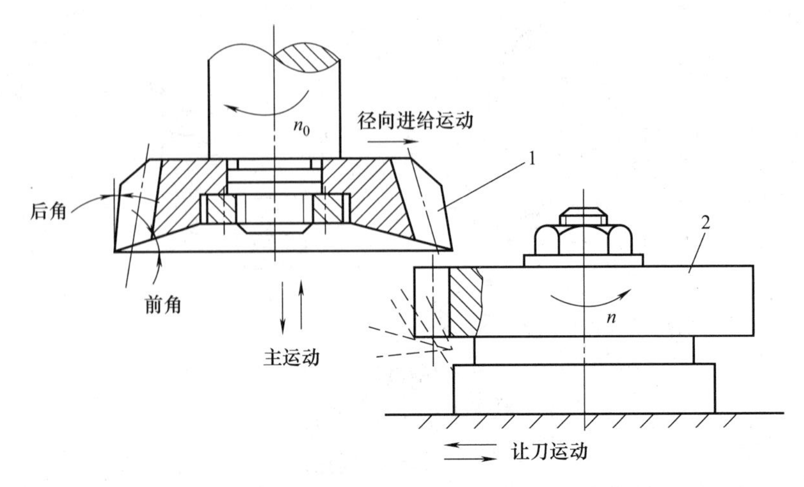

图 9-3 插齿加工

1—插齿刀；2—齿坯

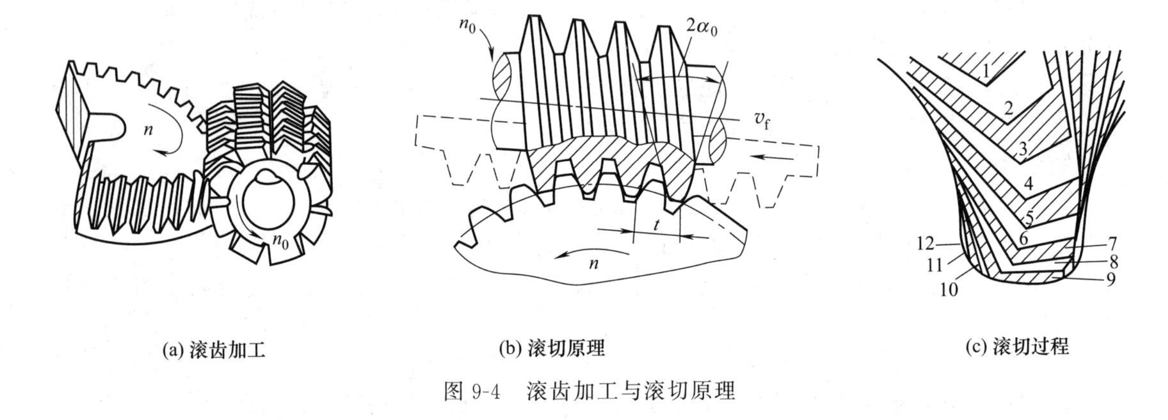

图 9-4 滚齿加工与滚切原理

b. 分齿运动 工件的旋转运动。滚齿刀和工件之间必须保证严格的运动关系。

对于单头滚齿刀，滚齿刀每转一转，相当于齿条法向移动一个齿距，工件需相应地转过 $1/Z$ 转。如果是多头滚齿刀，则切削齿轮需转过 K/Z（Z 为被切齿轮的齿数，K 为滚刀头数）转。

c. 垂直进给运动 滚齿刀沿工件轴线的垂直进给运动。这是保证切削出整个齿宽所必需的运动。

② 滚齿刀 滚齿刀是在滚齿机上加工齿轮的刀具。滚齿刀的外形像一个蜗杆，在垂直于蜗杆螺旋线的方向开出槽，并磨削形成切削刃，其法向剖面具有齿条的齿形。滚齿刀在旋转时，可以看作是一个无限长的齿条在移动。每一把滚齿刀可加工出模数相同而齿数不同的各种齿轮。

滚齿时，滚齿刀的旋转一方面使一排排切削刃由上而下完成切削运动，另一方面又相当于一个齿条在连续地移动。只要滚齿刀和齿坯的转速之间能严格地保持齿条和齿轮相啮合的关系，滚齿刀就可在齿坯上滚切出齿形。

滚齿时，必须保证滚齿刀刀齿的运动方向与被加工齿轮的齿向一致。可是滚齿刀的刀齿是分布在螺旋线上，刀齿的方向与滚齿刀轴线并不垂直，这就要求把刀架扳转一个角度使之与齿轮的齿向协调。滚切直齿轮时，这个角度就是滚齿刀的螺旋升角；滚切斜齿轮时还要考虑齿轮的螺旋角大小，根据螺旋角的大小及加工齿轮的旋向决定扳转角度的大小及方向。

③ 滚齿加工的特点　滚齿加工精度、表面质量较高，齿轮精度可达 IT7～IT8 级，齿面的表面粗糙度 Ra 为 3.2～1.6μm。滚齿加工除了可以加工直齿和斜齿外圆柱齿轮外，还可以加工蜗轮、链轮等。但不能加工内齿轮，加工多联齿轮时也受限制。

(4) 磨齿加工

① 磨齿原理　磨齿是齿形加工中加工精度最高的一种方法。对于淬硬的齿面，要纠正热处理变形、获得高精度齿廓，磨齿是目前最常用的加工方法。

磨齿是用强制性韵传动链，因此它的加工精度不直接决定于毛坯精度。磨齿可使齿轮精度最高达到 IT3 级，表面粗糙度 Ra 值可以达到 0.8～0.2μm，但加工成本高、生产率较低。

② 磨齿方法　根据磨齿原理的不同可以分为成形法和展成法两类。成形法是一种用成形砂轮磨齿的方法，目前生产中应用较少，但它已经成为磨削内齿轮和特殊齿轮时必须采用的方法。展成法主要是利用齿轮与齿条啮合原理进行加工的方法，这种方法是将砂轮的工作面构成假象齿条的单侧或双侧齿面，在砂轮与工件的啮合运动中，砂轮的磨削平面包络出渐开线齿面。下面介绍展成法磨齿的几种方法。

a. 双片碟形砂轮磨齿　由图 9-5 所示，两片碟形砂轮倾斜安装后，就构成假象齿条的两个齿面。磨齿时，砂轮在原位以高速旋转；展成运动——工件的往复移动和相应的正反转动是通过滑座和滚圆盘钢带实现。工件通过工作台实现轴向的慢速进给运动，以磨出全齿宽。当一个齿槽的两侧齿面磨完后，工件快速退离砂轮，经分度机构分齿后，再进入下一个齿槽反向进给磨齿。

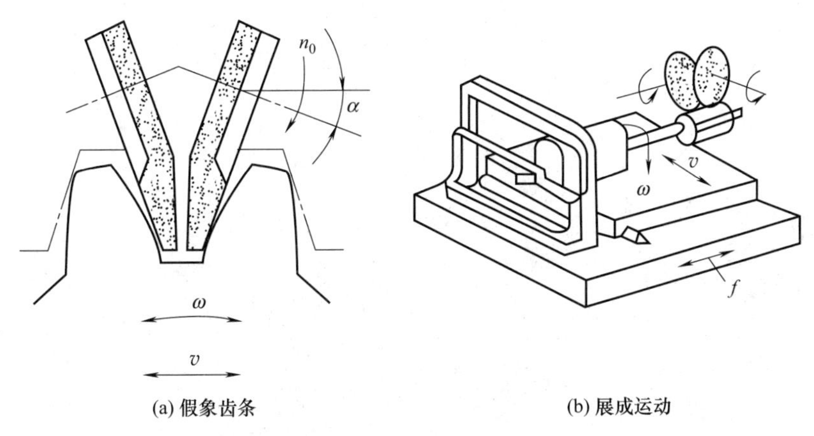

图 9-5　双片碟形砂轮磨齿原理

这种磨齿方法中展成运动传动环节少，传动运动精度高，是高精度磨齿方法之一。但每次进给磨去的余量很少，所以生产率很低。

b. 锥形砂轮磨齿　这种磨齿方法所用砂轮的齿形相当于假象齿条的一个齿廓。砂轮一方面以高速旋转，一方面沿齿宽方向做往复移动；工件放在与假象齿条相啮合的位置，一边旋转，一边移动，实现展成运动。磨完一个齿后，工件还需做分度运动，以便磨削另一个齿槽，直至磨完全部轮齿。

采用这种磨齿方法磨齿时，形成展成运动的机床传动链较长，结构复杂，故传动误差较大，磨齿精度较低，一般只能达到 IT5～IT6 级。

c. 蜗杆砂轮磨齿　这是新发展起来的连续分度磨齿机，加工原理和滚齿相似，只是相当于将滚刀换成蜗杆砂轮。砂轮的转速很高，一般为 2000r/min，砂轮转一周，齿轮转过一个齿，工件转速也很高，而且可以连续磨齿，因此，磨齿效率很高，一般磨削一个齿轮仅需几分钟。磨齿精度比较高，一般可以达到 IT5～IT6 级。

d. 大平面砂轮磨齿　这是用大平面砂轮端面磨齿的方法。一般砂轮直径达到400～800mm，磨齿时不需要沿齿槽方向的进给运动。磨齿的展成运动由两种方式实现：一种是采用滚圆盘钢带机构，另一种是用精密渐开线凸轮。

大平面砂轮磨齿也是高精度磨齿机之一。由于它的展成运动、分度运动的传动链短，又没有砂轮与工件间的轴向运动，因此机床结构简单，可以磨出IT3～IT4级精度的齿轮。

复习思考题

9.1　根据加工原理，齿形加工方法有哪几种？

9.2　概述盘类齿轮齿坯的加工工艺方案。

9.3　简述铣齿加工、滚齿加工和插齿加工的特点。

9.4　剃齿、珩齿、磨齿各有什么特点？用于什么场合？

9.5　盘状模数铣刀和指状模数铣刀有何不同？

第10章

特种加工技术

10.1 概　　述

随着科学技术、工业生产的发展及各种新兴产业的涌现，工业产品内涵和外延都在扩大，正向着高精度、高速度、高温、高压、大功率、小型化及环保（绿色）化方向发展，制造技术本身也应适应这些新的要求而发展，传统切削加工方法面临着更多、更新、更难的问题。

① 新型材料及传统的难加工材料，如碳素纤维增强复合材料、工业陶瓷、硬质合金、钛合金、耐热钢、镍合金、钨钼合金、不锈钢、金刚石、宝石、石英以及锗、硅等各种高硬度、高强度、高韧性、高脆性、耐高温的金属或非金属材料的加工。

② 各种特殊复杂表面，如喷气蜗轮机叶片、整体蜗轮、发动机机匣和锻压模的立体成形表面，各种冲模冷拔模上特殊断面的异型孔，炮管内膛线，喷油嘴、棚网、喷丝头上的小孔、窄缝、特殊用途的弯孔等的加工。

③ 各种超精、光整或具有特殊要求的零件，如对表面质量和精度要求很高的航天、航空陀螺仪，伺服阀以及细长轴、薄壁零件、弹性组件等低刚度零件的加工。

上述工艺问题仅仅依靠传统的切削加工方法很难，甚至根本无法解决。特种加工就是在这种前提条件下产生和发展起来的。特种加工与传统切削加工的不同点是：

① 主要依靠机械能以外的能量（如电、化学、光、声、热等）去除材料；多数属于“熔溶加工”的范畴。

② 工具硬度可以低于被加工材料的硬度，即能做到“以柔克刚”。

③ 加工过程中工具和工件之间不存在显著的机械切削力。

④ 主运动的速度一般都较低。理论上，某些方法可能成为“纳米加工”的重要手段。

⑤ 加工后的表面边缘无毛刺残留，微观形貌“圆滑”。

特种加工又被称为非传统或非常规加工，方法种类很多，而且还在继续研究和发展。目前在生产中应用的特种加工方法很多，它们的基本原理、特性如表10-1所示。

表 10-1 常用特种加工方法

<table>
<tr><th rowspan="2">特种加工方法</th><th rowspan="2">加工所用能量</th><th rowspan="2">可加工的材料</th><th>工具损耗率/%</th><th>金属去除率/(mm^3/min^{-1})</th><th>尺寸精度/mm</th><th>表面粗糙度 $Ra/\mu m$</th><th rowspan="2">特殊要求</th><th rowspan="2">主要适用范围</th></tr>
<tr><th>最低/平均</th><th>平均/最高</th><th>平均/最高</th><th>平均/最高</th></tr>
<tr><td>电火花加工</td><td>电热能</td><td rowspan="4">任何导电的金属材料,如硬质合金、耐热钢、不锈钢、淬火钢等</td><td>1/50</td><td>30/3000</td><td>0.05/0.005</td><td>10/0.16</td><td></td><td>各种冲、压、锻模及三维成形曲面的加工</td></tr>
<tr><td>电火花线切割</td><td>电热能</td><td>极小(可补偿)</td><td>5/20</td><td>0.02/0.005</td><td>5/0.63</td><td></td><td>各种冲模及二维曲面的成形截割</td></tr>
<tr><td>电化学加工</td><td>电、化学能</td><td>无</td><td>100/10000</td><td>0.1/0.03</td><td>2.5/0.16</td><td rowspan="2">机床、夹具、工件需采取防锈、防蚀措施</td><td>锻模及各种二维、三维成形表面加工</td></tr>
<tr><td>电化学机械</td><td>电、化、机械能</td><td>1/50</td><td>1/100</td><td>0.02/0.001</td><td>1.25/0.04</td><td>硬质合金等难加工材料的磨削</td></tr>
<tr><td>超声加工</td><td>声、机械能</td><td>任何脆硬的金属及非金属材料</td><td>0.1/10</td><td>1/50</td><td>0.03/0.005</td><td>0.63/0.16</td><td></td><td>石英、玻璃、锗、硅、硬质合金等脆硬材料的加工、研磨</td></tr>
<tr><td>快速成形</td><td>光、热、化学</td><td>树脂、塑料、陶瓷、金属、纸张、ABS</td><td>无</td><td></td><td></td><td></td><td>增材制造</td><td>制造各种模型</td></tr>
<tr><td>激光加工</td><td>光、热能</td><td rowspan="3">任何材料</td><td rowspan="3">不损耗</td><td rowspan="2">瞬时去除率很高,受功率限制,平均去除率不高</td><td rowspan="2">0.01/0.001</td><td rowspan="2">10/1.25</td><td></td><td>加工精密小孔、小缝及薄板材成形切割、刻蚀</td></tr>
<tr><td>电子束加工</td><td>电、热能</td><td rowspan="2">需在真空中加工</td><td rowspan="2">表面超精、超微量加工、抛光、刻蚀、材料改性、镀覆</td></tr>
<tr><td>离子束加工</td><td>电、热能</td><td>很低</td><td>0.01μm</td><td>0.01</td></tr>
</table>

10.2 电火花加工

电火花加工又称放电加工、电蚀加工，是一种利用脉冲放电产生的热能进行加工的方法。其加工过程为：使工具和工件之间不断产生脉冲性的火花放电，靠放电时局部、瞬时产生的高温把金属熔解、气化而蚀除材料。由于放电过程可见到火花，故称之为电火花加工，日、英、美称之为放电加工，而其发明国家——原苏联则称之为电蚀加工。

10.2.1 电火花加工基本原理

(1) 电火花加工的工作原理

电火花加工时，作为加工工具的电极和被加工工件同时放入绝缘液体（一般使用煤油）中，在两者之间加上直流 100V 左右的电压。因为电极和工件的表面不是完全平滑而是存在着无数个凹凸不平处，所以当两者逐渐接近，间隙变小时，在电极和工件表面的某些点上，电场强度急剧增大，引起绝缘液体的局部电离，于是通过这些间隙发生火花放电。放电时的火花温度高达5000℃，在火花发生的微小区域（称为放电点）内，工件材料被熔化和气化。同时，该处的绝缘液体也被局部加热，急速地气化，体积发生膨胀，随之产生很高的压力。在这种高压力的作用下，已经熔化、气化的材料就从工件的表面迅速地被除去。如图10-1所示。

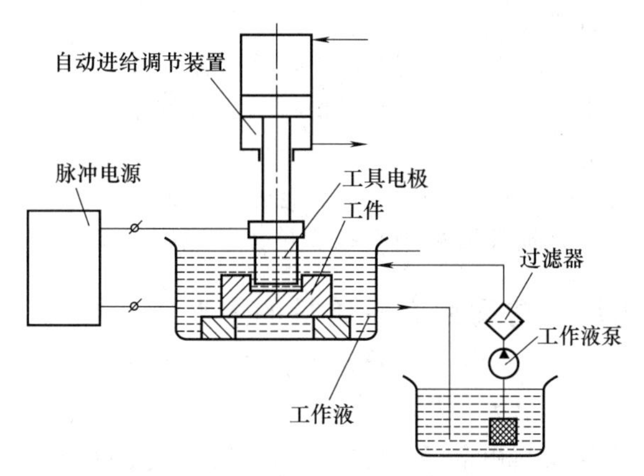

图10-1 电火花加工原理

虽然电极也由于火花放电而损耗，但如果采用热传导性好的铜，或熔点高的石墨材料作为电极，在适当的放电条件下，电极的损耗可以控制到工件材料消耗的1%以下。

当放电时间持续增长时，火花放电就会变成弧光放电。弧光放电的放电区域较大，因而能量密度小，加工速度慢，加工精度也变低。所以，在电火花加工中，必须控制放电状态，使放电仅限于火花放电和短时间的过渡弧光放电。为实现这个目标，在电极和工件之间要接上适当的脉冲放电的电源。该脉冲电源使最初的火花放电发生数毫秒至数微秒后，电极和工件间的电压消失（为零），从而使绝缘油恢复到原来的绝缘状态，放电消失。在电极和工件之间又一次处于绝缘状态后，电极和工件之间的电压再次得到恢复。如果使电极和被加工工件之间的距离逐渐变小，在工件的其他点上会发生第二次火花放电。由于这些脉冲性放电在工件表面上不断地发生工件表面就逐渐地变成和电极形状相反的形状。

从以上分析可以看出，电火花加工必须具备下述条件。

①要把电极和工件放入绝缘液体中。

②使电极和工件之间距离充分变小。

③使两者间发生短时间的脉冲放电。

④多次重复这种火花放电过程。

(2) 电火花加工的特点

电火花加工的优点如下。

① 适合于难切削材料的加工　可以突破传统切削加工对刀具的限制，实现用软的工具加工硬韧的工件，甚至可以加工像聚晶金刚石、立方氮化硼一类超硬材料。目前电极材料多采用紫铜或石墨，因此工具电极较容易加工。

② 可以加工特殊及复杂形状的零件　由于加工中工具电极和工件不直接接触，没有机械加工的切削力，因此适宜加工低刚度工件及微细加工。由于可以简单地将工具电极的形状复制到工件上，因此特别适用于复杂表面形状工件的加工，如复杂型腔模具加工等。数控技术电火花加工可以通过简单形状的电极加工复杂形状的零件。

③ 主要用于加工金属等导电材料，一定条件下也可以加工半导体和非导体材料。

④ 加工表面微观形貌圆滑，工件的棱边、尖角处无毛刺、塌边。

⑤ 工艺灵活性大　本身有“正极性加工”（工件接电源正极）和“负极性加工”（工件

接电源负极）之分；还可与其他工艺结合，形成复合加工，如与电解加工复合。

电火花加工的局限性如下。

① 一般加工速度较慢　安排工艺时可采用机械加工去除大部分余量，然后再进行电火花加工以求提高生产率。最近新的研究成果表明，采用特殊水基不燃性工作液进行电火花加工，其生产率甚至高于切削加工。

② 存在电极损耗和二次放电　电极损耗多集中在尖角或底面，最新的机床产品已能将电极相对损耗比降至0.1%甚至更小；电蚀产物在排除过程中与工具电极距离太小时会引起二次放电，形成加工斜度，影响成形精度。

③ 最小角部半径有限制　一般电火花加工能得到的最小角部半径等于加工间隙（通常为0.02～0.3mm），若电极有损耗或采用平动、摇动加工则角部半径还要增大。

10.2.2 影响电火花加工精度和表面质量的主要因素

与传统的机械加工一样，机床本身的各种误差、工件和工具电极的定位、安装误差等都会影响到电火花加工的精度。另外，与电火花加工工艺有关的主要因素是放电间隙的大小及其一致性、工具电极的损耗及其稳定等。电火花加工时工具电极与工件之间放电间隙的大小实际上是变化的，电参数对放电间隙的影响非常显著，精加工放电间隙一般只有0.01mm（单面），而粗加工时则可达0.5mm以上。目前，电火花加工的精度为0.01～0.05mm。影响表面粗糙度的因素主要有：脉冲能量越大，加工速度越快，*Ra* 值越大；工件材料越硬、熔点越高，*Ra* 值越小；工具电极的表面粗糙度越大，工件的 *Ra* 值越大。

10.2.3 电火花加工的工艺方法分类及其应用

按工具电极和工件相对运动的方式和用途的不同，电火花加工大致可分为电火花穿孔成形加工、电火花线切割、电火花磨削和镗磨、电火花同步共轭回转加工、电火花表面强化与刻字5大类。它们的特点及用途如表10-2所示。

表10-2　电火花加工的特点及用途

类别	工艺方法	特　点	用　途	备　注
1	电火花穿孔成形加工	1. 工具和工件间主要有一个相对的伺服进给运动 2. 工件为成形电极，与被加工表面有相同的截面或形状	1. 型腔加工，加工各种型腔模及各种复杂的型腔零件 2. 穿孔加工、加工各种冲模，挤压模、粉末冶金模、各种异形孔及微孔等	约占电火花机床总数的40%，典型机床有D7125、D7140等
2	电火花线切割加工	1. 工具电极为顺电极丝轴线移动着的线电极 2. 工具与工件在两个水平方向同时有相对伺服进给运动	1. 切割各种冲模和具有直纹面的零件 2. 下料、截割和窄缝加工	约占电火花机床总数的50%，典型机床有DK6725、DK6732
3	电火花内孔、外圆和成形磨削	1. 工具与工件有相对的旋转运动 2. 工件与工件间有径向或轴向进给运动	1. 加工高精度、良好表面粗糙度的小孔，如拉丝模、挤压模、偏心钻套等 2. 加工外圆、小模数滚刀	约占电火花机床的3%～4%，典型机床有D6310
4	电火花同步共轭回转加工	1. 成形工具与工件均作旋转运动，但二者角速度相等或成整数倍，相对应接近的放电点可有切向相对速度 2. 工具相对工件可作纵、横向进给运动	以同步回转、展成回转等不同方式，加工各种复杂型面的零件，如高精度的异形齿轮，高精度、高对称度、良好表面粗糙度的内、外回转体表面等	约占电火花机床的1%～2%，典型机床有JN-2、SN-8
5	电火花表面强化、刻字	1. 工具在工件表面上振动 2. 工具相对工件移动	1. 模具刃口，刀、量具刃口表面强化和镀覆 2. 电火花刻字、打印记	约占电火花机床的2%～3%，典型机床有D9105

10.3 高能束加工

现代加工中，激光束 、电子束、离子束统称为“三束”，由于其能量集中程度较高，又被称为“高能束”。目前它们主要应用于各种精密、细微加工场合，特别是在微电子领域有着广泛的应用。

10.3.1 激光加工

(1) 工作原理

激光加工是利用光能量进行加工的一种方法。由于激光具有准直性好、功率大等特点，在聚焦后，可以形成平行度很高的细微光束，有很大的功率密度。该激光束照射到工件表面时，部分光能量被表面吸收转变为热能。对不透明的物质，因为光的吸收深度非常小（在100μm以下），所以热能的转换发生在表面的极浅层，使照射斑点的局部区域温度迅速升高到使被加工材料熔化甚至气化的温度；同时，由于热扩散，使斑点周围的金属熔化。随着光能的继续被吸收，被加工区域中金属蒸气迅速膨胀，产生一次“微型爆炸”，把熔融物高速喷射出来。

激光加工装置由激光器、聚焦光学系统、电源、光学系统监视器等组成，如图10-2所示。

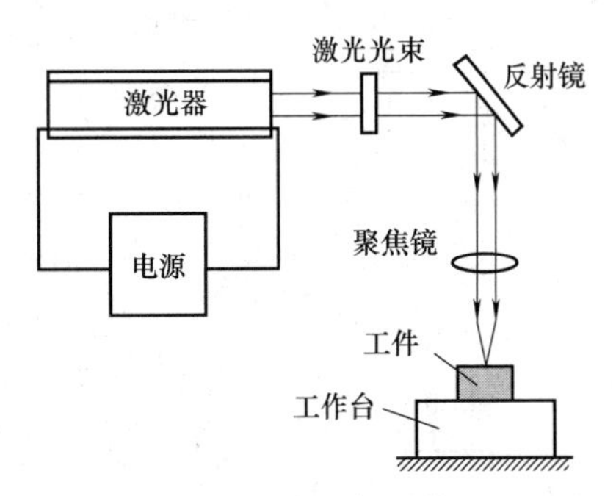

图10-2　激光加工装置

(2) 激光应用

① 激光打孔　激光打孔已广泛应用于金刚石拉丝模、钟表、宝石、轴承、陶瓷、玻璃等非金属材料硬质合金，不锈钢等金属材料的小孔加工。对于激光打孔，激光的焦点位置对孔的质量影响很大，如果焦点与加工表面之间距离很大，则激光能量密度显著减小，不能进行加工；如果焦点位置在被加工表面的两侧偏离1mm左右时还可以进行加工，此时加工出孔的断面形状随焦点位置不同而发生显著的变化。由图10-3可以看出，加工面在焦点和透镜之间时，加工出的孔是圆锥形；加工面和焦点位置一致时，加工出的孔的直径上下基本相同；当加工表面在焦点以外时，加工出的孔呈腰鼓形。

激光打孔不需要工具，不存在工具损耗问题，适合于自动化连续加工。

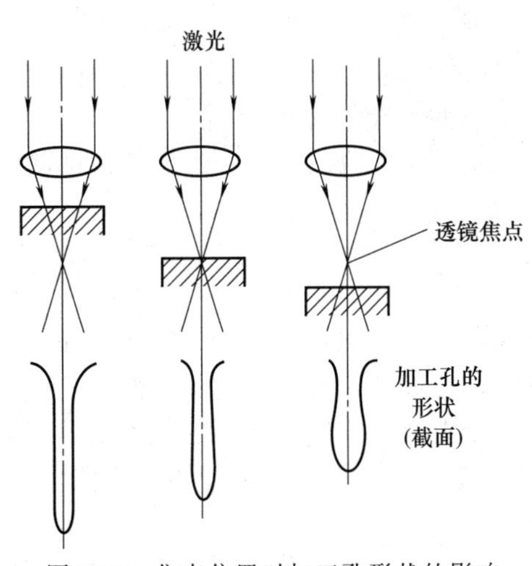

图10-3　焦点位置对加工孔形状的影响

② 激光切割　激光切割的原理与激光打孔基本相同。不同的是工件与激光束要相对移动。激光切割不仅具有切缝窄、速度快、热影响区小、省材料、成本低等优点，而且可以在任何方向上切割，包括内尖角。目前激光已成功地用于切割钢板、不锈钢、钛、钽、镍等金属材料，以及布匹、木材、纸张、塑料等非金属材料。

③ 激光焊接　激光焊接与激光打孔的原理稍有不同，焊接时不需要那么高的能量密度使工件材料气化蚀除，而只要将工件的加工区烧熔使其黏合在一起。因此，激光焊接所需要的能量密度较低，通常可用减小激光输出功率来实现。

激光焊接有下列优点。

a. 激光照射时间短，焊接过程迅速　它不仅有利于提高生产率，而且被焊材料不易氧化，热影响区小，适合于对热敏感性很强的材料进行焊接。

b. 激光焊接既没有焊渣，也不需去除工件的氧化膜，甚至可以透过玻璃进行焊接，特别适宜微型机械和精密焊接。

c. 激光焊接不仅可用于同种材料的焊接，而且还可用于两种不同的材料焊接，甚至还可以用于金属和非金属之间的焊接。

④ 激光热处理　用大功率激光进行金属表面热处理是近几年发展起来的一项崭新工艺。激光金属硬化处理的作用原理是照射到金属表面上的激光能使构成金属表面的原子迅速蒸发，由此产生的微冲击波会导致大量晶格缺陷的形成，从而实现表面的硬化。激光处理法与高温炉处理、化学处理以及感应加热处理相比有很多独特的优点，如快速、不需淬火介质、硬化均匀、变形小、硬度高达60HRC以上、硬化深度可精确控制等。

10.3.2　电子束加工

电子束加工是在真空条件下，利用电流加热阴极发射电子束，带负电荷的电子束高速飞向阳极，途中经加速极加速，并通过电磁透镜聚焦，使能量密度非常集中，可以把1kW或更高的功率集中到直径为5～10μm的斑点上，获得高达10^9W/cm^{2}左右的功率密度，如图10-4所示。如此高的功率密度，可使任何材料被冲击部分的温度，在百万分之一秒时间内升高到摄氏几千度以上，热量还来不及向周围扩散，就已把局部材料瞬时熔化、气化直到蒸发去除。随着孔不断变深，电子束照射点亦越深入。由于孔的内侧壁对电子束产生“壁聚焦”，所以加工点可能到达很深的深度，从而可打出很细很深的微孔。

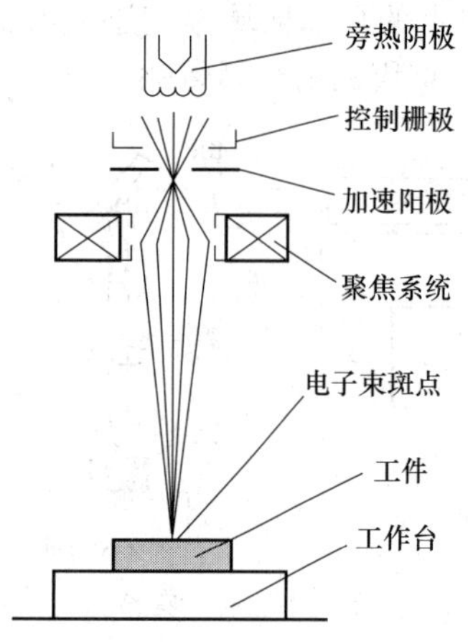

图10-4　电子束加工原理

电子束加工具有以下特点。

① 能量密度高　电子束聚焦点范围小，能量密度高，适合于加工精微深孔和窄缝等。且加工速度快，效率高。

② 工件变形小　电子束加工是一种热加工，主要靠瞬时蒸发，工件很少产生应力和变形，而且不存在工具损耗。适合于加工脆性、韧性、导体、半导体、非导体以及热敏性材料。

③ 加工点上化学纯度高　因为整个电子束加工是在真空度1.33×10^{-2}～1.33×10^{-4}MPa的真空室内进行的，所以熔化时可以防止由于空气的氧化作用所产生的杂质缺陷。适合于加工易氧化的金属及合金材料，特别是要求纯度极高的半导体材料。

④ 可控性好　电子束的强度和位置均可由电、磁的方法直接控制，便于实现自动化加工。

10.3.3　离子束加工

离子束加工原理与电子束加工类似，也是在真空条件下，将Ar、Kr、Xe等惰性气体通过离子源电离产生离子束，并经过加速、集束、聚焦后，投射到工件表面的加工部位，以实现去除加工。所不同的是离子的质量比电子的质量大成千上万倍，即使最小的氢离子，其质量也是电子质量的1840倍，即氖离子的质量则是电子质量的7.2万倍。由于离子的质量大，故在同样的速度下，离子束比电子束具有更大的能量。

高速电子撞击工件材料时，因电子质量小速度大，动能几乎全部转化为热能，使工件材料局部熔化、气化，通过热效应进行加工。而离子本身质量较大，速度较低，撞击工件材料时，将引起变形、分离、破坏等机械作用。离子加速到几十电子伏到几千电子伏时，主要用于离子溅射加工；如果加速到一万到几万电子伏，且离子入射方向与被加工表面成 25°～30°角时，离子可将工件表面的原子或分子撞击出去，实现离子铣削、离子蚀刻或离子抛光等，当加速到几十万电子伏或更高时，离子可穿入被加工材料内部，称为离子注入。

离子束加工具有下列特点。

① 易于精确控制　由于离子束可以通过离子光学系统进行扫描，使离子束可以聚焦到光斑直径 1μm 以内进行加工，同时离子束流密度和离子的能量可以精确控制，因此能精确控制加工效果，如控制注入深度和浓度。抛光时，可以一层层地把工件表面的原子抛掉，从而加工出没有缺陷的光整表面。此外，借助于掩膜技术可以在半导体上刻出小于 1μm 宽的沟槽。

② 加工洁净　因加工是在真空中进行，离子的纯度比较高，因此特别适合于加工易氧化的金属、合金和半导体材料等。

③ 加工应力变形小　离子束加工是靠离子撞击工件表面的原子而实现的，这是一种微观作用，宏观作用力很小，不会引起工件产生应力和变形，对脆性、半导体、高分子等材料都可以进行加工。

10.4 电化学加工

(1) 电化学加工概述

电化学加工分以下 4 类。

① 工件（作为阳极）溶解去除金属材料的电解加工。工件材料减少，包括电解加工和电解抛光。

② 工件（作为阴极）表层沉积金属的电镀、涂覆。工件材料增加，包括电镀、局部涂镀、电铸和复合电镀。

③ 工件作为阳极溶解去除大量材料，具有磨、研等机械作用的阴极对阳极的进一步去除材料使阳极活化而形成的电化学机械复合工艺，有电解磨削、电解珩磨、电解研磨。

④ 其他复合工艺，如电解电火花复合工艺、电解电火花机械复合工艺。

(2) 工作原理

电解加工原理如图 10-5 所示。工件接阳极，工具（铜或不锈钢）接阴极，两极间加 6～24V 的直流电压，极间保持 0.1～1mm 的间隙。在间隙处通以 6～60m/s 高速流动的电解液，形成极间导电通路，工件表面材料不断溶解，其溶解物及时被电解液冲走。工具电极不断进给，以保持极间间隙。

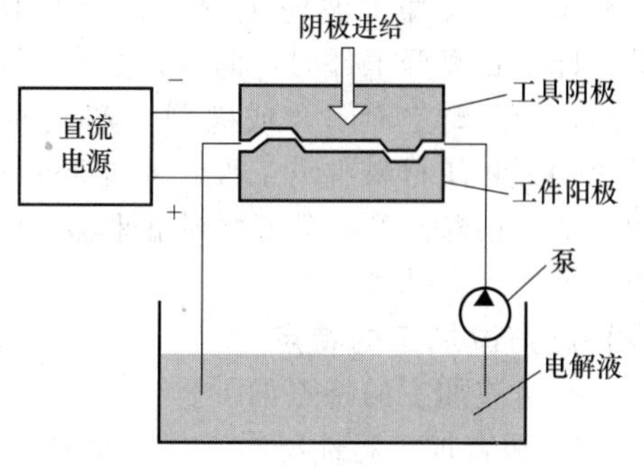

图 10-5　电解加工原理图

① 电解加工的特点：

a. 不受材料硬度的限制，能加工任何高硬度、高韧性的导电材料，并能以简单的进给运动一次加工出形状复杂的形面和型腔；

b. 与电火花加工相比，加工形面和型腔效率高 5～10 倍；

c. 加工过程中阴极损耗小；

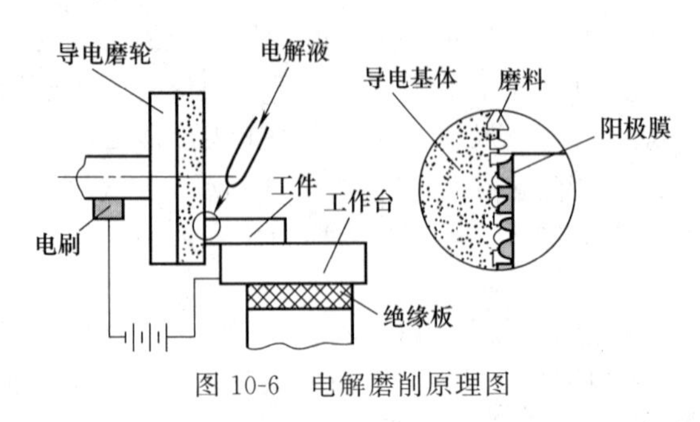

图 10-6　电解磨削原理图

d. 加工表面质量好，无毛刺、残余应力和变形层；

e. 加工设备投资较大，有污染，需防护。

② 电解加工的应用。电解加工广泛应用于模具的型腔加工，枪炮的膛线加工，发电机的叶片加工，花键孔、内齿轮、深孔加工，以及电解抛光、倒棱、去毛刺等。

电解磨削是利用电解作用与机械磨削相结合的一种复合加工方法，其工作原理如图 10-6 所示。工件接直流电源正极，高速回转的磨轮接负极，两者保持一定的接触压力，磨轮表面突出的磨料使磨轮导电基体与工件之间有一定的间隙。当电解液从间隙中流过并接通电源后，工件产生阳极溶解，工件表面上生成一层称为阳极膜的氧化膜，其硬度远比金属本身低，极易被高速回转的磨轮所刮除，使新的金属表面露出，继续进行电解。电解作用与磨削作用交替进行，电解产物被流动的电解液带走，使加工继续进行，直至达到加工要求。

10.5　超声波加工

超声波加工，又叫超声加工，特别适合对导体、非导体的脆硬材料进行有效加工，是对特种加工工艺的有益补充，目前主要的工艺有打孔、切割、清洗、焊接、探伤等。

(1) 超声波加工的原理

超声波是一种频率超过 20kHz 的纵波，它具有很强的能量传递能力，能够在传播方向上施加压力；在液体介质中传播时能形成局部“伸”“缩”冲击效应和空化现象；通过不同介质时，产生波速突变，形成波的反射和折射；一定条件下能产生干涉、共振。利用超声波特性来进行加工的工艺称为超声波加工。

超声波加工的原理如图 10-7 所示。工具端面做超声频的振动，通过悬浮磨料对脆硬材料进行高频冲击、抛磨工件，使得脆性材料产生微脆裂，去除小片材料，由于频率高，其累积效果使得加工效率较高，再加上液压中正负冲击波使工件表层产生伸缩效应和“空化”效果，即工具离开工件时，间隙内成负压，产生局部真空和空腔(泡)，接近时空泡闭合或破裂，产生冲击波，液体进入裂缝，强化加工和使材料脱离工件，并使磨料得到更新。可见，超声加工材料去除是磨料的机械冲击作用为主、磨抛与超声空化作用为辅的综合结果。

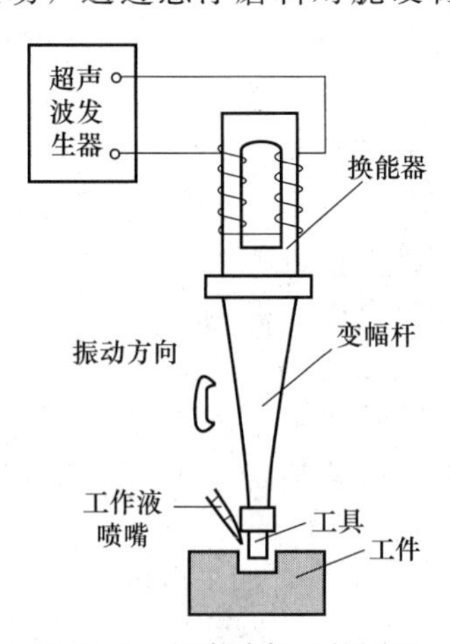

图 10-7　超声波加工的原理

(2) 超声波加工的特点

超声波加工的特点如下。

① 适合加工脆性材料工件。材料越脆，加工效率越高。可加工脆性非金属材料，如玻璃、陶瓷、玛瑙、宝石、金刚石等，但对硬度高、脆性较大的金属（如淬火钢、硬质合金等）的加工效率低。

② 机床结构简单，较软的工具可以复杂设置、成形运动简单。

③ 宏观力小的冷加工工艺，无热应力，无烧伤，可加工薄壁、窄缝、低刚度零件。

复习思考题

10.1　什么叫特种加工？它主要有哪几种类型？
10.2　简述电火花加工的原理及特点。
10.3　电火花加工适用于哪些零件和表面的加工？
10.4　电火花加工机床由哪几部分组成？
10.5　电火花加工要具备什么条件？
10.6　简述数控电火花线切割加工的原理及特点。
10.7　数控电火花线切割机床由哪几部分组成？如何才能加工出带锥度的零件？
10.8　总结数控电火花线切割机床的编程特点。
10.9　简述激光加工的优点及主要应用范围。
10.10　简述超声波加工的优越性及主要应用范围。

第11章

现代加工技术简介

11.1 数控加工技术

随着社会生产和科学技术的发展，机械产品日趋精密复杂，且需频繁改型，特别是宇航、造船、军事等领域所需的零件，精度要求高、形状复杂、批量小，普通机床已不能适应这些需求。为此，一种新型机床——数字程序控制机床（简称数控机床）应运而生。

11.1.1 数控加工的基本概念

由于数字技术及控制技术的发展，数控机床应运而生。所谓数控机床，是指采用数字程序进行控制的机床。由于采用数控技术，在机床行业，许多在普通机床上无法完成的工艺内容得以实现。

NC是“数控”的简称。早期的数控系统全靠数字电路实现，因此电路复杂、功能扩展困难。现代数控系统都已采用小型计算机或微型计算机来进行控制，大量采用集成电路，使得功能大大增强，称之为计算机数控系统（简称为CNC）。它已经成为一种通常的叫法，既指数控机床，也指数控机床的数字控制装置。

11.1.2 数控加工技术的发展

自从1946年世界上生产出第一台电子计算机后，人类便找到了能部分代替自己脑力劳动的工具。第一台计算机问世才过6年——即1952年，就有人将计算机技术应用到机床上——数控机床从此诞生，从而使传统的机床开始产生质的变化。

机床的数控系统的发展经历了两大阶段。

① 从1952年到1970年为第一阶段　这一阶段由于计算机的运算速度低，这对当时的科学计算和数据处理影响不大，但还不能适应机床实时控制的要求，人们只能采用数字逻辑电路制成专用计算机以作为机床数控系统，简称为数控（NC）。

② 从1970年到现在为第二阶段　1970年以后，通用小型计算机已能批量生产，它的运算速度和可靠性比早期的专用计算机大大提高，且成本大幅度下降，于是被移植过来作为机床数控系统的核心部件，从此进入了计算机数控（CNC）阶段。到1974年，美国的Intel公司将计算机核心部件运算器和控制器采用大规模集成电路技术集成在一块芯片上而制成了微处理器（CPU）。当微处理器运用于机床数控系统上时，才真正解决了之前数控机床的可靠性低、价格高和应用不便等关键性问题，使数控机床进入实用阶段。1990年以来，PC的性能已经发展到很高的阶段，可满足作为机床数控系统核心部件的要求，而且PC的生产批量

大、价格低、可靠性高。从此，数控机床进入了广泛应用的 PC 阶段。

11.1.3　数控加工技术的特点与应用

与传统机床相比，数控机床具有如下特点。

① 生产效率高　由于加工过程是自动进行的，且机床能自动换刀、自动不停车变速和快速空行程等功能，使加工时间大大减少，且由于只需试车检验和过程中抽检，大大减少了停车时间，通常其工效是普通机床的 3～7 倍。

② 能稳定地获得高精度　数控加工时人工干预减少，可以避免人为误差，且机床重复精度高，因此，可较经济地获得高精度。

③ 减轻工人的劳动强度，改善劳动条件　这是由于机床自动化程度大大提高，替代了大部分手工操作。

④ 加工能力提高　应用数控机床可以很准确地加工出曲线、曲面、圆弧等形状非常复杂的零件，可以通过编写复杂的程序来实现加工常规方法难以加工的零件。

因此，数控机床在促进技术进步和经济发展方面，起到非常重要的作用。

11.1.4　数控加工机床的系统组成

(1) 数控机床的组成和工作原理

数控机床一般由程序载体、数控装置、伺服驱动系统、机床本体、测量反馈系统及辅助装置等组成。数控机床的组成与加工过程如图 11-1 所示。

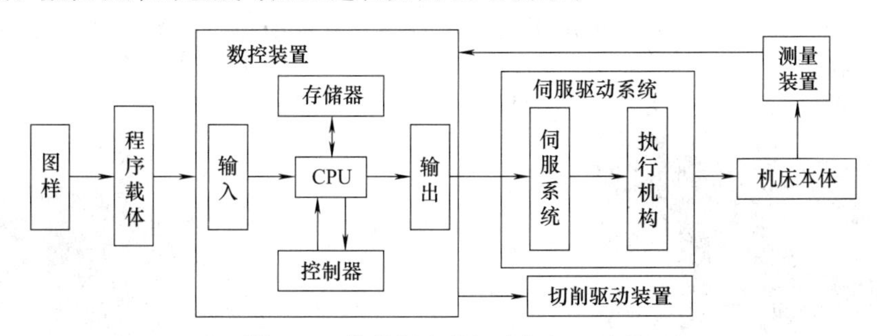

图 11-1　数控机床的组成与加工过程

① 程序载体　数控机床工作时，不需要工人直接操作机床，但若要对数控机床进行控制，则必须编制加工程序。零件加工程序包括机床上刀具和工件的相对运动轨迹、工艺参数（主轴转速、进给量等）和辅助运动等。将零件加工程序用一定的格式和代码存储在一种程序载体上，如穿孔纸带、盒式磁带、软磁盘等，通过数控机床的输入装置，将程序信息输入到 CNC 单元。

② 数控装置　数控系统的核心是数控装置。数控装置一般由译码器、存储器、控制器、运算器、输入/输出装置等组成。数控系统接收信息载体的输入信息，并将其代码加以编码、译码、存储、数据运算后输出相应的指令脉冲信息以驱动伺服系统，进而控制机床动作。

③ 伺服驱动系统　伺服驱动系统由驱动部分和执行机构两部分组成，是 CNC 系统的执行部分。伺服驱动系统的作用是把来自 CNC 装置的各种指令转换成数控机床移动部件的运动。伺服驱动系统主要包括数控机床的主轴驱动和进给驱动。

④ 机床主体　又称机床本体。数控机床完成各种切削加工的机械部分，是数控机床的本体。主要包括床身、主轴、进给机构等机械部件，还有冷却、润滑、转位部件，如换刀装置、夹紧装置等辅助装置。

⑤ 测量反馈系统　常用的测量反馈系统有光栅、光电编码器、同步感应器等。在伺服电机末端（或机床的执行部件上）安装有测量反馈元件（如带有光电编码器的位移检测元件及相应电路），可测量其速度和位移，该部分能及时将信息反馈回来，构成闭环控制。

⑥ 辅助装置　辅助装置是保证充分发挥数控机床功能所必需的配套装置。常用的辅助装置包括气动、液压装置，排屑装置，冷却、润滑装置，回转工作台和数控分度头，防护和照明等各种辅助装置。

数控机床的工作过程是：将加工零件的几何信息和工艺信息进行数字化处理，即对所有的操作步骤（如机床的启动或停止、主轴的变速、工件的夹紧或松夹、刀具的选择和交换、冷却液的开或关等）和刀具与工件之间的相对位移，以及进给速度等都用数字化的代码表示。在加工前由编程人员按规定的代码将零件的图样编制成程序，然后通过程序载体（如穿孔带、磁带、磁盘、光盘和半导体存储器等）或手工直接输入（MDI）方式将数字信息送入数控系统的计算机中进行寄存、运算和处理，最后通过驱动电路由伺服装置控制机床实现自动加工。

(2) 数控机床的种类

数控机床的种类很多，按机床的工艺用途不同，通常可以分为以下几种。

① 数控车床　数控车床是一种用于完成车削加工的数控机床。通常情况下，也将以车削加工为主并辅以铣削加工的数控车削加工中心归类为数控车床。如图 11-2 所示为卧式数控车床。

② 数控铣床　数控铣床是一种用于完成铣削加工或镗削加工的数控机床。如图 11-3 所示为立式数控铣床。

图 11-2　卧式数控车床

图 11-3　立式数控铣床

图 11-4　卧式加工中心

图 11-5　立式数控钻床

③ 加工中心　加工中心是指带有刀库（带有回转刀架的数控车床除外）和刀具自动交换装置的数控机床。如图 11-4 所示为卧式加工中心。

④ 数控钻床　数控钻床主要用于完成钻孔、攻螺纹等工作，是一种采用点位控制系统的数控机床，即控制刀具从一点到另一点的位置，而不控制刀具的移动轨迹。如图 11-5 所示为立式数控钻床。

⑤ 其他数控机床　数控机床除以上几种常见类型外，还有数控精雕机床、数控磨床和数控冲床等，如图 11-6 所示。

(a) 数控精雕机床

(b) 数控磨床

(c) 数控冲床

图 11-6　其他类型的数控机床

11.1.5　数控机床的特点

数控机床是一种高效能的自动加工机床，与普通机床相比，数控机床具有以下一些特点。

① 适用范围广　在数控机床上加工零件是按照事先编制好的程序来实现自动化加工的，当加工对象发生改变时，只需重新编制加工程序并输入数控系统中，即可加工各种不同类型的零件。

② 数控机床可以提高零件的加工精度，稳定产品的质量　因为数控机床是按照预定的加工动作进行加工的，加工过程中消除了人为的操作误差，所以零件加工的一致性好，而且对加工误差还可以利用软件来进行校正及补偿，因此，可以获得比机床本身精度还要高的加工精度及重复精度。

③ 数控机床可以完成普通机床难以完成或根本不能完成的复杂曲面零件的加工，因此在宇航、造船、模具等加工业中得到了广泛应用。

④ 生产效率高　与普通机床相比，数控机床的生产效率可以提高 3～4 倍，尤其在对某些复杂零件的加工上，生产效率可提高十几倍甚至几十倍。

⑤ 改善劳动条件　由于数控机床能够实现自动化或半自动化，在加工中操作者的主要任务是编制和输入程序、装卸工件、准备刀具、观察加工状态等，使其劳动量大为降低。

⑥ 有利于实现生产管理现代化　在数控机床上进行加工时，可预先精确估计加工时间，所使用的刀具、夹具可进行规范化和现代化管理。数控机床使用数字信号与标准代码作为控制信息，易于实现加工信息的标准化，目前已同计算机辅助设计与制造（CAD/CAM）有机地结合起来，成为现代集成制造技术的基础。

任何事物都有两面性，数控机床也有缺点，主要体现在以下两方面。

① 价格昂贵　由于数控机床装备有高性能的数控系统、伺服系统和非常复杂的辅助控制装置，数控机床的价格一般比普通机床高一倍以上，因而制约了数控机床的大量使用。

② 对操作人员和维修人员的要求较高　数控机床操作人员不仅应具有一定的工艺知识，还应在数控机床的结构、工作原理及程序编制方面进行过专门的技术理论培训和操作训练，掌握操作和编程技能。数控机床维修人员应有较丰富的理论知识和精湛的维修技术，并掌握相应的机、电、液专业知识。

11.1.6　数控加工的应用范围

根据数控加工的优、缺点及国内外大量应用实践，一般可按适应程度将零件分为下列三类。

(1) 最适应类

对于下述零件，首先应考虑能不能把它们加工出来，即要着重考虑可能性问题。只要有可能，可先不要过多地去考虑生产效率与经济上是否合理，应把对其进行数控加工作为优选方案。

① 形状复杂，加工精度要求高，用通用机床无法加工或虽然能加工但很难保证产品质量的零件。

② 用数学模型描述的复杂曲线或曲面轮廓零件。

③ 具有难测量、难控制进给、难控制尺寸的不开敞内腔的壳体或盒型零件。

④ 必须在一次装夹中合并完成铣、镗、锪、铰或攻丝等多工序的零件。

(2) 较适应类

这类零件在分析其可加工性以后，还要在提高生产率及经济效益方面做全面衡量，一般可把它们作为数控加工的主要选择对象。

① 在通用机床上加工时极易受人为因素（如情绪波动、体力强弱、技术水平高低等）干扰，零件价值又高，一旦质量失控便造成重大经济损失的零件。

② 在通用机床上加工时必须制造复杂专用工装的零件。

③ 需要多次更改设计后才能定型的零件。

④ 在通用机床上加工需要做长时间调整的零件。

⑤ 用通用机床加工时，生产效率很低或体力劳动强度很大的零件。

(3) 不适应类

数控机床的技术含量高、成本高，使用维修都有一定难度，从最经济角度考虑，若零件采用数控加工后，在生产效率与经济性方面无明显改善，还可能弄巧成拙或得不偿失，故此类零件一般不应作为数控加工的选择对象。

① 装夹困难或完全靠找正定位来保证加工精度的零件。

② 加工余量很不稳定，且数控机床上无在线检测系统可自动调整零件坐标位置的零件。

③ 生产批量大的零件（当然不排除其中个别工序用数控机床加工）。

④ 必须用特定的工艺装备协调加工的零件。

*11.1.7　数控编程的基础知识简介

数控编程是数控加工准备阶段的主要内容，通常包括：分析零件图样，确定加工工艺过程；计算走刀轨迹，得出刀位数据；编写数控加工程序；制作控制介质；校对程序及首件试切。总之，它是从零件图样到获得数控加工程序的全过程。数控编程分为手工编程和自动编程两种。

(1) 手工编程

① 定义　手工编程是指编程的各个阶段均由人工完成。利用一般的计算工具，通过各种数学方法，人工进行刀具轨迹的运算，并进行指令编制。

这种方式比较简单，很容易掌握，适应性较大，适用于中等复杂程度程序、计算量不大的零件编程，对机床操作人员来讲必须掌握。

② 编程步骤　编程的步骤包括以下内容。

a. 分析零件图样。

b. 制定工艺决策。

c. 确定加工路线。

d. 选择工艺参数。

e. 计算刀位轨迹坐标。

f. 编写数控加工程序单。

g. 验证程序。

③ 手工编程的特点　手工偏程具有如下特点。

a. 优点　主要用于点位加工（如钻、铰孔）或几何形状简单（如平面、方形槽）零件的加工，计算量小、程序段数有限、编程直观、易于实现。

b. 缺点　对于具有空间自由曲面、复杂型腔的零件，刀具轨迹数据计算相当烦琐，工作量大，极易出错，且很难校对，有些甚至根本无法完成。

(2) 自动编程（图形交互式）

对于几何形状复杂的零件，需借助计算机使用规定的数控语言编写零件源程序，经过处理后生成加工程序，这种编程方法称为自动编程。

随着数控技术的发展，先进的数控系统不仅向用户编程提供了一般的准备功能和辅助功能，而且为编程提供了扩展数控功能的手段。FANUC6M 数控系统的参数编程，应用灵活，形式自由，具备计算机高级语言的表达式、逻辑运算及类似的程序流程，使加工程序简练易懂，实现了普通编程难以实现的功能。

*11.1.8　常用编程代码

在数控加工程序中，主要有准备功能 G 代码、辅助功能 M 代码、进给功能 F 代码、主轴转速功能 S 代码和刀具功能 T 代码。

(1) 准备功能 G 代码

常用的 G 指令及其应用如下。

① 快速定位指令。

指令：G00。

功能：使刀具以点定位控制方式从刀具所在点快速运动到下一个目标位置。它只是快速定位，而无运动轨迹要求，且无切削加工过程。

指令格式：G00 X（U)_Z(W)_。

其中，X、Z 为刀具所要到达点的绝对坐标值：U、W 为刀具所要到达点距离现有位置的增量值（不运动的坐标可以不写）。

② 直线插补指令。

指令：G01。

功能：直线运动命令，规定刀具在两坐标间以插补联动方式按指定的进给速度 F 做任意的直线运动。

指令格式：G01 X(U)_Z(W)_F_。

其中，X、Z 或 U、W 含义与 G00 相同；F 为刀具的进给速度（进给量），应根据切削要求确定。

③ 圆弧插补指令。

指令：G02、G03。

功能：圆弧插补指令有顺时针圆弧插补指令 G02 和逆时针圆弧插补指令 G03 两种。

顺时针圆弧插补指令的指令格式如下。

G02 X(U)_Z(W)_R_F_；

G02 X(U)_Z(W)_I_K_F_；

逆时针圆弧插补指令的指令格式如下。

G03 X（U） _Z（W） _R_F_；

G03 X（U） _Z（W） _I_K_F_；

其中，X_Z_是圆弧插补的终点坐标的绝对值；U_W_是圆弧插补的终点坐标的增量值；（半径法）R 是圆弧半径，以半径值表示（当圆弧对应的圆心角≤180°时，R 是正值；当圆弧对应的圆心角＞180°时，R 是负值）；（圆心法）I、K 是圆心相对于圆弧起点的坐标增量，在 X（I）、Z（K）轴上的分向量；选用原则：以使用较方便者（不用计算，即可看出数值者）为取舍，当同一程序段中同时出现 I、K 和 R 时，以 R 为优先（即有效），I、K 无效。

I 为 O 或 K 为 0 时，可省略不写。

若要插补一整圆时，只能用圆心法表示，半径法无法执行。若用半径法，以两个半圆相接，其圆度误差会太大。

F 为沿圆弧切线方向的进给率或进给速度。

(2) 辅助功能 M 代码

常用的 M 指令功能及其应用如下。

① 程序停止。

指令：M00。

功能：在完成程序段其他指令后，机床停止自动运行，此时所有存在的模态信息保持不变，用循环启动使自动运行重新开始。

② 计划停止。

指令：M01。

功能：与 M00 相似，不同之处是，除非操作人员预先按按钮确认这个指令，否则这个指令不起作用。

③ 主轴顺时针旋转、主轴逆时针旋转、主轴停止。

指令：M03、M04、M05。

功能：开动主轴时，M03 指令可使主轴按右旋螺纹进入工件的方向旋转；M04 指令可使主轴按右旋螺纹离开工件的方向旋转；M05 指令可使主轴在该程序段其他指令执行完成后停转。

格式：M03 S_
M04 S_
M05

④ 程序结束。

指令：M02 或者 M30。

功能：该指令表示主程序结束，同时机床停止自动运行，CNC 装置复位。M30 还可使控制返回到程序的开头，故程序结束使用 M30 比 M02 方便些。

(3) F、S、T 代码

① 进给功能 F 代码　F 代码表示刀具中心运动时的进给速度，由“F”和其后的数字组成。数字的单位取决于每个系统所采用的进给速度的指定方法，具体内容见所用的使用说

明书。

② 主轴转速功能 S 代码　S 代码表示主轴的转速，由“S”和其后的若干数字组成。

③ 刀具功能 T 代码　刀具和刀具参数的选择是数控编程的重要内容，其编程因数控系统不同而异，主要格式有以下两种。

a. 采用 T 代码编程　由“T”和其后的数字组成，数字的位数由所用数控系统占“T”后面的数字用来指定刀具号和刀具补偿号。

b. 采用 T、D 代码编程　利用 T 代码选择刀具，利用 D 代码选择相关的刀偏。

11.2 立体打印法

立体打印法（SLA）也称光固化法、立体刻或光造型法，是目前技术最成熟、应用最广泛的快速成形制造方法。它主要使用液态光敏树脂作为成形材料，如图 11-7 所示。

(1) 成形过程

液槽中盛满液态光固化树脂，工作台在液面下，计算机控制紫外激光束聚集后的光点按零件的各分层截面信息在树脂表面进行逐步扫描，使被扫描区域的树脂薄层产生光聚合反应而硬化，形成零件的一个薄层。头一层固化完后，工作台下移一个层厚的距离，再在原先固化好的树脂表面敷上一层新的液态树脂，再进行扫描加工，新生成的固化层牢固地粘结在前一层上。当一层扫描完成后，被照射的地方就固化，未被照射的地方仍然是液态树脂。如此重复，直到整个三维零件制作完成。

(2) SLA 的主要特点

① 质量高　制造精度高（±0.1mm），表面质量好。

② 材料利用率高　在液槽中成形，被紫外激光束照射的地方固化，未被照射的地方仍然是液态树脂，原材料利用率接近 100%。

③ 造型能力强　能制造形状特别复杂及特别精细的零件，尤其适合壳体形零件制造。

④ 材料需改进　使用成形材料较脆（特别是加工零件时必须制作支承）、材料固化中伴随一定的收缩（甚至可能导致零件变形），并有一定的毒性，不符合发展绿色制造的要求。

SLA 主要用于产品外形评估、功能试验及各种经济模具、儿童玩具的制造。

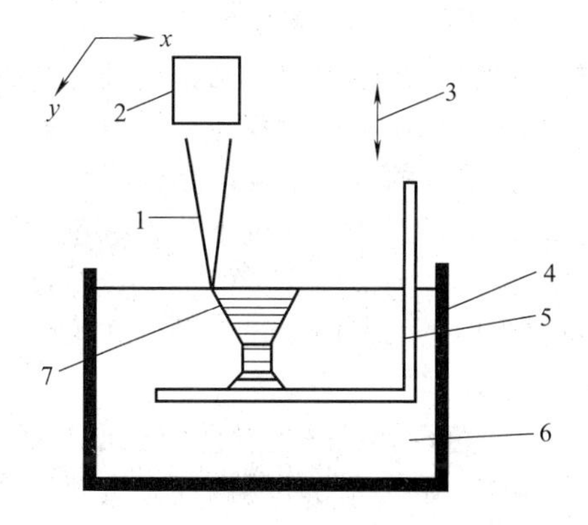

图 11-7　立体印刷法成形原理

1—激光束；2—扫描镜；3—轴升降；4—树脂槽；5—托盘；6—光敏树脂；7—零件原型

11.3 虚拟制造技术简介

(1) 虚拟制造的概念

虚拟制造（VM）是实际制造过程在计算机上的本质实现，是利用计算机仿真与虚拟现实技术，在高性能计算机及高速网络的支持下，采用群组协同工作，通过模型来模拟和预估产品功能、性能及可加工性等各方面可能存在的问题，实现产品制造的本质过程，包括产品的设计、工艺规划、加工制造、性能分析、质量检验，并进行过程管理与控制以增强制造过程各级的决策与控制能力。

(2) 虚拟制造的应用

VM 在产品设计、制造过程中具有重要的应用，可大大提高产品的技术水平，如飞机的设计、汽车外形设计与碰撞实验、工厂和建筑物的模拟漫游等。目前应用效果最好是下面几个方面。

① 产品的外形设计　汽车外形造型设计是汽车的一个极为重要的方面，以前多采用泡沫塑料制作外形模型，要通过多次的评测和修改，费工费时；而采用 VM 技术建模的外形设计，可随时修改、评测，方案确定后的建模数据可直接用于冲压模具设计、仿真和加工。

② 产品的布局设计　在复杂产品的布局设计中，通过 VM 技术可以直观地进行设计，避免可能出现的干涉和其他不合理问题。例如，工厂和车间设计中的机器布置、管道铺设、物流系统等，都需要该技术的支持。在汽车和飞机的内部、复杂的管道系统、液压集流块设计中，设计者可以“进入”其中进行布置，检查可能的干涉等错误。

③ 机械产品的运动仿真　在产品设计阶段中可以解决运动构件在运动过程中的运动协调关系、运动范围设计及可能的运动干涉检查等。

11.4 绿色制造及少无切削加工

11.4.1 绿色制造

绿色制造是综合考虑环境影响和资源消耗的现代制造模式，其目标是使得产品从设计、制造、包装、运输、使用到报废处理的整个生命周期中，对环境负面影响最小，资源利用率最高，并使企业经济效益和社会效益协调优化。

绿色制造的内容涉及产品整个生命周期的所有问题，主要应考虑的是“五绿”(绿色设计、绿色材料选择、绿色工艺、绿色包装、绿色处理) 问题。“五绿”问题应集成考虑，其中绿色设计是关键。这里的“设计”是广义的，它不仅包括产品设计，也包括产品的制造过程和制造环境的设计。绿色设计在很大程度上决定了材料、工艺、包装和产品寿命终结后处理的绿色性。

① 绿色设计　绿色设计即在产品的设计阶段，就将环境因素和防止污染的措施纳入产品设计中，将产品的环境属性和资源属性，如可拆卸性、可回收性、可制造性等作为设计的目标，并行地考虑并保证产品的功能、质量、寿命和经济性。绿色设计要求在产品设计时，选择与环境友好的材料、机械结构和制造工艺，在使用过程中能耗最低，不产生或少产生毒副作用；在产品生命终结时，要便于产品的拆卸、回收和再利用，所剩废弃物最少。

② 绿色材料　材料，特别是一些不可再生的金属材料大量消耗，将不利于全社会的持续发展。绿色设计与制造所选择的材料既要有良好的使用性能，又要与环境有较好的协调性。为此，可改善机电产品的功能，简化结构，减少所用材料的种类；选用易加工的材料，低耗能、少污染的材料，可回收再利用的材料，如铝材料，若汽车车身改用轻型铝材制造，重量可减少 40%，且节约了燃油量；采用天然可再生材料，如丰富的柳条、竹类、麻类木材等用于产品的外包装。

绿色制造所选择的材料既要有良好的使用性能，又要满足制造工艺特性，并与环境有较好的协调性，选择绿色材料是实现绿色制造的前提和关键因素之一。绿色制造要求选择材料时应考虑以下几个原则。

a. 优先选用可再生材料，尽量选用可回收材料，提高资源利用率，实现可持续发展。

b. 选用原料丰富、低成本、少污染的材料代替价格昂贵、污染大的材料。

c. 尽量选择环境兼容性好的材料，避免选用有毒、有害和有辐射性的材料。这样有利于提高产品的回收率，节约资源，减少产品毁弃物，保护生态环境。

③ 低物耗的绿色制造技术　绿色制造工艺技术是以传统的工艺技术为基础，并结合材料科学、表面技术、控制技术等新技术的先进制造工艺技术。其目的是合理利用资源及原材料、降低零件制造成本，最大限度地减少对环境的污染程度。

a. 少无切削　随着新技术、新工艺的发展，精铸、冷挤压等成形技术和工程塑料在机械制造中的应用日趋成熟，从近似成形向净成形仿形发展。有些成形件不需要机械加工就可直接使用，不仅可以节约传统毛坯制造时的能耗、物耗，而且减少了产品的制造周期和生产费用。

b. 节水制造技术　水是宝贵的资源，在机械制造中起着重要作用。但由于我国北方缺水，从绿色可持续发展的角度来讲，应积极探讨节水制造的新工艺。干式切削就是一例，它可消除在机加工时使用切削液所带来的负面效应，是理想的机械加工绿色工艺。它的应用不局限于铸铁的干铣削，也可扩展到机加工的其他方面，但要有其特定的边界条件，如要求刀具有较高的耐热性、耐磨性和良好的化学稳定性，机床则要求高速切削，有冷风、吸尘等装置。

c. 减少加工余量　若机件的毛坯粗糙，机加工余量较大，不仅消耗较多的原材料，而且效率低下。因此，有条件的地区可组织专业化毛坯制造，提高毛坯精度。另一方面，采用先进的制造技术，如高速切削，随着切削速度的提高，则切削力下降，且加工时间短，工器变形小，以保证加工质量。在航空工业上，特别是铝的薄壁件加工目前已经可以切除出厚度为 0.1mm、高为几十 mm 的成形曲面。

d. 新型刀具材料　减少刀具，尤其是复杂、贵重刀具材料的磨耗是降低材料消耗的另一重要途径。对此可采用新型刀具材料，发展涂层刀具。

e. 回收利用　绿色设计与制造，非常看重机械产品废弃后的回收利用，它使传统的运行模式从开放式变为部分闭环式。

④ 低能耗的绿色制造技术　机械制造企业在生产机械设备时，需要大量钢铁、电力、煤炭和有色金属等资源，随着地球上矿物资源的减少和近期国际市场石油价格的不断波动，节能降耗已经迫在眉睫，对此可采取以下绿色技术。

a. 技术节能　加强技术改造，提高能源利用率，如采用节能型电机、风扇，淘汰能耗大的老式设备。

b. 工艺节能　改变原来能耗大的机械加工工艺，采用先进的节能新工艺和绿色新工装。

c. 管理节能　加强能源管理，及时调整设备负荷，消除滴、漏、跑、冒等浪费现象，避免设备空车运转和机电设备长期处于待电状态。

d. 适度利用新能源　可再生利用、无污染的新能源是能源发展的一个重要方向，如把太阳能聚焦，可以得到利用辐射加工的高能量光束。太阳能、天然气、风扇、地热能等新型洁净的能源还有待于进一步开发。

e. 绿色设备　机械制造装备将向着低能耗、与环境相协调的绿色设备方向发展，现在已出现了干式切削加工机床、强冷风磨削机床等。绿色化设备减少了机床材料的用量，优化了机床结构，提高了机床性能，不使用对人和生产环境有害的工作介质。

⑤ 废弃物少的绿色制造技术　机械制造目前多是采用材料去除的加工方式，产生大量的切屑、废品等废弃物，既浪费了资源，又污染了环境，对此可采取以下绿色技术。

a. 切削液的回收再利用　已使用过的废乳化液中，如直接排放或燃烧，将造成严重的环境污染。绿色制造对切削液的使用、回收利用或再生非常重视。

b. 磨屑二次资源利用　在磨削中，磨屑的处理有些困难，若采用干式磨削，磨屑处理则较为方便，由于CBN砂轮的磨削硬度比较高，磨屑中很少有砂轮的微粒，磨屑纯度很高，可通过一定的装置，收集被加工材料的磨粒，作二次资源利用。

c. 快速原型制造技术　应用材料堆积成形原理，突破了传统机加工去除材料的方法，采用分层实体法、熔化沉积法等，能迅速制造出形状复杂的三维实体和零件，可节约资源，又能减少加工废弃物的处理，是很有发展前途的绿色制造技术。

⑥ 少污染的绿色制造技术。

a. 大气污染　机械制造中的大气污染主要来自工业窑炉（如铸造的冲天炉、烘干炉等）、工业锅炉和热处理车间的炉具等，它们在生产加热时产生大量的烟尘和含硫、含氮化合物，对人身健康造成危害。为此，可采取以下绿色工艺技术。

• 改变节能结构和燃烧方式　对煤进行脱硫处理或采用天然气、水煤浆、太阳能等新能源作为燃料。

• 集中供热　随着城区污染严重的老厂大量外迁，在工厂新区的布局上，可考虑集中供热、供暖。

b. 水污染　机械制造业的废水主要有含油废水、含酸（碱）废水、电镀废水和洗涤废水等。由于工业废水处理难度大、费用高，综合防治是现阶段处理水污染较为有效的措施。不过这仍是末端治理技术，绿色化程度不高，还需要从源头上治理。

c. 其他污染　除了上述污染源外，机械制造还存在振动污染、噪声污染、热污染、射频辐射污染、光污染等其他的污染源，应积极研究，采取相应的防护和改善措施。

11.4.2　绿色制造技术的应用

若从节能、降耗、缩短产品开发周期的角度出发，诸如快速成形技术、并行工程及敏捷制造、虚拟制造、智能制造和网络制造等先进制造技术都可纳入绿色制造技术的应用范畴。不过，目前能将绿色制造技术真正应用于企业生产的，也是较为成功的应用，主要集中在汽车、家电等支柱产业上，如绿色制造技术在汽车行业上的应用。

① 节约资源方面　将绿色燃料天然气作为汽车的能源，它的燃料同汽油相比，CO降低70%，非甲烷类降低80%等，同时也消除了铅、苯等有害物质的产生。

② 采用新设计的加工工艺方面：2000年3月，博世、康明斯、卡特彼勒等国外著名的汽车发动机公司，发动了绿色柴油机行动，在技术上做了较大的改进，大大降低了汽车尾气的排放。

③ 适用于环境友好的材料方面　世界上著名的汽车生产企业，使用新材料来替代以前使用的石棉、汞、铅等有害物质，采用轻型材料——铝材制造车身，使汽车重量减少40%，能耗也降低了。

④ 部件回收再制造方面　从20世纪90年代中期，美国仅汽车零件回收、拆卸、翻新、出售一项，每年就可获利数十亿美元。

11.4.3　少无切削加工

少无切削加工是机械制造中用精确成形方法制造零件的工艺，也称少无切屑加工。传统的生产工艺最终多应用切削加工方法来制造有精确的尺寸和形状要求的零件，生产过程中坯料质量的30%以上变成切屑。这不仅浪费大量的材料和能源，而且占用大量的机床和人力。采用精确成形工艺，工件不需要或只需要少量切削加工即可成为机械零件，可大大节约材料、设备和人力。

少无切削加工工艺包括精密锻造、冲压、精密铸造、粉末冶金、工程塑料的压塑和注塑等。型材改制，如型材、板材的焊接成形，有时也被归入少无切削加工。20 世纪以来，人们开始探索各种减少切削或不切削的精密成形新方法和新材料，以减少工时和材料耗费。例如，采用挤压、冷镦、搓丝等工艺生产螺栓、螺母和机械配件，使材料利用率大大提高，有时可完全不需要切削；采用金属模压力铸造制造铝合金件，与普通铸造相比，制件质量提高，且可基本不用切削加工；采用粉末冶金方法可制造高强度、高密度的机械零件，如精密齿轮与工程塑料的压塑和注塑件强度高、成形容易，基本上没有加工余量。其他传统的铸造、锻压工艺也都能提高精度、减少加工余量，实现毛坯精化。焊接结构的应用，改变了过去整体铸造、整体锻造的传统结构，使构件重量大大减轻。

与传统工艺相比，少无切削加工具有显著的技术经济效益，有利于合理利用资源及原材料、降低零件制造成本，最大限度地减少对环境的污染程度；能实现多种冷、热工艺综合交叉、多种材料复合选用，把材料与工艺有机地结合起来，是机械制造技术的一项突破。少无切削加工技术是精密锻造、冷温挤压等精密成形技术的总称，该技术最适合用于加工异形孔。

* 11.5　精密与超精密加工技术

人们越来越发现：提高加工精度，有利于提高产品的性能和质量、提高产品的稳定性和可靠性，有利于促进产品的小型化、增强零件的互换性、提高装配生产率、促进自动化装配应用、推进自动化生产进程。

精密与超精密加工技术是机械制造业中最重要的部分之一，已成为机械制造业发展水平的重要标志。它不仅直接影响尖端技术和国防工业的发展，而且还影响机械产品的精度和表面质量，影响产品的国际竞争力。

精密与超精密加工技术是指加工精度和表面质量达到极高程度的加工工艺，通常包括精密和超精密切削、精密和超精密磨削研磨及精密特种加工。

精密与超精密是相对于一般加工而言，每个年代、每个时期其具体内涵都不相同。目前，在工业发达国家中，一般工厂能达到的加工精度为 1μm，故常将加工精度在 0.1～1μm，表面粗糙度值在 Ra＝0.02～0.1μm 之间的加工方法称为精密加工；而将加工精度高于 0.1μm，表面粗糙度值 Ra 小于 0.01μm 的加工方法称为超精密加工。

(1) 精密与超精密切削

随着对机械产品的要求越来越高，传统的切削加工方法已根本无法满足要求，不得不发展新技术、新工艺。精密与超精密切削就是在这种形势下产生和发展起来的。目前，超精密切削就是使用精密的单晶天然金刚石刀具加工有色金属和非金属，直接切出超光滑的加工表面。

由此可见，精密与超精密切削加工技术是一项涉及内容广泛的综合性技术。要实现精密与超精密切削加工，必须要有高精度的加工机床，能够均匀地切除极薄金属层的金刚石刀具，要有可靠的误差补偿措施以及精密的测试技术，要创造稳定的加工环境，还要深入研究切削机理，掌握其变化规律，以便用来不断提高加工精度和表面质量。

以前，精密与超精密切削加工由于所需关键技术复杂、投资高，加工的零件数极少，故精密与超精密切削加工总是与高成本联系在一起。现在，大量的零件需要精密与超精密切削加工才能达到要求，随着加工数量的加大，加工成本大幅度降低。同时，产品质量提高，市场竞争力加强，这就产生了显著的经济效益。

根据加工表面及加工刀具的特点，将精密与超精密切削方法分类如下（见表 11-1）。

表 11-1 精密与超精密切削方法分类

切削工具	精度/μm	表面粗糙度 Ra/μm	被加工材料		应用
			金刚石刀具	其他材料刀具	
天然单晶金刚石刀具、人造聚晶金刚石刀具，立方氮化硼刀具、陶瓷刀具、硬质合金刀具	1～0.1	0.05～0.008	有色金属及其他合金等软材料	各种材料	球、磁盘、反射镜
					多面棱体
					活塞销孔
硬质合金钻头、高速钢头	20～10	0.2			印制电路板、石墨模具、喷嘴

精密与超精密切削加工由于采用的金刚石刀具具有特殊的物理化学性能，并且切削层极薄，这就使它既服从一般金属切削的普遍规律，又具有一些特殊的规律。例如，切削速度只需避开机床和切削系统的共振区，批量小选低速，批量大选高速；又如，积屑瘤总是导致切削力明显增大，加工表面质量严重恶化；再如，在切削力方面，常常是 $F_z < F_y$。另外，工件材料对精密与超精密切削加工具有更为重要的影响。

(2) 精密与超精密磨削研磨

磨削加工是一种常用的半精加工和精加工方法，砂轮是磨削的主要切削工具。一般磨削加工精度可达 IT6，粗糙度达 Ra1.25～0.1μm。要想进一步提高加工质量，就必须采用精密与超精密磨削。

精密与超精密磨削加工是利用细粒度的磨粒或微粉对黑色金属、硬脆材料等进行加工，获得高的加工精度、低的表面粗糙度值。它是用微小的多刃刀具去除细微切屑的一种加工方法。其加工精度高于 0.1μm，表面粗糙度值可低于 Ra0.025μm，并正朝纳米级发展。

精密与超精密磨削加工从 20 世纪 60 年代发展至今，由最初的砂轮磨削、砂带磨削，到今天已扩大到磨料加工范围。按加工磨料大致可将精密与超精密磨削加工分为固结磨料和游离磨料两大类加工方式，每种加工方式又包含多种加工方法，如图 11-8 所示。

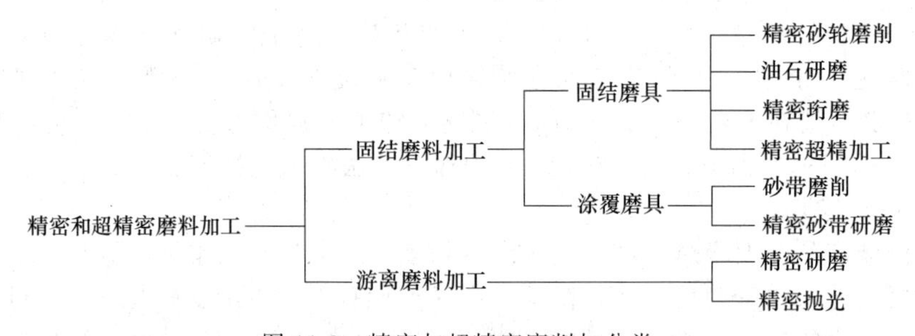

图 11-8 精密与超精密磨削加分类

固结磨料加工是指将磨粒或微粉与结合剂粘结在一起，形成一定形状并具有一定强度，再采用烧结、粘结、涂敷等方法形成砂轮、砂条、油石、砂带等磨具。采用烧结方法形成的砂轮、砂条、油石等称为固结磨具；而采用涂敷方法将磨料用结合剂均匀地涂敷在纸、布或其他复合材料基底上形成的磨具，称为涂覆磨具或涂敷磨具、常见的有砂纸、砂布、砂带、砂盘、砂布页轮和砂布套等。

游离磨料加工是指在加工时，磨料或微粉不是固结在一起，而是呈游离状态。具体加工方法除常见的传统研磨和抛光外，还有磁性研磨、弹性发射加工、液体动力抛光、液中抛研、磁流体抛光、挤压研抛、喷射加工等。

精密与超精密磨削一般多指砂轮磨削和砂带磨削。

(3) 精密与超精密加工技术的发展趋势

中国科学院《2003 高新技术发展报告》中指出，美国、西欧和日本非常重视精密与超精密加工技术的发展和应用，美国陆、海、空三军制造技术计划均集中巨额资金、人力，微米级坐标镗、磨床已进入生产线，0.1～0.01μm 超精密加工机床及加工方法和复合加工技术已用于关键零件的批量生产。

根据我国目前的综合实力和国情，精密与超精密加工技术要发展，必须做好以下几方面的基础研究工作。

① 精密与超精密加工技术的基本理论和工艺。

② 精密与超精密加工设备的精度、动特性及热稳定性。

③ 精密与超精密加工精度检测及在线检测和误差补偿。

④ 精密与超精密加工的环境控制技术。

⑤ 精密与超精密加工的材料。

⑥ 精密与超精密加工刀具的设计、制造和刃磨。

只要我们给予高度重视，投入相当的人力和物力，全国各研究院所、高等学校、企业共同合作，充分利用科学研究的最新成就，相信我国能在 15～20 年内达到美国等先进国家目前的制造水平，并在某些主要单项技术上达到国际先进水平。

复习思考题

11.1　什么是现代制造技术？什么现代先进制造技术又可称为先进制造技术？

11.2　试述现代制造技术的特点

11.3　什么是数控加工？

11.4　什么是立体打印法（SLA）？主要特点是什么？

11.5　什么是虚拟制造？目前应用效果最好的是哪几个方面？

11.6　什么是绿色制造技术的应用？

11.7　什么是少无切削加工？

11.8　什么是精密与超精密加工技术？

11.9　什么是固结磨料？什么是游离磨料？

第12章

装配工艺

12.1 装　配

12.1.1 装配的概念

零件是构成机器（或产品）的最小单元。将若干个零件结合在一起，成为机器的某一部分，称其为部件。

把零件装配成部件的过程称为部装。

直接进入机器（或产品）装配的部件称为组件；直接进入组件装配的部件称为一级分组件；直接进入一级分组件装配的部件称为二级分组件；以此类推。机器越复杂，分组件的级数也越多，最低级的分组件则由若干个单独的零件组成。

把零件和部件装配成最终产品的过程称为总装。

装配时（无论部装或总装）必须有基准零件或基准部件，其作用是连接需要装在一起的零件或部件，并决定这些零部件之间的正确位置。

12.1.2 装配内容

(1) 零件的清洗

为了保证产品的质量和延长使用寿命，特别是对于轴承、密封件、精密配件以及有特殊要求的零件，装配前要进行清洗，去除零件表面的油污及机械杂质。

(2) 刮削

为在装配过程中达到高精度配合要求，常对有关零件进行刮削。刮削能提高其尺寸形状、位置和接触精度，但劳动强度大，因此，常采用机械加工来代替，如精磨、精刨和精铣代刮等。

(3) 平衡

对旋转零部件，特别是大功率旋转机器转子，为使其高速运转平稳，减少振动，降低噪声，必须进行平衡。其方法有如下两种。

① 静平衡。对盘状旋转体（$D>L$），在静力平衡条件下，确定其不平衡量和位置，并在一个平面内予以消除。如飞轮和带轮等零件，一般只需进行静平衡。

② 动平衡　转子（长度较长的旋转体）因材质不均而引起的静力不平衡和力矩不平衡应进行动平衡予以消除。如鼓状的轴类零件、汽轮机转子和电机转子等零件则须进行动平衡。

旋转体内的平衡量可用两种方法来达到平衡。

a. 去重法　用钻、铣、磨和锉刮等方法除去不平衡质量。

b. 配重法　用螺纹连接、补焊和胶接等方法加配质量或改变在预制的平衡槽内平衡块的位置或数量来达到平衡。

(4) 零、部件的连接

装配中有大量的连接工作，连接的方式一般有两种。

① 可拆连接　相互连接的零件拆卸时不损坏任何零件，且拆卸后能重新装配。常见的有螺纹连接、键连接、销钉连接及间隙配合等。

② 不可拆连接　零件相互连接后是不可拆卸的，若要拆卸则会损坏某些零件。常见的有焊接、铆接和过盈连接等。

(5) 校正、调整与配作

为了保证部装和总装的精度，在批量不大的情况下，常需进行校正、调整与配作工作。

校正是指产品中相关零部件相互位置的找正、找平，并通过各种调整方法达到装配精度。校正必须重视基准，校正的基准面力求与加工和装配的基准面相一致。

调整是指相关零部件相互位置的具体调整工作。通过相关零部件位置的调整来保证其位置精度或某些运动副的间隙。

配作是指以已加工工件为基准，加工与其相配的另一工件，或将两个（或两个以上）工件组合在一起进行加工的方法。如配钻、配铰、配刮及配磨等。配作和校正、调整工作是结合进行的。在装配过程中，为消除加工和装配时产生和累积的误差，在利用校正工艺进行测量和调整之后，才能进行配作。

(6) 产品验收及试验

机械产品装配完成后，应根据现有技术标准和规定的技术要求，对其进行全面的检验和必要的试验，合格后才准予出厂。

另外，产品验收合格后还应对产品进行油漆和包装，因为外观和包装的完美是促进产品销售的一个重要措施。

12.1.3　装配的组织形式

根据装配产品的尺寸、精度和生产批量的不同，装配工作具有不同的特点（见表12-1）。

就装配的组织形式而言，有固定装配和移动装配两类。

(1) 固定式装配

产品的装配固定在一个或几个组内完成，装配时工作地不变、产品位置也不变的装配组织形式称为固定式装配。

① 集中装配。

② 分散装配。

表 12-1　各种生产类型装配工作的特点

装配工作特点	大批大量生产	成批生产	单件小批生产
生产活动	产品固定，生产活动长期重复，生产周期一般较短	产品在系列化范围内变动，分批交替投产或多品种同时投产，生产活动在一定时期内重复	产品经常变换，不定期重复生产，生产周期一般较长
组织形式	多采用流水装配线：有连续移动、间歇移动及可变节奏移动等方式，还可采用自动装配机或自动装配线	笨重的批量不大的产品多固定流水装配，批量较大时采用流水装配，多品种平等投产时用多品种可变节奏流水装配	多采用固定装配或固定流水装配进行总装，同时对批量较大的部件亦采用流水装配

续表

装配工作特点	大批大量生产	成批生产	单件小批生产
工艺过程	工艺过程划分很细，力求达到高度的均衡性	工艺过程的划分须适合于批量的大小，尽量使生产均衡	一般不制订详细工艺文件，工序可适当调整，工艺也可灵活掌握
工艺装备	专业化程度高，宜采用专用高效工艺装备，易于实现机械化自动化	通用设备较多，但也采用一定数量的专用工、夹、量具，以保证装配质量和提高工效	一般为通用设备及通用工、夹量具
手工操作要求	手工操作机会小，熟练程度容易提高，便于培养新工人	手工操作机会较多，技术水平要求较高	手工操作比重大，要求工人有高的技术水平和多方面的工艺知识
应用实例	汽车、拖拉机、内燃机、滚动轴承、手表、缝纫机、电气开关	机床、机车车辆、中小型锅炉、矿山采掘机械	重型机床、重型机器、汽轮机、大型内燃机、大型锅炉

固定式装配的特点是产品装配周期较长，占用生产面积大，要求装配工人的技术水平较高，适用于中小批以下的生产或质量、体积较大，装配时不便移动的重型机器。

(2) 移动式装配

被装配产品用连续或间歇传送的工具运载，顺次经过各装配工作地以完成全部装配工作的一种装配组织形式。每个装配工作地的工人只完成一定工序的装配任务，全部装配由各工序共同完成。

① 自由移动装配。

② 强制移动装配。

移动式装配的特点是装配过程划分得较细，每个工作地点重复地完成固定的工序，可大量采用专用设备及工装，生产率高，质量易保证，对工人技术水平要求不高，但工人劳动强度较大。移动式装配适用于大批大量生产。

12.1.4 装配工序的集中与分散

装配工序的集中与分散，是拟定装配工艺路线、划分装配单元时考虑的主要问题，应根据产品的生产规模、现场生产条件、装配方法及组织形式等合理运用。

大批大量生产（如汽车、拖拉机生产）时，装配工序多采用分散原则，以达到高度的均衡性和严格的节奏性。可采用高效的工艺装备，建立移动式流水线或自动装配线。

对于单件小批量生产，装配时工艺灵活性较大，设备通用，组织形式以固定式为主，装配工序宜采用集中原则。

成批生产介于二者之间，可根据产品结构、现场生产条件和装配方法等合理选择工序集中或分散，或部分集中、部分分散。

12.2 装配精度

(1) 装配精度的概念

装配精度是产品设计时根据使用性能规定的、装配时必须保证的质量指标。国家有关部门对各类通用机械产品都制定了相应的精度标准。

对于一些系列化、标准化的产品，如通用机床和减速机等，其装配精度要求可根据国家、部委颁布的标准来制定。对于没有标准可循的产品，其装配精度可根据用户的使用要求，参照经过实践考验的类似产品或机器的已有数据，采用类比法确定。对于一些重要的产品，其装配精度要经过分析计算和实验研究后才能确定。

装配精度一般包括：零部件间的尺寸精度、位置精度、相对运动精度和接触精度。

(2) 装配精度与零件精度的关系

机器及其部件都是由零件组合而成的，因此，机器的装配精度和零件的精度有密切的关系。装配精度有时与一个零件的精度有关，有时则同时与几个零件有关。

机器的装配精度和零件精度有很密切的关系，零件精度是保证装配精度的基础，但装配精度又不完全取决于零件精度，还取决于装配方法。同一项机器的装配精度，如果装配方法不同，则对各个零件的精度要求也不同。另外即使有高精度的零件，如果装配方法不适当，也保证不了高的装配精度。

12.3 装配尺寸链

12.3.1 装配尺寸链的概念

(1) 基本概念

机械产品或部件的装配精度是由相关零件的加工精度与合理的装配方法来共同保证的。应用装配尺寸链原理可以方便地研究装配精度和零件精度的关系，从而使产品的质量能够在结构设计和制造工艺上最合理最经济地得到保证。

装配尺寸链是由各有关装配尺寸组成的尺寸链。其基本特征依然是尺寸(或相互位置关系)组合的封闭形式。如图12-1所示。

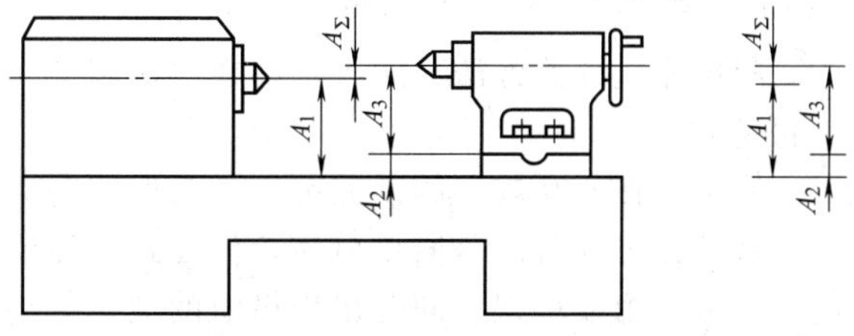

图12-1 主轴箱主轴与尾座套筒中心线等高示意图

装配尺寸链的封闭环同样不具有独立变化的特性。它是装配后间接形成的，多为产品或部件的装配精度指标。(如图12-1中的 A_Σ)。装配尺寸链的组成是对装配精度有直接影响的相关零件上的尺寸或相互位置关系(如图12-1中 A_1、A_2 及 A_3)。

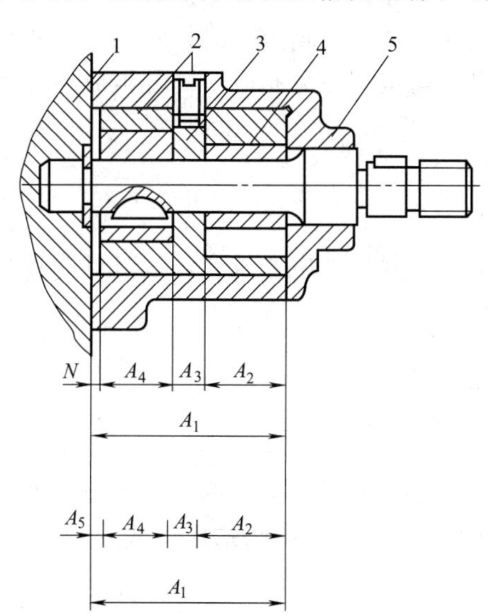

图12-2 双联转子泵轴向装配关系简图

1—机体；2—外转子；3—编板；4—内转子；5—壳体

(2) 装配尺寸链的建立

装配尺寸链的建立应在产品或部件装配图上进行，正确建立装配尺寸链是分析装配精度与零件精度关系的基础。现结合如图12-2所示双联转子泵的轴向装配关系简图，说明建立装配尺寸链的方法与步骤。

① 确定封闭环　建立装配尺寸链，首先要正确确定封闭环，一般产品或部件的装配精度就是封闭环。从图中可看出，为保证转子的正常运转，机体1与外转子2之间的轴向必须留有一定的间隙 $N=0.05\sim0.15$mm，此间隙就是转子泵轴向装配精度，即封闭环 A_Σ。

② 查找组成环　为了迅速而正确地查明各组成环，必须分析产品或部件的结构，了解

各个零件连接的具体情况。查找时以封闭环的一端为起点，沿着装配精度要求的方向，查找影响装配精度的各个零件，并在每个零件上只选取一个直接影响装配精度的尺寸，即组成环。直至找到同一零件为止（尺寸链封闭）。在图 12-2 中，按照此查找方法，以 N 的两端为起点，沿轴线方向查找相关零件的相关尺寸，可以找到外转子 2 的宽度尺寸 A_4；隔板 3 的厚度尺寸 A_3；内转子 4 的宽度 A_2；壳体 5 的孔深度尺寸 A_1。它们就是以 A_Σ（N）为封闭环装配尺寸链的组成环。

③ 画尺寸链图及判别增、减环　方法与工艺尺寸链相同。

(3) 装配尺寸链的特点

① 装配尺寸链中封闭环多为产品或部件的装配精度指标，而组成环都是某一零件或部件的尺寸（或位置关系），将机器拆开后，组成环依然存在，而封闭环不存在。

② 一个零件只能有一个尺寸列入装配尺寸链，这是判断所建立装配尺寸链是否正确的依据之一。

③ 当同一结构在不同方向上都有装配精度要求时，应按不同方向分别建立装配尺寸链。如蜗轮副传动结构中，为保证正确的啮合，蜗轮副两轴线间的距离尺寸精度、垂直度及蜗杆轴线与蜗轮中平面的重合度均有一定要求。这是 3 个不同位置方向上的装配精度，须在 3 个方向分别建立装配尺寸链。

④ 装配尺寸链中组成环之间的连接线都是零部件装配的连接面（基准面）。

12.3.2 装配尺寸链的计算

装配尺寸链计算方法有两种，即极值法和概率法。

(1) 极值法

极值法是在各组成环的误差都处于极值的前提下，确定封闭环与组成环关系的一种计算方法。这种方法的特点是简单可靠，但在封闭环要求高、组成环数目多的情况下，组成环公差过小。由于组成环误差同时出现极值的概率很小，所以此方法会造成零件的加工困难。极值法的计算公式与工艺尺寸链中相同，在此不详述。

(2) 概率法

当装配精度高、组成环的数目较多时，应按概率论的原理来计算尺寸链，即概率法。

在装配尺寸精度高，各组成环是相关零件上的尺寸（或位置精度）时，它们是一些彼此独立的随机变量。由概率原理可知，当各组成环的尺寸均按正态分布时，则各组成环与封闭环的均方根偏差（平均差）的关系式为

$$\sigma_\Sigma=\sqrt{\sum_{i=1}^{n-1}\sigma_i^2} \tag{12-1}$$

若不考虑系统性误差的影响，则各组成环公差中心与其尺寸中心重合，这时可取各组成环公差与各组成环均方根偏差的关系为 $T=6\sigma_i$。

则封闭环公差与各组成环公差的关系，经推导得

$$T_\Sigma=\sqrt{\sum_{i=1}^{n-1}T_i^2} \tag{12-2}$$

式（12-2）表明，当各组成环公差呈正态分布时，封闭环公差等于各组成环公差平方和的平方根。若各组成环公差相等并等于平均公差，即 $T_i=T_W$，将此式代入式（12-2），经推导得

$$T_M=\frac{T_\Sigma}{\sqrt{n-1}}=\frac{T_\Sigma}{n-1}\sqrt{n-1} \tag{12-3}$$

将式（12-3）与极值法的平均公差 $T_M=\frac{T_\Sigma}{n-1}$ 相比，明显看出，概率法可将组成环的平均公差扩大 $\sqrt{n-1}$ 倍，使加工容易，成本降低，而且组成环数越多，$\sqrt{n-1}$ 值也越大。但应注意，用概率法解尺寸链，在正态分布下，封闭环的公差 T_Σ 的取值范围与各组成环相同，为 $6\sigma_\Sigma$，即还存在 0.27% 的废品率。这部分废品率很小，生产中往往予以忽略。

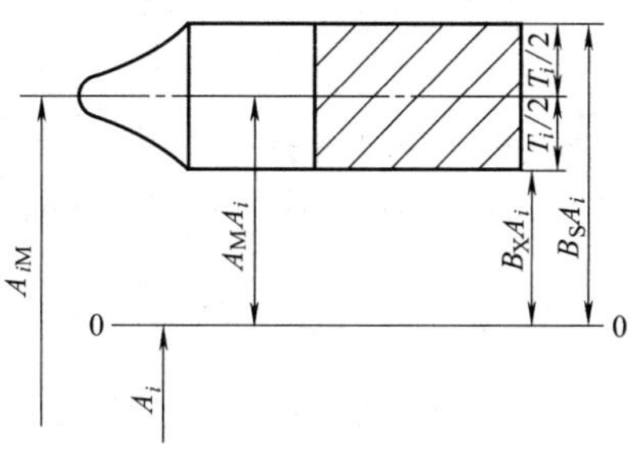

图 12-3 尺寸计算关系

用概率法解算尺寸链时，利用封闭环和各组成环平均尺寸间的关系进行计算较为方便。如图 12-3 所示的是尺寸计算关系。

此时，封闭环和组成环的平均尺寸可按下列式计算

$$A_{iM}=A_\Sigma+B_MA_\Sigma \tag{12-4}$$

$$A_{iM}=A_i+B_MA_i \tag{12-5}$$

式中，A_Σ 为封闭环、组成环的基本尺寸；$B_M A_\Sigma$、$B_M A_i$ 为封闭环、组成环的平均偏差，即公差带中心至基本尺寸的距离。

封闭环平均尺寸

$$A_{\Sigma M}=\sum_{i=1}^{m}A_{iM}-\sum_{m+1}^{n-1}A_{iM} \tag{12-6}$$

将式（12-4）代入后得

$$A_\Sigma+B_MA_\Sigma=\sum_{n=1}^{m}(A_i+B_MA_i)-\sum_{m+1}^{n-1}(A_i+B_MA_i)$$

化简后得

$$B_MA_\Sigma=\sum_{i=1}^{m}B_MA_i-\sum_{m+1}^{n-1}B_MA_i \tag{12-7}$$

在求得 B_MA_Σ 后可按下式求封闭环的上下偏差

$$B_xA_\Sigma=B_MA_\Sigma-\frac{T_\Sigma}{2} \tag{12-8}$$

$$B_SA_\Sigma=B_MA_\Sigma+\frac{T_\Sigma}{2} \tag{12-9}$$

12.4 装配方法及其选择

生产中保证产品装配精度的方法有互换法、选配法、修配法和调整法。

采用方法视具体生产条件而定。

12.4.1 互换法

互换法是指在装配时各配合零件不经修理、选择或调整即可达到装配精度的方法。这时产品的装配精度主要取决于零件的精度。互换法在确定零件的公差时有两种方法，即极值法和概率法，对应的装配方法称为完全互换法和不完全互换法。

① 完全互换法 装配过程中，当各组成环误差都处于极值状态时，不需进行修配，选择或调整就可达到装配精度。各有关零件相关公差之和小于或等于装配精度，即满足

$$T_{\Sigma} \geqslant \sum_{i=1}^{n-1} T_i \tag{12-10}$$

所以完全互换法在解算装配尺寸链时，采用极值法公式计算。

② 不完全互换法　各有关零件公差值平方之和的平方根小于或等于装配精度，即满足

$$T_{\Sigma} = \sqrt{\sum_{i=1}^{n-1} T_i^2} \tag{12-11}$$

不完全互换法在解算装配尺寸链时采用概率法。根据概率理论，封闭环公差 $T_{\Sigma}=6\sigma_{\Sigma}$，从理论上讲，装配中将有0.27%的产品达不到装配精度要求，所以不能完全互换。其原因是尺寸链各组成环的误差都处于极值状态，这时只要在组成环中随意更换1～2个零件，即可改变极值误差集中的状态，达到装配精度要求。

不完全互换法与完全互换法相比，其组环平均公差扩大$\sqrt{n-1}$倍，且组成环数目越多，扩大倍数也越大，从而使零件加工容易，成本降低，特别适用于装配节拍不严格的批量生产中。

12.4.2　选配法

在大批大量生产中，当装配精度要求很高且组成环数目不多时，若采用互换法装配，将对零件精度要求很高，给机械加工带来困难，甚至超过加工工艺现实的可能性，如内燃机活塞与缸套的配合、滚动轴承内外环与滚动体的配合等。此时，就不宜只提高零件的加工精度，而应采用选配法来保证装配精度。

选配法是将配合副中的各零件（组成环）按经济精度加工，装配时进行适当地选择，以保证装配精度的方法。

选配法有以下3种。

① 直接选配法　装配工人从待装零件中，凭经验选择合适的互配零件装配，以满足装配精度要求的方法。如发动机活塞和活塞环的装配常采用这种方法。装配时，工人将活塞环装入活塞槽内，凭手感判断其间隙是否合适，如不合适，重新挑选活塞环，直至合适为止。直接选配法的特点是装配简单，装配质量和生产率取决于工人的技术水平。此方法适用于装配零件（组成环）数目较少的产品，不适用于节拍较严的装配组织形式。

② 分组装配法　是指在成批或大量生产中，将产品各配合副的零件按实测尺寸分组，装配时按组进行互换装配，以达到装配精度的方法。例如，滚动轴承的装配、活塞与活塞销

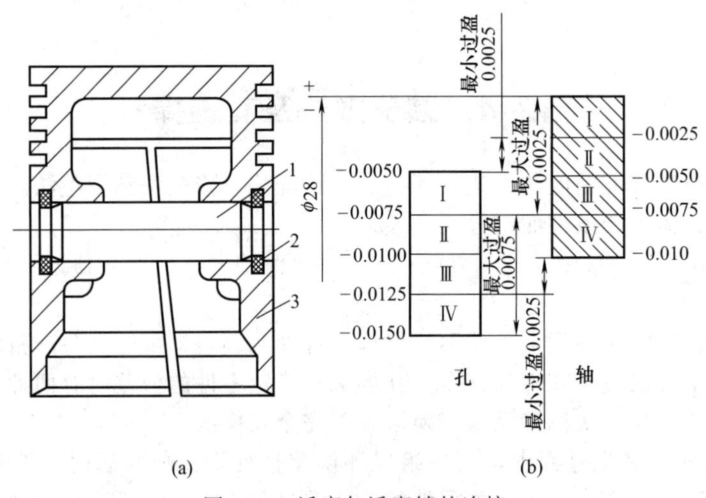

图12-4　活塞与活塞销的连接

的装配均用此法。如图 12-4 所示是活塞与活塞销的连接情况，用分组法装配。

装配要求：活塞销孔与活塞销在冷态装配时应有 0.0025～0.0075mm 过盈量。据此要求，相应的配合公差仅为 0.005mm。若采用完全互换法装配，活塞销外径尺寸 $\phi 28$，这样高的制造精度难以保证，故生产中采用分组装配法，将销和销孔的公差在同方向上放大 4 倍，即活塞销可以在无心磨床上加工；销孔可以在金刚镗床上加工。然后用精密量仪测量，并按尺寸大小分成 4 组，涂上不同标记，以便同组进行装配。具体分组情况如表 12-2 所示。

表 12-2 活塞销与活塞销孔直径分组

组别	标志颜色	活塞销直径 d $\phi 28_{-0.0010}^{0}$	活塞销孔直径 D $\phi 28_{-0.015}^{-0.005}$	配合情况	
				最小过盈	最大过盈
Ⅰ	红	$\phi 28_{-0.0025}^{0}$	$\phi 28_{-0.0075}^{-0.0050}$	0.0025	0.0075
Ⅱ	白	$\phi 28_{-0.0050}^{-0.0025}$	$\phi 28_{-0.0100}^{-0.0075}$		
Ⅲ	黄	$\phi 28_{-0.0075}^{-0.0050}$	$\phi 28_{-0.125}^{-0.0100}$		
Ⅳ	绿	$\phi 28_{-0.0100}^{-0.0075}$	$\phi 28_{-0.0150}^{-0.0125}$		

从表中可以看出，各组的公差和配合性质与原装配要求相同，满足了装配精度。

实施分组装配法应满足下列条件。

a. 相配件的公差相等，公差增大的方向要相同，增大的位数要等于分组数。

b. 分组数不宜过多，只要零件加工精度能较容易获得即可。否则将增加零件测量和分组的工作量，并使零件的储存、运输及装配工作复杂化。

c. 分组后应尽量使各组内相配件数目相等，否则会使某些尺寸的零件过剩，造成积压。为此，加工时尽量使相配零件尺寸分布为相同的对称分布（如正态分布）。

由上可知，分组装配适用于配合精度要求很高、组成环（相配零件）数目少（一般只有两三个）的大批大量生产。

③ 复合选配法　它是上述两种方法的复合，即零件预先测量分组，装配时在对应各组中凭工人经验直接选配。这一方法实质仍是直接选配法，只是通过分组缩小了选配范围，提高了选配速度，能满足一定的装配节拍要求。此外，该方法具有相配零件公差可以不相等、公差放大倍数可以不相同和装配质量高等优点。如发动机汽缸与活塞的装配多采用这一方法。

选择选配法时，应注意以下几点。

a. 所选的选配环拆卸方便且面积不大。

b. 所选的选配环应该是那些只与本项装配精度有关而与其他装配精度项目无关的组成环，即不为公共环。

c. 所选的选配环应有合适的修配量。

d. 不能选择进行表面处理的零件作为选配环。

12.4.3 修配法

修配法是在装配时修去指定零件上预留修配量以达到装配精度的方法。

在装配中，被修配的组成环称为修配环，其零件称为修配件。修配件上留有修配量，修配尺寸的改变可通过刨削、铣削、磨削及刮研等方法来实现。修配法的优点是零件只需按经济精度加工，装配时通过修配获得高装配精度。其缺点是零件修配工作量大且不能互换，生产率低，不便组织流水作业，对工人技术水平要求较高。但在装配精度高而且组成环数目多时，采用修配法就显示出了优势。修配法装配主要用于单件、小批量生产。

(1) 修配的方法

生产中常用的修配方法有以下 3 种。

① 单件修配法　在多环尺寸链中，预先选定某一固定的零件作修配件，装配时对其进行修配以保证装配精度。如图 12-5 所示装配中，床身 1 与压板 2 之间的间隙 A_Σ 是靠修配压板 2 的 C 面或 D 面改变尺寸 A_2 来保证的，A_2 为修配环。装配时经过反复试装、测量、拆卸和修配 C 面（或 D 面），最后保证装配间隙Σ的要求。

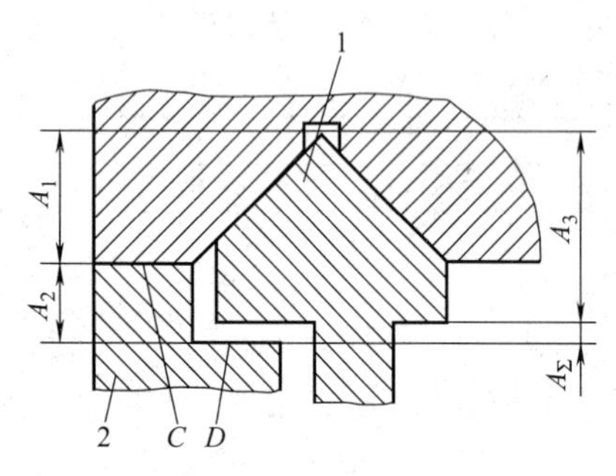

图 12-5　机床导轨间隙装配关系
1—床身；2—压板

② 合并修配法　将两个或两个以上零件合并为一个环作为修配环进行修配的方法。它减少了组成环的数目，扩大了组成环的公差。如图 12-1 所示车床尾座装配，为了减少总装时对尾座底板的刮研量，一般先把尾座和底板的配合面分别加工好，并配刮横向小导轨，再把两零件装配为一体，然后以底板的底面定位基准，镗削尾座套筒孔，直接控制尾座套筒至底板底面的尺寸，这样 2 个组成环合并成 1 个环，使原来的 3 个组成环减为 2 个，达到减少环数的目的。

合并加工修配法虽有上述优点，但此方法要求合并的零件对号入座（配对加工），给加工、装配、组织生产带来了不便，因此多用于单件小批生产。

③ 自身加工修配法　也称“就地加工”修配法。在机床制造中，由于机床本身具有切削加工的能力，装配时可自己加工自己来保证某些装配精度，即自身加工修配法。

(2) 修配环的选择

修配环一般应满足下列要求。

① 便于工作，便于装卸。

② 形状简单，修配面小，修配方便。

③ 一般不取公共环。公共环是指那些同属于几个尺寸链的组成环，它的尺寸变化会引起几个尺寸链中封闭环的变化。

(3) 修配环尺寸与偏差的确定

确定修配环尺寸与偏差的原则是，在保证装配精度的前提下，使修配量足够且最小。采用修配法进行装配时，由于各组成环（包括修配环）的公差放大到经济精度进行加工，故各组成环公差的累积误差即封闭环的实际公差 T'_Σ 超过规定封闭环公差 T_Σ，即 $T'_\Sigma > T_\Sigma$。T'_Σ 与 T_Σ 之差即为修配环的最大修配量

$$Z_{\max} = T'_\Sigma - T_\Sigma = \sum_{i=1}^{n-1} T_i - T_\Sigma \qquad (12\text{-}12)$$

在确定修配尺寸及偏差时，先要明确修配修配环时对封闭环尺寸的影响，主要有两种情况。如图 12-6（a）所示为修配修配环时使封闭环实际值 $A'_{\Sigma\max}$ 变小，T'_Σ 趋近规定封闭环公差 T_Σ；如图 12-6（b）所示为修配修配环时使封闭环实际值 $A'_{\Sigma\min}$ 变大，T'_Σ 趋近规定封闭环公差 T_Σ。$A'_{\Sigma\max}$ 变小时，应保证修配前封闭环的实际尺寸最小值 $A'_{\Sigma\min}$ 等于规定封闭环的最小值 $A_{\Sigma\min}$，若 $A'_{\Sigma\min} > A_{\Sigma\min}$，则有一部分配件将无法修复。同理 $A'_{\Sigma\min}$ 变大时，应保证修配前封闭的实际最大值 $A'_{\Sigma\max}$ 等于规定封闭环的最大值 $A_{\Sigma\max}$。

根据极值法封闭环尺寸计算公式

$$A_{\Sigma\max} = \sum_{i=1}^{m} A_{i\max} - \sum_{i=m+1}^{n-1} A_{i\min} \qquad (12\text{-}13)$$

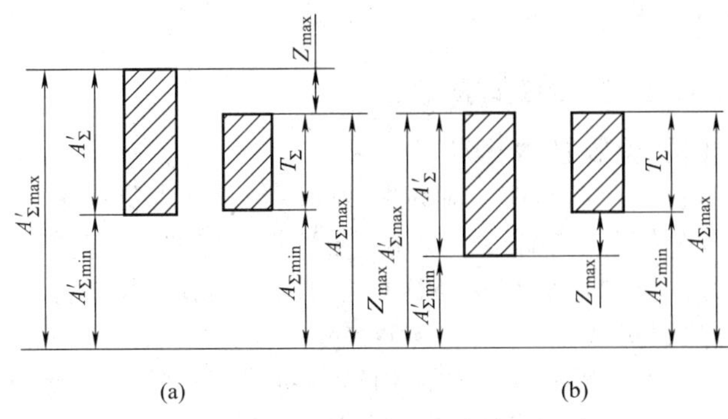

图 12-6 封闭环实际值与规定值相对位置

$$A_{\Sigma \min}=\sum_{i=1}^{m} A_{i \min}-\sum_{i=m+1}^{n-1} A_{i \max} \tag{12-14}$$

当封闭环实际最大值 $A'_{\Sigma \max}$ 变小时有

$$A'_{\Sigma \min}=A_{\Sigma \min}=\sum_{i=1}^{m} A_{i \min}-\sum_{i=m+1}^{n-1} A_{i \max} \tag{12-15}$$

当封闭环实际最小值 $A'_{\Sigma \min}$ 变大时有

$$A'_{\Sigma \max}=A_{\Sigma \max}=\sum_{i=1}^{m} A_{i \max}-\sum_{i=m+1}^{n-1} A_{i \min} \tag{12-16}$$

由式（12-15）或式（12-16）可以计算出修配环的一个极限尺寸，根据修配环公差（按经济精度给出），则修配环的另一个极限尺寸即可以确定。

12.4.4 调整法

调整法是在装配时用改变产品中可调整的相对位置或选用合适的调整件以达到装配精度的方法。该装配与修配法相似，各组成环可以按经济精度加工，由此而形成的封闭环累积误差，在装配时通过调整某一零件位置或更换某一不同尺寸的组成环（调节环）来补偿。

降低装配成本。要减少装配生产面积，减少工人的数量和降低对工人技术等级削要求，尽量采用通用装备，减少装配投资等。

12.5 制定装配工艺规程的内容和步骤

装配工艺规程是装配生产的指导性技术文件，是制定装配生产计划、组织管理装配生产的主要依据。装配工艺规程对保证装配质量、提高装配生产率、缩短装配周期和降低成本等都有重要影响。所以，要合理地制定装配工艺规程。

12.5.1 制定装配工艺规程的主要工作内容

① 划分装配单元，明确装配方法。

② 规定所有零件、部件的装配顺序。

③ 划分装配工序，确定装配工序内容。

④ 确定工人的技术等级和时间定额。

⑤ 确定各装配工序的技术要求、质量检验方法和工具。

⑥ 确定装配时零部件的输送方法及需要的设备和工具。

⑦ 选择和设计装配过程中所需的工具、夹具和专用设备。

12.5.2 制定装配工艺规程的步骤

(1) 研究产品的装配图及验收技术标准

包括审查图纸的完整性和正确性，对其中的问题与设计人员一起予以修改解决；对产品的装配结构进行“尺寸分析”(装配尺寸链分析与计算) 和“工艺分析”；审核产品装配的技术要求和检查验收的方法，确切掌握装配中关键的技术问题，并制定相应的技术措施。

(2) 确定装配方法与组织形式

装配的方法和组织形式主要取决于产品的结构特点（尺寸、精度和重量等)、零件数量和生产纲领，并应考虑现有的技术条件和设备。

(3) 划分装配单元，确定装配顺序

① 划分装配单元　将产品划分为若干装配单元是制订工艺规程最重要的一个步骤，这对于大批量生产、结构复杂的机器的装配尤为重要。只有将产品合理地分解为可进行独立装配的单元后，才能合理地安排装配顺序和划分装配工序，有效地组织装配工作、实行平行作业或流水作业。

② 确定装配基准零件　无论哪一种装配单元，都要选择某一零件或比它低一级的装配单元作为装配基准件。

装配基准件通常应是产品的基体或主干零部件。基准件通常应具有较大的体积和重量，有足够的支承面，以满足陆续装入零部件时的作业要求和稳定性要求；基准件的补充加工量应最小，尽可能不再有后续加工工序；基准件的选择应有利于装配过程中的检测，有利于工序间的传递运输和翻身、转位等作业。

③ 确定装配顺序，绘制装配系统图　在划分装配单元、确定装配基准零件之后，即可安排装配顺序，并以装配系统图的形式表示出来。对于结构比较简单、零部件少的产品，可以只绘制产品装配系统图。对于结构复杂、零部件很多的产品，则必须绘制各装配单元的装配系统图。装配系统图有多种形式，如图 12-7 所示为较常见的一种。这种形式的装配系统图绘制方法是：首先画一条较粗的横线，横线右端箭头指向表示装配单元的长方格，横线左端为表示基准件的长方格；再按装配顺序从左向右，将装入装配单元的零件或组件引出，表示零件的长方格在横线上方，表示组件或部件的长方格在横线下方。其中，长方格的上方注明装配单元名称，左下方填写装配单元的编号，右下方填写装配单元的数量。

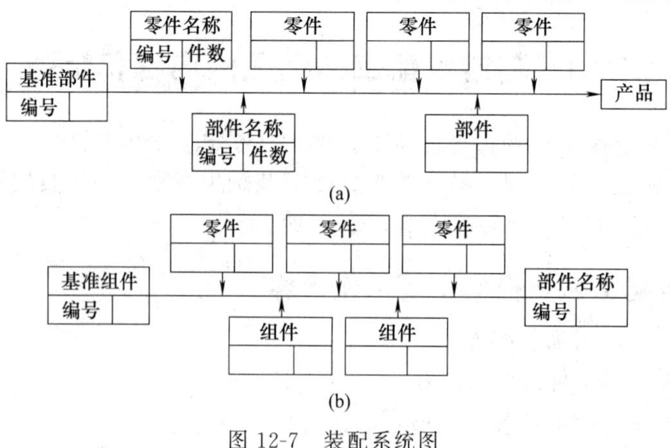

图 12-7　装配系统图

④ 划分装配工序　装配顺序确定之后，就可将装配工艺过程划分为若干工序，其主要工作包括：确定工序集中与分散的程度；制定各工序装配操作规范；确定各工序所需的设备

和工具；确定各工序时间定额；制订各工序装配质量要求、检测方法及检测项目。

⑤ 装配工艺规程文件的整理与编写　单件小批量生产时，通常不需制订装配工艺卡，而用装配系统图来代替。装配时，按产品装配图及装配系统图进行装配工作。

成批生产时，通常制订部件及总装的装配卡，不制订装配工序卡。但在工艺卡上要写明工序次序、简要工序内容、所需设备和夹具名称及编号、工人技术等级及时间定额等。

大批大量生产中，不仅要制订装配工艺卡，而且要制订装配工序卡，以直接指导工人进行装配。成批量生产中的关键工序也需制订相应的装配工序卡。

⑥ 制订产品检测与试验规范　产品装配完毕后，在出厂之前，要按图纸要求，制订检测与试验的规范，它包括下列内容：检测和试验的项目及检验质量指标；检测和试验的方法、条件与环境要求；检测和试验所需要的工装的选择与设计；检测和试验的程序和操作规程；质量问题的分析方法和处理措施。

复习思考题

12.1　装配工作的内容有哪些？

12.2　装配方法有哪些？如何选择？

12.3　试述制定装配工艺规程的主要工作内容及步骤。

第13章

机械加工质量分析

13.1 机械加工精度

13.1.1 加工精度的基本概念

机械加工精度是指零件加工后的实际几何参数（尺寸、形状和位置）与理想几何参数相符合的程度。它们之间的差异称为加工误差。加工误差的大小反映了加工精度的高低：误差越大，精度越低；反之，加工精度越高。

加工精度包括以下三个方面。

① 尺寸精度　指加工后零件的实际尺寸与零件的设计尺寸相符合的程度。

② 形状精度　指加工后零件表面的实际几何形状与理想的几何形状相符合的程度。

③ 位置精度　指加工后零件有关表面之间的实际位置与理想位置相符合的程度。

13.1.2 获得加工精度的方法

(1) 获得尺寸精度的方法

① 试切法　即通过试切工件、测量、调整刀具、再试切，直至工件达到所要求的精度。

② 调整法　先按试切法调整好刀具相对于机床或夹具的位置，然后再成批加工工件。

③ 定尺寸法　用一定形状和尺寸的刀具（或组合刀具）来保证工件的加工形状和尺寸精度。如钻孔、铰孔、拉孔、攻丝和镗孔。定尺寸法加工精度比较稳定，对工人的技术水平要求不高，生产率高，在各种生产类型中得到了广泛应用。

④ 自动控制法　由测量装置、进给装置和控制系统等组成自动控制加工系统，使加工过程的尺寸测量、刀具补偿调整和切削加工以及机床停车等一系列工作自动完成，自动达到所要求的尺寸精度。

(2) 获得形状精度的方法

① 轨迹法　这种方法是依靠刀具与工件的相对运动轨迹来获得工件形状的。如利用工件回转时车刀按靠模的曲线运动来车削成形表面等。

② 成形法　为了提高生产率、简化机床结构，常采用成形刀具来代替通用刀具。此时，机床的某些成形运动就被成形刀具的刃形所代替。如用成形车刀车削曲面等。

③ 展成法　各种齿形的加工常采用此法。如滚齿时，滚刀与工件保持一定的速比关系，而工件的齿形则是由一系列刀齿的包络线所形成的。

(3) 获得位置精度的方法

获得位置精度的方法有两种：一是根据工件加工过的表面进行找正的方法；二是用夹具安装工件，工件的位置精度由夹具来保证。

13.1.3 影响加工精度的原始误差

由于工艺系统本身的结构和状态、操作过程以及加工过程中的物理力学现象而产生刀具与工件之间的相对位置关系发生偏移所产生的误差称为原始误差，从而影响零件加工精度。一部分原始误差与切削过程有关，一部分原始误差与工艺系统本身的初始状态有关。

这两部分误差又受环境条件和操作者技术水平等因素影响。

(1) 与工艺系统本身初始状态有关的原始误差

① 原理误差 即加工方法原理上存在的误差。

② 工艺系统几何误差 它可归纳为两类。

a. 工件与刀具的相对位置在静态下已存在的误差 如刀具和夹具的制造误差、调整误差以及安装误差。

b. 工件与刀具的相对位置在运动状态下存在的误差 如机床的主轴回转运动误差、导轨的导向误差和传动链的传动误差等。

(2) 与切削过程有关的原始误差

① 工艺系统力效应引起的变形 如工艺系统受力变形和工件内应力引起的变形及振动等。

② 工艺系统热效应引起的变形 如机床、刀具和工件的热变形等。

13.1.4 加工原理误差

加工原理误差是由采用了近似的加工运动方式或者近似的刀具轮廓而产生的误差。因为它在加工原理上存在误差，故称原理误差。原理误差应在允许范围内。

(1) 采用近似的加工运动造成的误差

在许多场合，为了得到要求的工件表面，必须在工件与刀具相对运动之间建立一定的联系。从理论上讲，应采用完全准确的运动联系。但是，采用理论上完全准确的加工原理有时会使机床或夹具变得极为复杂，造成制造困难，反而难以达到较高的加工精度，有时甚至是不可能做到的。如在车削或磨削模数螺纹时，由于其导程 $t=-\pi m$。式中的 π 这个无理数因子，在用配换齿轮来得到导程数值时，就存在原理误差。

(2) 采用近似的刀具轮廓造成的误差

用成形刀具加工复杂的曲面时，要使刀具刃口做得完全符合理论曲线的轮廓，有时非常困难，因此往往采用圆弧或直线等简单近似的线型代替理论曲线。如用滚刀滚制渐开线齿轮时，为了滚刀的制造方便，多用阿基米德蜗杆或法向直廓基本蜗杆来代替渐开线基本蜗杆，从而产生了加工原理误差。

13.1.5 机床的几何误差

(1) 主轴回转运动误差

① 主轴回转精度的概念 主轴的回转精度是机床的主要运动精度之一，它直接影响工件的圆度以及端面对外圆的垂直度。在理想情况下，主轴回转时中心线在空间的位置应是不变的。但实际上，主轴系统的制造误差、受力和受热变形会使主轴回转中心线的空间位置发生变化，即主轴飘移。主轴回转精度包括：

a. 径向圆跳动 径向圆跳动又称径向飘移，是指主轴瞬时回转中心线相对于平均回转

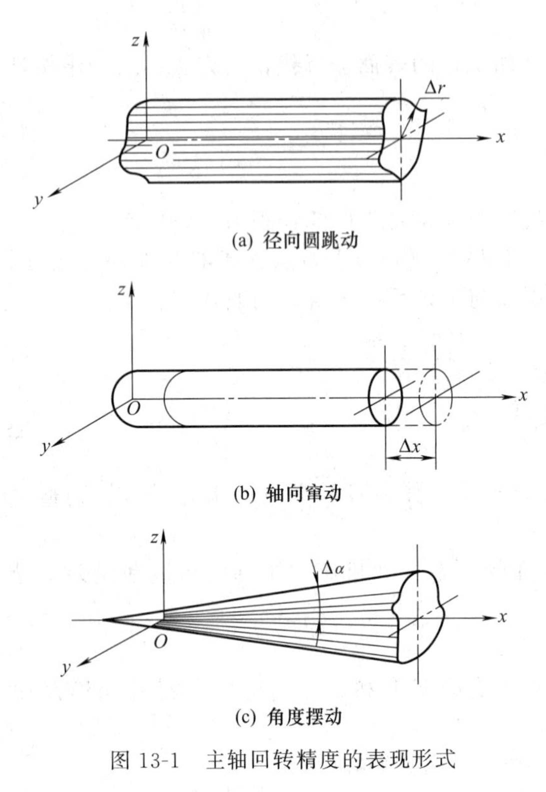

(a) 径向圆跳动

(b) 轴向窜动

(c) 角度摆动

图 13-1 主轴回转精度的表现形式

中心线所做的公转运动，如图 13-1（a）所示。径向圆跳动误差为 Δr。

b. 轴向窜动 轴向窜动又称轴向飘移，是指主轴瞬时回转中心线相对于平均中心线在轴线方向上的变动，如图 13-1（b）所示。轴向窜动 Δx 不影响加工圆柱面的形状精度，但加工端面时，工件端面与内、外圆会产生垂直度误差；加工螺纹时，会使螺纹导程产生周期误差。

c. 角度摆动 角度摆动又称角度飘移，是指主轴瞬时回转中心线相对于平均中心线在角度方向上的偏移，如图 13-1（c）所示。角度摆动误差 $\Delta\alpha$ 主要影响工件的形状精度，如车削外圆时的锥度误差。

在实际工作中，主轴回转中心线的误差运动是上述三种基本形式的合成，所以它既影响工件圆柱面的形状精度，也影响端面的形状精度，同时还影响端面与内、外圆的位置精度。

② 影响主轴回转精度的因素 主轴是在前、后轴承的支承下进行回转的。因此，回转精度主要受主轴支承轴颈、轴承及支承轴承的表面精度影响。

对于滑动轴承主轴，影响主轴回转精度的直接因素是主轴轴颈的圆度误差、轴瓦内孔圆度误差及配合间隙。

对于滚动轴承主轴，轴承内、外圈滚道的圆度误差对主轴回转精度影响较大；对于工件回转类机床（如车床），轴承内圈外滚道的圆度误差对主轴回转精度影响大；而对于刀具回转类机床（如镗床），则是轴承的外环内滚道影响大。轴承滚动体的不一致、滚动轴承的间隙也影响主轴的回转精度。

主轴的回转精度不仅取决于轴承本身精度，而且与配合零件的精度和装配质量等也有密切关系。

③ 主轴回转精度的测量方法 在生产现场，对于一般精度的主轴是用检验棒及千分表来测量主轴径向圆跳动和轴向窜动的，如图 13-2 所示。对于精度较高的主轴，则多用位移传感器和高圆度的圆球来进行测量。

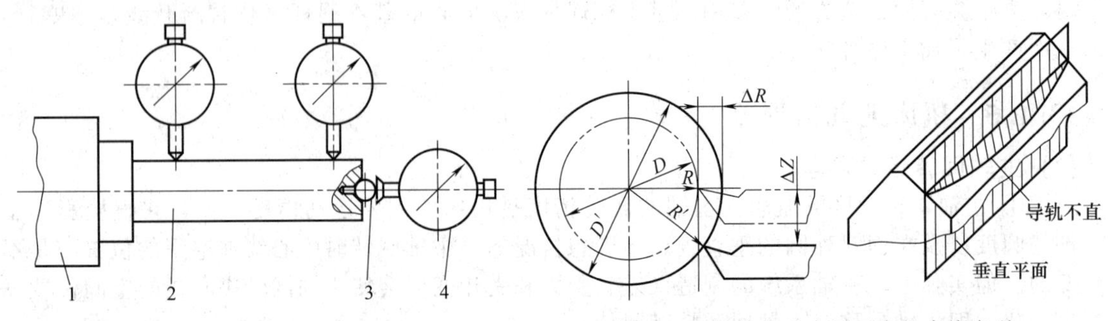

图 13-2 主轴回转精度的表测法

1—主轴；2—心轴；3—钢球；4—千分表

图 13-3 导轨在垂直平面内的直线度误差对车削外圆的影响

(2) 导轨的几何精度

机床导轨是机床各部件相对位置和运动的基准。切削成形运动中直线运动精度主要取决于导轨精度，它的各项误差直接影响被加工工件的精度。导轨精度主要包括以下三个方面。

① 导轨在垂直平面内的直线度 其具体影响如图 13-3 所示。由于导轨在垂直方向上存在误差，使刀尖位置下降了 ΔZ，工件在半径上的尺寸增大了 ΔR，其相互关系为

$$(R+\Delta R)^2=\Delta Z^2+R^2$$

$$\Delta Z^2-2R\Delta R-\Delta R^2=0$$

ΔR 一般很小，忽略 ΔR^2 项，得

$$\Delta R\approx\frac{\Delta Z^2}{2R}$$

ΔZ 一般也很小，因此，由其引起的误差 ΔR 也很小。如果 $\Delta Z=0.1\text{mm}$，$R=25\text{mm}$，则 $\Delta R=0.0002\text{mm}$。

② 导轨在水平面内的直线度 其具体影响如图 13-4 所示。车床导轨在水平面内的直线度误差，将使刀尖在水平面内产生位移 ΔY，造成工件在该处半径方向上产生误差面$\Delta R'$，$\Delta R'=\Delta Y$。若 $\Delta Y=0.1\text{mm}$，则 $\Delta R'=0.1\text{mm}$。可见，车床导轨在水平面内的直线度误差对加工精度的影响大，而在垂直面内的直线度误差影响甚小，可忽略。

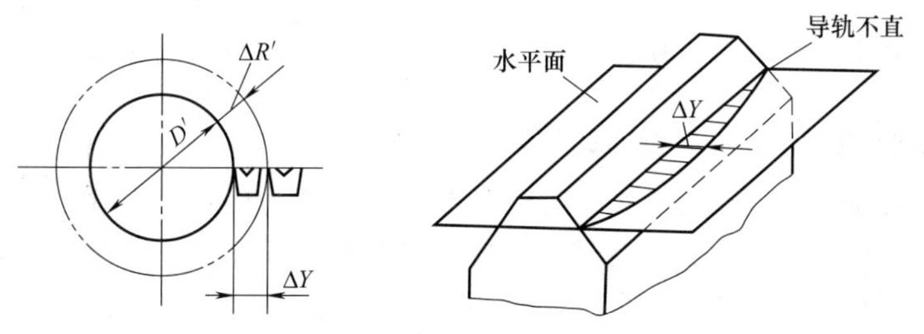

图 13-4 导轨在水平面内的直线度误差对车削外圆的影响

③ 两导轨的平行度（导轨扭曲） 机床的导轨一般由两部分组成，如车床床身的前、后导轨。若前、后导轨不平行，溜板在移动时会发生偏斜，造成刀具与工件相对位置发生变化，引起加工误差。导轨平行度误差对加工精度的影响是很大的。

导轨除本身的制造精度外，在机床装配后，还要求导轨与主轴回转中心线平行，若有平行度误差，则会使工件产生形状误差。当车床导轨与主轴回转中心线在水平面内不平行时，工件被加工后会产生锥度误差；若在垂直平面内不平行，则加工后工件呈双曲线回转体表面。

此外，导轨在使用过程中的磨损也会造成导轨误差，从而影响到加工精度。

(3) 机床的传动链精度

机床的传动链精度简称传动精度，它是指机床各部件之间的速比关系。当成形运动要求传动链为内传动链时，传动链的精度对工件的加工精度影响较大。如在滚齿机上用单头滚刀加工齿轮时，要求滚刀每旋转一周，工件转过一个齿。又如在车床上加工螺纹，要求工件每旋转一周，刀具必须移动一个导程，这些运动件之间的速比关系将直接影响加工精度。

机床传动链是由若干个传动元件依一定的相互位置关系联接而成的。因此，影响传动精度的因素有以下几种。

① 传动件本身的制造精度和装配精度。

② 各传动件及支承元件的受力变形。

③ 各传动件在传动链中的位置。

④ 传动件的数目。

各传动件的误差造成了传动链的传动误差，若各传动件的制造精度和装配精度低，则传动精度也低。由于传动件均有误差，则传动件越多，传动精度越低。另外，传动件的精度对传动链精度的影响，随其在传动链中的位置不同而不同，实践证明：越靠近末端的传动件，其精度对传动链精度的影响越大。因此，一般均使得最接近末端的传动件的精度比中间传动件的精度高 1～2 级。此外，传动件间的间隙也会影响传动精度。

13.1.6 刀具、夹具的制造误差及磨损

一般刀具（如车刀、镗刀及铣刀等）的制造误差，对加工精度没有直接的影响。

定尺寸刀具（如钻头、铰刀、拉刀及槽铣刀等）的尺寸误差，直接影响被加工零件的尺寸精度。同时刀具的工作条件，如机床主轴的跳动或因刀具安装不当而引起的径向或端面跳动等，都会影响加工面的尺寸。

成形刀（成形刀、成形铣刀以及齿轮滚刀等）的误差，主要影响被加工面的形状精度。

夹具的制造误差一般指定位元件、导向元件及夹具等零件的加工和装配误差。这些误差对被加工零件的精度影响较大。所以在设计和制造夹具时，凡影响零件加工精度的尺寸都应该严格控制。

刀具磨损会直接引起刀具对被加工表面的位置变化，造成被加工零件的尺寸误差；夹具的磨损会引起工件的定位误差。所以，在加工过程中，上述两种磨损均应引起足够的重视。

13.1.7 工艺系统受力变形引起的加工误差

工艺系统在切削力、传动力、惯性力、夹紧力以及重力的作用下，产生相应的变形和振动，将会破坏刀具和工件之间成形运动的位置关系和速度关系，影响切削运动的稳定性，从而产生各种加工误差。

(1) 切削过程中受力点位置变化引起的加工误差

切削过程中，工艺系统的刚度随切削力着力点位置而变化，引起系统变形的差异，使工件产生加工误差。

① 在两顶尖车削粗而短的光轴时，由于工件刚度较大，在切削力作用下的变形相对机床、夹具和刀具的变形要小得多，故可忽略不计。此时，工艺系统总的变形完全取决于机床头、尾架（包括顶尖）和刀架（包括刀具）的变形。工件产生的误差为双曲线圆柱度误差。

② 在两顶尖间车削细长轴时，由于工件细长、刚度小，在切削力作用下，其变形大大超过机床、夹具和刀具的受力变形。因此，机床、夹具及刀具受力变形可忽略不计，工艺系统的变形完全取决于工件的变形。工件产生腰鼓形圆柱误差。如图 13-5 所示。

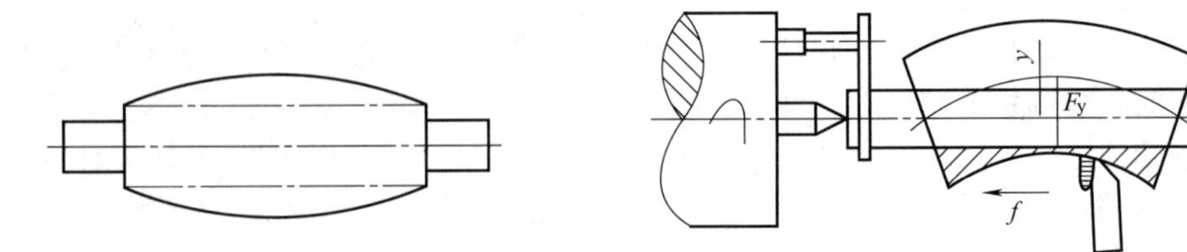

(a) 加工后工件的形状(y轴方向尺寸已夸大)　　(b) 加工示意图

图 13-5　车削细长轴时受力变形引起的加工误差

(2) 切削力大小变化引起的加工误差——复映误差

工件的毛坯外形虽然具有粗略的零件形状，但它在尺寸、形状及表面层材料硬度上都有

较大的误差。毛坯的这些误差在加工时使切削深度不断发生变化，从而导致切削力的变化，进而引起工艺系统产生相应的变形，使得零件在加工后还保留与毛坯表面类似的形状或尺寸误差。当然工件表面残留的误差比毛坯表面误差要小得多。这种现象称为误差复映规律，所引起的加工误差称为复映误差。

除切削力外，传动力、惯性重力和夹紧力等其他作用力也会使工艺系统的变形发生变化，从而引起加工误差，影响加工质量。

(3) 减小工艺系统受力变形的措施

减小工艺系统受力变形，不仅可以提高零件的加工精度，而且有利于提高生产率。因此，生产中必须采取有力措施，减小工艺系统受力变形。其措施有如下几方面。

① 提高工件系统各部分的刚度。

a. 提高工件加工时的刚度　有些工件因其自身刚度很差，加工中将产生变形而引起加工误差，因此必须设法提高工件自身刚度。

例如，车削细长轴时，为提高细长轴刚度，可采用如下措施。

• 减小工件支承长度，为此常用跟刀架或中心架及其他支承架。

• 减小工件所受法向切削力，通常可采取增大前角，主偏角选为 90°，以及适当减小进给量和切削深度等措施。

• 采用反向走刀法，使工件从原来的轴向受压变为轴向受拉。

b. 提高工件安装时的夹紧刚度　对薄壁件，夹紧时应选择适当的夹紧方法和夹紧部位，否则会产生很大的形状误差。

如图 13-6 所示的薄板工件，由于工件本身有形状误差，用电磁吸盘吸紧时，工件产生弹性变形，磨削后松开工件，因弹性恢复工件表面仍有形状误差（翘曲）。解决办法是在工件和电磁吸盘之间垫入一薄橡皮（0.5mm 以下），当电磁吸盘吸紧时，橡皮被压缩，工件变形减小，经几次反复磨削逐渐修正工件的翘曲，将工件磨平。

c. 提高机床部件的刚度　机床部件的刚度在工艺系统中占有很大的比重，在机械加工时常用一些辅助装置提高其刚度。如图 13-7（a）所示为六角车床上提高刀架刚度的装置。该装置的导向加强杆与辅助支承套装于主轴孔内的导套配合，从而使刀架刚度大大提高，如图 13-7（b）所示。

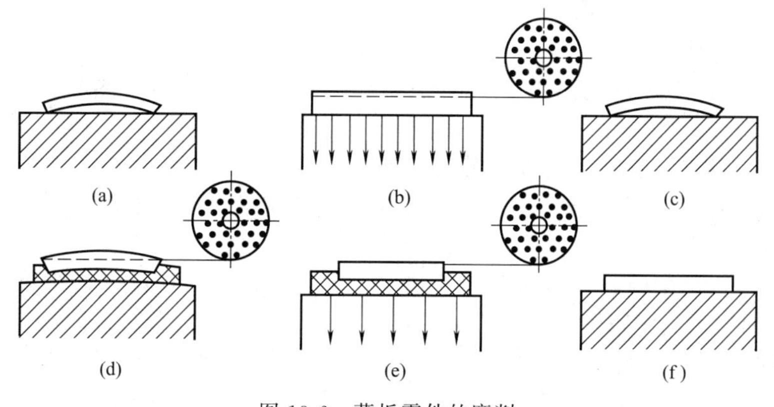

图 13-6　薄板零件的磨削

② 提高接触刚度　由于部件的接触刚度远远低于实体零件本身的刚度，因此，提高接触刚度是提高工艺系统刚度的关键，常用的方法有以下两种。

a. 改善工艺系统主要零件接触面的配合质量　如机床导轨副、锥体与锥孔、顶尖与顶尖孔等配合面采用刮研与研磨以提高配合表面的形状精度，降低表面粗糙度。

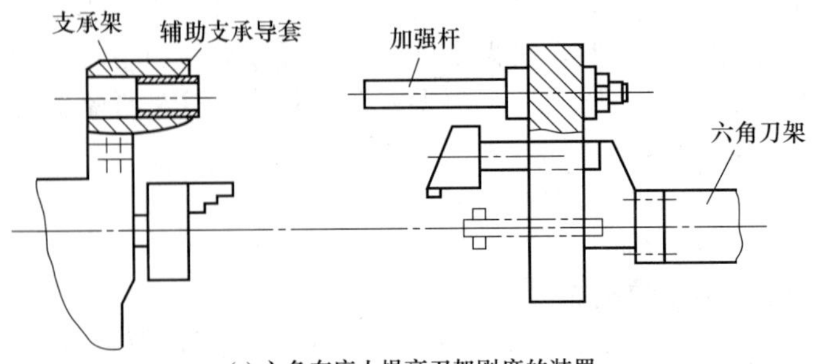

(a) 六角车床上提高刀架刚度的装置

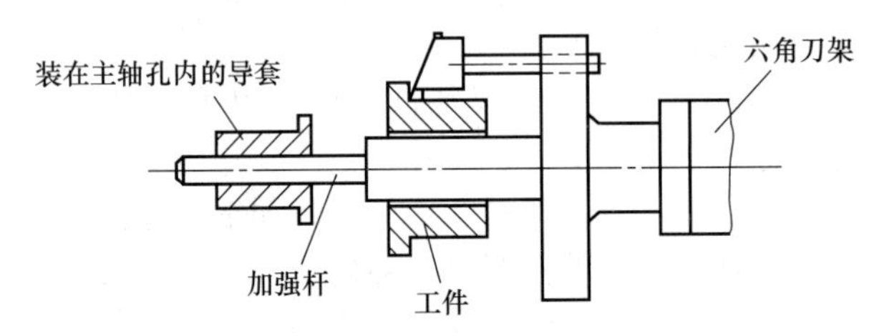

(b) 与装在主轴孔内的导套配合

图 13-7　提高刀架刚度的装置

b. 预加载荷　由于配合表面的接触刚度随所受载荷的增大而不断增大，所以对机床部件的各配合表面施加预紧载荷，不仅可以消除配合间隙，而且还可以使接触表面之间产生预变形，从而大大提高接触刚度。例如，为了提高主轴部件的刚度，常常对机床主轴轴承进行预紧等。

13.1.8　工艺系统受热变形引起的加工误差

机械加工中，工艺系统在各种热源的作用下会产生一定的热变形。由于工艺系统热源分布的不均匀性及各环节结构、材料的不同，使工艺系统各部分的变形产生差异，从而破坏了刀具与工件的准确位置及运动关系，产生加工误差。尤其对于精密加工，热变形引起的加工误差占总加工误差的一半以上。因此，在精密自动化加工中，控制热变形对精加工的影响已成为一项重要的任务和研究课题。

(1) 工艺系统的热源

加工过程中，工艺系统的热源主要有两大类，即内部热源和外部热源。

① 内部热源　内部热源主要来自切削过程，它包括以下 3 种。

a. 切削热　切削过程中，切削金属层的弹性、塑性变形及刀具、工件、切屑间摩擦消耗的能量绝大多数转化为切削热。这些热能量以不同的比例传给工件、刀具、切屑及周围的介质。

b. 摩擦热　机床中的各种运动副如导轨副、齿轮副、丝杠螺母副、蜗轮蜗杆副和摩擦离合器等，在相对运动时因摩擦而产生的热量。机床的各种动力源（如液压系统、电机和马达等），工作时还要产生能量损耗而发热。这些热量是机床热变形的主要热源。

c. 派生热源　切削中的部分切削热由切屑、切削液传给机床床身，摩擦热由润滑油传给机床各处，从而使机床产生热变形。这部分热源称为派生热源。

② 外部热源　外部热源主要来自于外部环境。

a. 环境温度　一般来说，工作地周围环境随气温而变化，而且不同位置处的温度也各不相同，这种环境温度的差异有时也会影响加工精度。如加工大型精密件往往需要较长时间（有时甚至需要几个昼夜）。由于昼夜温差使工艺系统热变形不均匀，从而产生加工误差。

b. 热辐射 来自阳光、照明灯、暖气设备及人体等。

(2) 工艺系统的热平衡

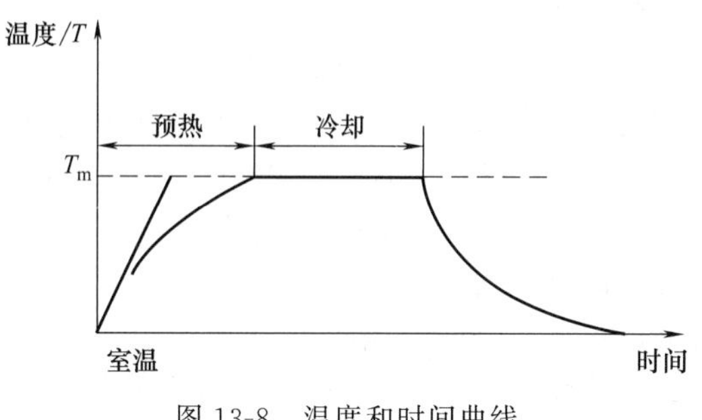

图 13-8 温度和时间曲线

工艺系统受各种热源影响，其温度逐步上升。但同时，它们也通过各种传热方式向周围散发热量。当单位时间内传入和散发的热量相等时，则认为工艺系统达到热平衡。如图 13-8 所示为一般机床的温度和时间曲线。由图可见，机床温度变化比较缓慢。机床开启一段时间后（2～6h），温升才逐渐趋于稳定。当机床各点温度都达到稳定值时，则被认为处于热平衡，此时的温度场是比较稳定的温度场，其热变形也相应地趋于稳定。此时引起的加工误差是有规律的。

当机床处于平衡之前的预热期时，温度随时间而升高，其热变形将随温度的升高而变化，故对加工精度的影响比较大。因此，精密加工应在热平衡之后进行。

(3) 机床热变形引起的加工误差

由于机床的结构和工作条件差别很大，因此引起热变形的主要热源也不大相同，大致可分为以下 3 种。

① 主要热源来自机床的主传动系统 如普通机床、六角机床、铣床、卧式镗床和坐标镗床等。

② 主要热源来自机床导轨的摩擦 如龙门床和立式车床等。

③ 主要热源来自液压系统 如各种液压机床。

热源的热量，一部分传给周围介质，一部分传给热源近处的机床零部件和刀具，以致产生热变形，影响加工精度。由于机床各部分的体积较大，热容量也大，因而机床热变形进行缓慢（车床主轴箱一般不高于 60℃）。实践表明，车床部件中受热最多、变形最大的是主轴箱，其他部分如刀架和尾座等温升不高，热变形较小。

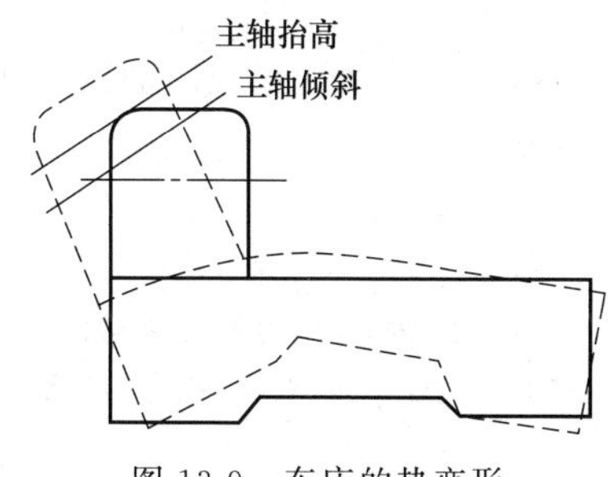

图 13-9 车床的热变形

如图 13-9 所示的虚线表示车床的热变形。对加工精度影响最大的因素是主轴轴线的抬高和倾斜。实践表明，主轴抬高是主轴轴承温度升高而引起主轴箱变形的结果，它约占总抬高量的 70%。由床身热变形所引起的抬高量一般小于 30%。

影响主轴倾斜的主要原因是床身的受热弯曲，它约占总倾斜量的 75%。主轴前后轴承的温差所引的主轴倾斜只占 25%。

(4) 刀具热变形及对加工精度的影响

切削过程中，一部分切削热传给刀具，尽管这部分热量很少（高速车削时只占1%～2%），但由于刀体较小，热容量较小，因此，刀具的温度仍然很高，如高速钢车刀的工作表面温度可达 700～800℃。刀具受热伸长量一般情况下可达到 0.03～0.05mm，从而产生加工误差，影响加工精度。

① 刀具连续工作时的热变形引起的加工误差 当刀具连续工作时（如车削长轴或在立式车床车大端面），传给刀具的切削热随时间不断增加，刀具产生热变形而逐渐伸长，于是工件产生圆度误差或平面度误差。

② 刀具间歇工作 当采用调整法加工一批短轴零件时，由于每个工件切削时间较短，刀具的受热与冷却间歇进行，故刀具的热伸长比较缓慢。

总的来说，刀具能够迅速达到热平衡，刀具的磨损又能与刀具的受热伸长进行部分的补偿，故刀具热变形对加工质量影响并不显著。

(5) 工件热变形引起的加工误差

① 工件均匀受热　当加工比较简单的轴、套、盘类零件的内外圆表面时，切削热比较均匀地传给工件，工件产生均匀热变形。

加工盘类零件或较短的轴套类零件，由于加工行程较短，可以近似认为沿工件轴向方向的温升相等。因此，加工出的工件只产生径向尺寸误差而不产生形位误差。若工件精度要求不高，则可忽略热变形的影响。对于较长工件（如长轴）的加工，开始走刀时，工件温度较低，变形较小；随着切削的进行，工件温度逐渐升高，直径逐渐增大，因此工件表面被切去的金属层厚越来越大，因此工件冷却后不仅产生径向尺寸误差，而且还会产生圆柱度误差。若该长轴（尤其是细长轴）工件以两顶尖装夹，且后顶尖固定锁紧，则加工中工件的轴向热伸长使工件产生弯曲并可能引起切削不稳。因此，加工长轴时，工人经常车一刀就转动一下后顶尖，再车下一刀，或后顶尖改用弹簧顶尖，目的是消除工件热应力和弯曲变形。

对于轴向精度要求较高的工件（如精密丝杠），其热变形引起的轴向伸长将产生螺距误差。因此，加工精密丝杠时必须采用有效冷却措施，以减少工件的热伸长。

② 工件不均匀受热　当工件进行铣、刨、磨等平面加工时，工件单侧受热，上下表面温升不等，从而导致工件向上凸起，中间切去的材料较多，冷却后被加工表面呈凹形。这种现象对于加工薄片类零件尤为突出。

为了减小工件不均匀受热对加工精度的影响，应采取有效冷却措施，减小切削表面的温升。

(6) 控制温度变化，均衡温度场

由于工艺系统温度的变化，引起工艺系统热变形，从而产生加工误差，并且具有随机性。因而，必须采取措施控制工艺系统温度变化，保持温度稳定，使热变形产生的加工误差具有规律性，便于采取相应措施给予补偿。

对于床身较长的导轨磨床，为了均衡导轨面的热伸长，可利用机床润滑系统回油的余热来提高床身下部的温度，使床身上下表面的温差减小，变形均匀。

13.1.9　工件残余应力引起的误差

残余应力也称为内应力，是指当外部载荷去掉以后仍存留在工件内部的应力。残余应力是由于金属内部组织发生了不均匀的体积变化而产生的。其外界因素来自于热加工和冷加工。

(1) 残余应力产生的原因

① 毛坯制造中产生的残余应力　在铸、锻、焊及热处理等加工过程中，由于工件各部分热胀冷缩不均匀以及金相组织转变时的体积变化，使毛坯内部产生了相当大的残余应力。毛坯的结构愈复杂，各部分厚度愈不均匀，散热条件差别愈大，毛坯内部产生的残余应力也就愈大。具有残余应力的毛坯在短时间内还看不出有什么影响，残余应力暂时处于相对平衡的状态，但当切去一层金属后，就打破了这种平衡，残余应力重新分布，工件就出现了明显的变形。

② 冷校直产生的残余应力　一些刚度较差、容易变形的件（如丝杠等），通常采用冷校直的办法修正其变形。如图 13-10（a）所示，当工件中部受到载荷 F 的作用时，工件内部产生应力，其轴心线以上产生压应力，轴心线以下产生拉应力，如图 13-10（b）所示，而且两条虚线之间为弹性变形区，虚线之外为塑性变形区。当去掉外力后，工件的弹性恢复受

到塑性变形区的阻碍，致使残余应力重新分布，如图 13-10（c）所示。由此可见，工件经冷校直后内部产生残余应力，处于不稳定状态，若再进行切削加工，工件将重新发生弯曲。

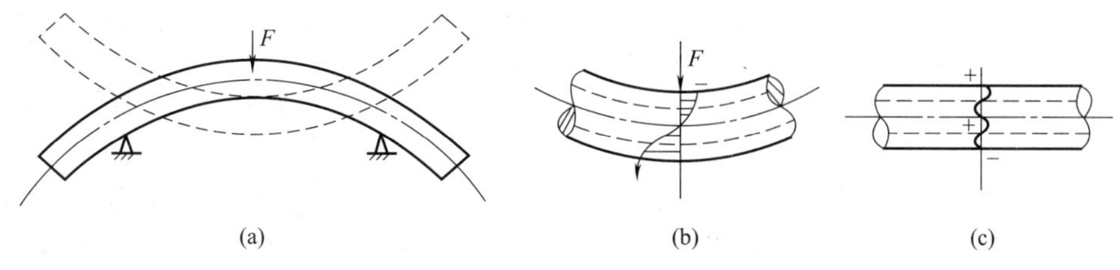

图 13-10 冷校直产生的残余应力

③ 切削加工中产生的残余应力 工件切削加工时，在各种力和热的作用下，其各部分将产生不同程度的塑性变形及金相组织变化，从而产生残余应力，引起工件变形。

实践证明，在加工过程中切去表面一层金属后，所引起的残余应力重新分布导致的变形最为剧烈。因此，粗加工后，应将被夹紧的工件松开，使之有时间使残余应力重新分布。否则，在继续加工时工件处于弹性应力状态下，而在加工完成后必然要逐渐产生变形，致使破坏最终工序所得到的精度。因而，机械加工中常用粗、精加工分开以消除残余应力对加工精度的影响。

(2) 减少或消除残余应力的措施

① 采取时效处理 自然时效处理主要是在毛坯制造之后，或粗、精加工之间，让工件停留一段时间，利用温度的自然变化，经过多次热胀冷缩，使工件的晶体内部或晶界之间产生微观滑移，从而达到减少或消除残余应力的目的。这种过程对大型精密件（如床身和箱体等）而言需要很长时间，往往影响产品周期，所以除特别精密件外，一般较少采用。

人工时效处理是目前使用最广的一种方法。它是将工件放在炉内加热到一定温度，使工件金属原子获得大量热能来加速它的运动，并保温一段时间直到原子组织重新排列，再随炉冷却，以达到消除残余应力的目的。对大型件而言，这种方法需要一套很大的设备，其投资和能源消耗都较大。

振动时效处理是消除残余应力、减少变形以及保持工件尺寸稳定的一种新方法。可用于铸件、锻件、焊接件以及有色金属件等。它是以激振的形式将机械能加到含有大量残余应力的工件内，引起工件金属内部晶格错位蠕变，使金属的结构状态稳定，以减少和消除工件的内应力。操作时，将激振器牢固地夹持在工件的适当位置上，根据工件的固有频率调节激振器的频率，直到达到共振状态，再根据工件尺寸及残余应力调整激振力，使工件在一定的振动强度下，保持几分钟甚至几十分钟的振动即可。其不需庞大的设备，经济简便，效率高。

② 合理安排工艺路线 对于精密零件，粗、精加工要分开。对于大型零件，由于粗、精加工一般安排在一个工序内进行，故粗加工后先将工件松开，使其自由变形，再以较小的夹紧力夹紧工件进行精加工。对于焊接件，焊接前工件必须经过预热以减小温差，减小残余应力。

③ 合理设计零件结构 设计零件结构时，应注意简化零件结构，提高其刚度，减小壁厚差。如果是焊接结构，则应使得焊缝均匀，以减小残余应力。

13.1.10 提高加工精度的工艺措施

(1) 减小误差法

这种方法是生产中应用较广的一种方法，是在查明产生加工误差的主要因素之后，设法消除或减少误差。例如细长轴的车削，现在采用了“大走刀反向车削法”，基本消除了轴向切削力引起的弯曲变形。若辅之以弹簧顶尖，则可进一步消除热变形引起的热伸长的危害。

(2) 误差补偿法（误差抵消法）

误差补偿法是人为地造出一种误差，使之抵消原来工艺系统中固有的原始误差的一种方法。当原始误差是负值时，人为误差就取正值，反之取负值。尽量使两者大小相等，方向相反。也可利用一种原始误差去抵消另一种原始误差，也是尽量使两者大小相等，方向相反，从而达到减少加工误差，提高加工精度的目的。

例如，用预加载荷法精加工磨床床身导轨，借以补偿装配后受部件自重而产生的变形。磨床床身是一个狭长结构，刚度较差。虽然在加工时床身导轨的各项精度都能达到，但装上横向进给机构、操纵箱以后，往往发现导轨精度超差。这是因为这些部件的自重引起床身变形的缘故。为此，某些磨床厂在加工床身导轨时采取用“配重”代替部件重量，或者先将该部件装好再磨削的办法，使加工、装配和使用的条件一致，以保持导轨的高精度。

(3) 误差分组法

在加工中，由于上道工序“毛坯”误差的存在，造成了本工序的加工误差，或者由于工件材料性能改变上道工序的工艺改变（如毛坯精化后，把原来的切削加工工序取消），引起毛坯误差发生较大的变化。这种毛坯误差的变化，对本工序的影响主要有两种情况。

① 复映误差，引起本工序误差。

② 定位误差扩大，引起本工序误差。

解决这个问题，最好的办法是采用分组调整均分误差。这种办法的实质就是把毛坯按误差的大小分为 n 组，每组毛坯误差范围就缩小为原来的 $1/n$。然后按各组分别调整加工。

例如，某厂生产 Y7520W 齿轮磨床交换齿轮时，产生了剃齿时心轴与工件定位孔的配合问题。配合间隙大了，剃后的工件产生较大的几何偏心，反映在齿圈径向跳动超差。同时剃齿时也容易产生振动，引起齿面波度，使齿轮工作时噪声较大。因此，必须设法限制配合间隙，保证工件孔和心轴间的同轴度要求。由于工件孔已是 IT6 级精度，不宜再提高。为此，采用了多挡尺寸的心轴，对工件孔进行分组选配，减少由于间隙而产生的定位误差，从而提高了加工精度。

(4) 误差转移法

误差转移实质上是转移工艺系统的几何误差、受力变形和热变形等。

误差转移的实例很多。例如，当机床精度达到零件加工要求时，常常不是一味提高机床精度，而是在工艺上或夹具上想办法，创造条件，把机床的几何误差转移到不影响加工精度的方面去。如磨削主轴锥孔时为保证其与轴颈的同轴度，不是靠机床主轴的回转精度来保证，而是靠夹具保证。在箱体的孔系加工中，我们介绍过用坐标法在普通镗床上保证孔系的加工精度，其要点就是采用了精密量棒、内径千分尺和百分表等进行精密定位，这样，镗床上因丝杠、刻度盘和刻线尺而产生的误差就不会反映到工件的定位精度上去了。

(5) 就地加工法

在加工和装配中，有些精度问题牵扯到零、部件间的相互关系，相当复杂，如果一味地提高零、部件本身精度，有时不仅困难，甚至不可能。若采用就地加工法，就可能很方便地解决了看起来非常困难的精度问题。

例如，六角车床制造中，转塔上 6 个安装刀架的大孔，其轴心线必须保证和主轴旋转中心线重合，而 6 个面又必须和主轴中心线垂直。如果把转塔作为单独零件，加工出这些表面后再装配，因包含了很复杂的尺寸链关系，要想达到上述两项要求是很困难的。因而在实际生产中采用了就地加工法，这些表面在装配前不进行精加工，等它装配到机床上以后，再加工 6 个大孔及端面。

(6) 误差平均法

对配合精度要求很高的轴和孔，常采用研磨方法来达到。研具本身并不要求具有高精度，但它却能在和工件的相对运动过程中对工件进行微量切削，最终达到很高的精度。这种工件和研具表面间的相对摩擦和磨损的过程也是误差不断减少的过程，此即称为误差平均法。

如内燃机进排气阀门与阀座配合的最终加工，船用气、液阀座间配合的最终加工，常用误差平均法来消除配合间隙。

13.2　机械加工表面质量

13.2.1　表面质量的基本概念

机器零件的加工质量，除了加工精度外，还包括零件在加工后的表面质量。表面质量的好坏对零件的使用性能和寿命影响很大。机械加工表面质量包括以下两个方面的内容。

(1) 表面层的几何形状特性

① 表面粗糙度　它是指加工表面的微观几何形状误差。表面粗糙度通常是机械加工中切削刀具的运动轨迹所形成的。

② 表面波度　它是介于宏观几何形状误差（△形）与微观几何形状误差之间的周期性几何形状误差。

(2) 表面层物理力学性能

表面层物理力学性能主要指下列三个方面：

① 表面冷作硬化；

② 表面层金相组织的变化；

③ 表面层残余应力。

13.2.2　表面质量对零件使用性能的影响

(1) 表面质量对零件耐磨性的影响

零件的使用寿命常常是由耐磨性决定的，而零件的耐磨性不仅和材料及热处理有关，而且还与零件接触表面的粗糙度有关。两接触表面产生相对运动时，最初只在部分凸峰处接触，因此实际接触面积比理论接触面积小得多，从而使得单位面积上的压力很大，当其超过材料的屈服点时，就会使凸峰部分产生塑性变形甚至被折断或因接触面的滑移而迅速磨损，这就是零件表面的初期磨损阶段（如图 13-11 所示第Ⅰ阶段）。以后随接触面积的增大，单位面积上的压力减小，磨损减慢，进入正常磨损阶段（如图 13-11 示第Ⅱ阶段），此阶段零件的耐磨性最好，持续的时间也较长。最后，由于凸峰被磨平，粗糙度值变得非常小，不利于润滑油的贮存，且使接触表面之间的分子亲和力增大，甚至发生分子黏合，使摩擦阻力增大，从而进入急剧磨损阶段（如图 13-11 所示第Ⅲ阶段）。零件表面冷作硬化或经淬硬，都可提高零件的耐磨性。

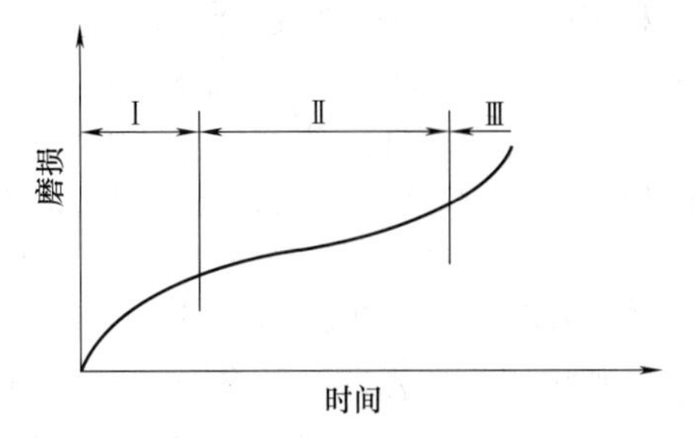

图 13-11　零件的磨损过程

(2) 表面质量对零件疲劳强度的影响

零件由于疲劳破坏都是从表面开始的，因此表面层的粗糙度对零件的疲劳强度影响很大。在交变载荷作用下，由于表面上微观不平的凹谷处容易形成应力集中，产生和加剧疲劳裂纹以致疲劳损坏。实验证明，表面粗糙度值从0.02变到0.2，其疲劳强度下降约为25%。

零件表面的冷硬层，有助于提高疲劳强度，因为强化过的表面冷硬层具有阻碍裂纹继续扩大和新裂纹产生的能力。此外，当表面层具有残余压应力时，会使疲劳强度提高；当表面层具有残余拉应力时，则使疲劳强度进一步降低。

(3) 表面质量对零件耐腐蚀性的影响

零件的耐腐蚀性在很大程度上取决于表面粗糙度。表面粗糙度值越大，越容易积聚腐蚀性物质；凹谷越深，渗透与腐蚀作用越强烈。故减小表面粗糙度值，可提高零件的耐腐蚀性。此外，残余压应力使零件表面紧密，腐蚀性物质不易进入，可增强零件的耐腐蚀性。

(4) 表面质量对配合性质的影响

在间隙配合中，如果配合表面粗糙，则在初期磨损阶段由于配合表面迅速磨损，使配合间隙增大，改变了配合性质。在过盈配合中，如果配合表面粗糙，则装配后表面的凸峰将被挤压，而使有效过盈减少，降低了配合强度。

13.2.3 影响表面粗糙度的因素

机械加工时，表面粗糙度的形成原因大致可归纳为两个方面：一是刀刃与工件相对运动轨迹所形成的表面粗糙度——几何因素；二是与被加工材料性质及切削机理有关的因素——物理因素。

(1) 切削加工中影响表面粗糙度的因素

① 几何因素　在切削加工时，由于刀具切削刃的形状和进给量的影响，不可能把余量完全切除，而在工件表面上留下一定的残留面积，残留面积高度愈大，表面愈粗糙。残留面积高度值与进给量和刀具主偏角等有关。

② 物理因素　切削加工时，影响表面粗糙度的物理因素主要表现为：

a. 积屑瘤　用中等切削速度（一般v<60m/min）切削塑性材料时，易产生积屑瘤。合理选择切削用量，采用润滑性能优良的切削液，都能抑制积屑瘤产生，降低表面粗糙度。

b. 刀具表面对工件表面的挤压与摩擦　在切削过程中，刀具切削刃总有一定的钝圆半径，因此在整个切削厚度内会有一层薄金属无法切去，这层金属与刀刃接触的瞬间，先受到剧烈的挤压而变形，当通过刀刃后又立即恢复弹性，与后刀面强烈摩擦，再次受到一次拉伸变形，这样往往在已加工表面上形成鳞片状的细裂纹（称为鳞刺）而使表面粗糙度值增大。因此，降低刀具前、后刀面的表面粗糙度，保持刀刃锋利及充分施加润滑液，可减小摩擦，有利于降低工件表面粗糙度。

c. 工件材料性质　切削脆性金属材料时，往往出现微粒崩碎现象，在加工表面上留下麻点，使表面粗糙度值增大。因此，降低切削用量并使用切削液，有利于降低表面粗糙度。切削塑性材料时，往往因挤压变形而产生金属的撕裂和积屑瘤现象，增大了表面粗糙度。

此外，被加工材料的金相组织对加工表面粗糙度也有较大的影响。实验证明，在低速切削时，片状珠光体组织较粒状珠光体能获得较低的表面粗糙度；在中速切削时，粒状珠光体组织则比片状珠光体好；在高速切削时，工件材料性能对表面粗糙度的影响较小。加工前如对工件材料进行调质处理，降低材料的塑性，也有利于降低表面粗糙度。

(2) 磨削加工中影响表面粗糙度的因素

磨削加工是由砂轮的微刃切削形成的加工表面，单位面积上刻痕越多，且刻痕越细密均匀，则表面粗糙度越低。磨削加工中影响表面粗糙度的因素如下。

① 磨削用量　砂轮速度对表面粗糙度的影响较大，K增大时，参与切削的磨粒数增多，可以增加工件单位面积上刻痕数，同时高速磨削时工件表面塑性不充分，因而提高K有利

于降低表面粗糙度。

磨削深度与进给速度增大时，将使工件表面塑性变形加剧，因而使表面粗糙度值增大。为了提高磨削效率，通常在开始磨削时采用较大磨削深度，而后采用小的磨削深度或光磨，以减小表面粗糙度值。

② 砂轮　砂轮的粒度愈细，单位面积的磨粒数愈多，使加工表面刻痕细密，则表面粗糙度值愈小。但粒度过细，容易堵塞砂轮而使工件表面塑性变形增加，影响表面粗糙度。

砂轮硬度应适宜，使磨粒在磨钝后及时脱落，露出新的磨粒来继续切削，即具有良好的“自锐性”，工件就能获得较小的表面粗糙度。砂轮应及时修整，以去除已钝化的磨粒，保证砂轮具有等高微刃。砂轮上的切削微刃越多，其等高性越好，磨出的表面越细。

③ 工件材料　工件材料的硬度、塑性、韧性和导热性能等对表面粗糙度有显著影响：工件材料太硬时磨粒易钝化，太软时易堵塞，而韧性大和导热性差的材料易使磨粒早期崩落而破坏了微刃的等高性，因此均使表面粗糙度值增大。

④ 冷却润滑液　磨削冷却润滑液对减小磨削力、温度及砂轮磨损等都有良好的效果。正确选用冷却液有利于减小表面粗糙度值。

13.2.4　影响表面物理力学性能的因素

(1) 加工表面的冷作硬化

表面冷作硬化是由于机械加工时，工件表面层金属受到切削力的作用而产生强烈的塑性变形，使金属的晶格被拉长、扭曲，甚至破坏而引起的。其结果是引起材料的强化，表面硬度提高，塑性降低，物理力学性能发生变化。另外，由于机械加工中产生的切削热在一定条件下使金属在塑性变形中产生回复现象（已强化的金属回复到正常状态），使金属失去冷作硬化中所得到的物理力学性能，因此，机械加工表面层的冷硬是强化作用与回复作用综合的结果。

影响表面冷作硬化的因素如下。

① 切削用量。

a. 切削速度 v　随着切削速度的增大，被加工金属塑性变形减小，同时由于切削温度上升，使回复作用加强，因此冷硬程度下降。当切削速度高于 80m/min 时，由于切削热的作用时间减少，回复作用降低，故冷硬程度反而有所增加。

b. 进给量 f_0　进给量增大，使切削厚度增大，切削力增大，工件表面层金属的塑性变化增大，故冷硬程度增加。

② 刀具。

a. 刀具刃口圆弧半径 r_ε　刀具刃口圆弧半径增大，表面层金属的塑性变形加剧，导致冷硬程度增大。

b. 刀具后刀面磨损宽度 V_B　一般随后刀面磨损宽度 V_B 的增大，刀具后刀面与工作表面摩擦加剧，塑性变形增大，导致表面层冷硬程度增大。但当磨损宽超过一定值时，摩擦热急剧增大，从而使得硬化的表面得以回复，所以显微硬度并不继续随 V_B 的增大而增大。

c. 前角 γ_0　前角增大，可减小加工表面的变形，使冷硬程度减小。实验表明，当前角在$\pm15°$范围内变化时，对表面冷硬程度的影响很小，前角小于$-20°$时，表面层的冷硬程度将急剧增大。

刀具后角 α_0、主偏角 κ_r 和副偏角 κ_r' 等对表面层冷硬程度影响不大。

③ 工件材料　工件材料的塑性越大，加工表面层的冷硬程度越严重；碳钢中含碳量越高，强度越高，其冷硬程度越小。

有色金属熔点较低，容易回复，故冷硬程度要比结构钢小得多。

(2) 加工表面的金相组织变化

对于一般的切削加工，切削热大部分被切屑带走，加工表面温升不高，故对工件表面层的金相组织的影响不甚严重。而磨削时，磨粒在高速（一般是35m/s）下以很大的负前角切削薄层金属，在工件表面引起很大的摩擦和塑性变形，其单位切削功率消耗远远大于一般切削加工。由于消耗的功率大部分转化为磨削热，其中约60%～80%的热量将传给工件，所以磨削是一种典型的容易产生加工表面金相组织变化（磨削烧伤）的加工方法。

磨削烧伤分回火烧伤、淬火烧伤和退火烧伤，它们的特征是在工件表面呈现烧伤色，不同的烧伤色表明表面层具有不同的温度与不同的烧伤深度。

表面层烧伤使零件的物理力学性能大为降低，使用寿命也可能成倍下降，因此工艺上必须采取措施，避免烧伤的出现。

影响磨削表面金相组织变化的因素主要有以下几个方面。

① 磨削用量。

a. 磨削深度 a_p　当磨削深度增加时，无论是工件表面温度，还是表面层下不同深度的温度，都随之升高，故烧伤的可能性增大。

b. 纵向进给量 f_a　纵向进给量增大，热作用时间减少，使金相组织来不及变化，磨削烧伤减轻。但 f_a 大时，加工表面的粗糙度增大，一般可采用宽砂轮来弥补。

c. 工件线速度 v_w　工件线速度增大，虽使发热量增大，但热作用时间减少，故对磨削烧伤影响不大。提高工件线速度会导致工件表面更为粗糙。为了弥补这一缺陷而又能保持高的生产率，一般可提高砂轮速度。

② 砂轮的选择　砂轮的粒度越细、硬度越高、自锐性越差，则磨削温度越高。砂轮组织太紧密时磨屑堵塞砂轮，易出现烧伤。

砂轮结合剂最好采用具有一定弹性的材料，磨削力增大时，砂轮磨粒能产生一定的弹性退让，使切削深度减小，避免烧伤。

③ 工件材料　工件材料对磨削区温度的影响主要取决于它的硬度、强度、韧性和导热系数。

工件的强度、硬度越高或韧性越大，磨削时磨削力越大，功率消耗也越大，造成表面层温度越高，因而容易造成磨削烧伤。

导热性能较差的材料，如轴承钢、高速钢以及镍铬钢等，受热后更易磨削烧伤。

④ 冷却润滑　采用切削液带走磨削区热量可避免烧伤。但是磨削时，由于砂轮转速较高，在其周围表面会产生一层强气流，采用一般冷却方法时切削液很难进入磨削区。目前采用的比较有效的冷却方法有内冷却法、喷射法和含油砂轮磨削等。

(3) 加工表面的残余应力

切削加工的残余应力与冷作硬化及热塑性变形密切相关。凡是影响冷作硬化及热塑性变形的因素如工件材料、刀具几何参数和切削用量等都将影响表面残余应力，其中影响最大的是刀具前角和切削速度。

复习思考题

13.1　叙述加工精度和加工误差的概念。

13.2　机械零件的加工表面质量包括哪些内容？对零件的使用性能有何影响？

13.3　影响表面粗糙度的因素有哪些？

13.4　工艺系统受力变形对加工精度有何影响？

13.5　工艺系统受热变形对加工精度有何影响？

13.6　提高机械加工质量的方法有哪些？

第14章

机械加工工艺规程

在生产上，为了使零件的机械加工过程满足“优质、高产、低消耗”的要求，首先要正确确定零件的机械加工过程。其中既包括正确选择各表面的加工方法、所用机床及工艺装备等，而且需要合理安排各表面的加工顺序。在前面各章内容的基础上，本章介绍有关加工工艺过程的基础知识和制订加工工艺过程的基本方法、原则。

14.1 概　　述

14.1.1 生产过程和工艺过程

(1) 机械的生产过程

机械的生产过程是指产品由原材料或半成品到成品之间的各个有关劳动过程的总和。结构比较复杂的机械产品，其生产过程包括：原材料的运输、保存和准备；毛坯的制造；毛坯经过机械加工、热处理而成为零件；零件装配成机械；机械的质量检查及运行试验；机械的油漆和包装。

(2) 机械加工工艺过程

在机械的生产过程中，直接改变原材料（或毛坯）的形状尺寸和性能，使之变成所需零件的过程称为零件的机械加工工艺过程，它是机械加工车间生产过程的主要部分。

(3) 工序

工序是指一个（或一组）工人在一台设备（或一个工作地点）上对一个（或同时对几个相同的）工件进行加工所连续完成的那一部分工艺过程。它是确定生产计划的依据。如图14-1所示的阶梯轴是由圆形棒料加工而成的，其工艺过程需要经过五道工序（如大批、大量生产时），如表14-1所示。

表14-1　阶梯轴的工艺过程

工序	内　　容	设备
1	铣两端面打中心孔	专用机床
2	车大外圆及倒角	车床
3	车小外圆及倒角	车床
4	铣键槽	键槽铣床
5	去毛刺	钳工台

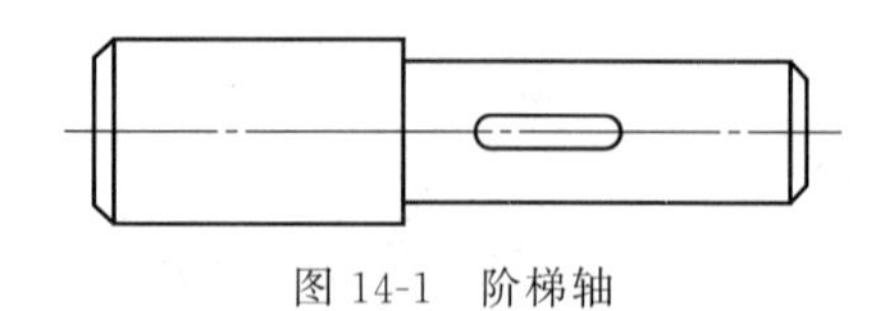
图 14-1　阶梯轴

机械加工工艺过程是以工序为基本部分，由一系列的工序组合而成，而工序又以工步为基本单元。

一个工步是指在不改变被加工表面、切削刀具、机床切削用量（仅指转速和进给量）条件下所完成的那一部分工序。如表 14-1 中的工序 1，在每一次装夹后先铣端面再钻中心孔；由于被加工表面和切削刀具发生改变，所以铣端面和钻中心孔属于两个不同的工步。

安装是工序的组成部分。工件在加工时，必须把它安置在机床上，使它在夹紧之前就有某一正确的位置，这一过程为定位。工件在定位之后，必须使其夹压牢固，以防止在切削力或其他力的作用下位置发生改变，这一过程即为夹紧。工件从定位到夹紧的全过程称为安装。不同工序中需要安装的次数可能不同，一般情况下应使安装次数尽可能少。

在一个工步中，有时因所需切去的金属层很厚而不能一次切完，则需分成几次进行切削，这时每次切削就称为一次走刀。

零件在工艺过程中应经历的工序数目与其生产批量有关。例如在单件小批生产中，如图 14-1 所示阶梯轴的生产工序 2、3 就会合并成一道工序，在同一台车床上完成。由此可见，零件的工艺过程与生产类型密切相关。

14.1.2　生产纲领和生产类型

根据国家计划（或市场需求）和本企业生产能力确定的产品年产量称为年生产纲领。产品中某零件的生产纲领除计划规定的数以外，还应包括一定的备品率和平均废品率。零件的年生产纲领可由下式计算。

$$N=Qn(1+\alpha\%)(1+\beta\%)$$

式中，N 为零件的年生产纲领，件/年；Q 为产品的年生产纲领，台/年；n 为每台产品中该零件的个数；$\alpha\%$为该零件的备品率；$\beta\%$为该零件的平均废品率。

生产纲领的大小对零件的加工过程和生产组织起着重要作用，是划分生产类型的依据。但是，生产纲领和生产类型的关系还随零件的大小及其复杂程度而有所不同，它们之间的大致关系如表 14-2 所示。

表 14-2　生产类型的划分

生产类型		同类零件的年产量/件		
		重型机械	中型机械	轻型机械
单件生产		<5	<20	<100
成形生产	小批	5～100	20～200	100～500
	中批	100～300	200～500	500～5000
	大批	300～1000	500～5000	5000～50000
大量生产		>1000	>5000	>50000

不同的生产类型，无论在生产组织、生产管理，还是在采用的加工方法、机床设备、工夹量具、毛坯种类及对工人的技术要求等方面，都有很大不同。各种生产类型的工艺特点如表 14-3 所示。

表 14-3　各种生产类型的工艺特点

生产类型	单件生产	成批生产	大量生产
机床设备	通用的(万能的)设备	通用的和部分专用的设备	广泛使用高效率专用的设备
夹具	很少用专用夹具	广泛使用专用夹具	广泛使用高效率专用夹具
刀具和量具	一般刀具和通用量具	部分地采用专用刀具和量具	高效率专用刀具和量具
毛坯	木模铸造和自由锻	部分采用金属模铸造和模锻	机器造型、压力铸造、模锻、滚锻等
对工人的技术要求	需要技术熟悉的工人	需要比较熟练的工人	调整工要求技术熟练，操作工要求熟练程度较低

14.2　机械加工工艺规程的制定

从现有生产条件出发，确定出最恰当的工艺过程，并将其各项内容以文字、图纸、表格等形式固定下来，所形成的工艺文件一般就称为工艺规程。它是一切有关生产人员都应严格贯彻执行的纪律性文件。它既是产品质量和生产率的技术保证，又是企业生产程序和方法的具体反映。

制定工艺规程的基本原则是，在一定的生产条件下，以最少的劳动消耗和最低的成本，在计划规定的时间内，可靠地加工出符合图样及技术要求的零件。在具体制定工艺规程时，应同时注意技术上的先进性、经济上的合理性和有良好的劳动条件。

工艺规程是组织生产的重要依据，是工厂的纲领性文件。因此，在制定工艺规程时，一定要了解、熟悉和掌握已有的原始资料，注重理论联系实际，使制定的工艺规程切实可行，并在实践中验证和修订。制定工艺规程一般包括以下内容和步骤：零件的工艺分析；确定毛坯；选择定位基准；拟定工艺路线；确定各工序所采用的设备；确定各工序所需的工艺装备；确定加工余量；确定切削用量和工时定额；填写工艺文件。以下着重介绍其中最基本的内容。

14.2.1　零件的工艺分析

对零件进行工艺分析是合理制定工艺规程必要的准备工作，它主要包括两个方面。一方面要分析产品零件图及有关装配图，了解零件在机械中的作用，并在此基础上进一步审查图纸的完整性和正确性，检查零件材料的选择是否合理，分析零件的技术要求及其作用并从中找出主要的、工艺上难以达到的、对制定工艺方案起决定性作用的技术要求，从而掌握制定工艺规程时应解决的主要问题。

另一方面要分析零件的结构工艺性。零件的结构工艺性是影响零件在加工过程中能否高效低耗地被加工出来的一项基本特性。对结构工艺性不好的零件，必要时应提出修改意见。

14.2.2　毛坯的选择

机械加工中常用的毛坯种类主要有铸件、锻件、冲压件、焊接件及型材等。毛坯材料及毛坯制造方法的选择，不仅对机械加工工艺过程有显著的影响，而且影响到零件的力学性能和使用性能。影响毛坯选择的因素是多方面的，在选择毛坯时应注意满足以下基本要求。

首先，毛坯的材质必须满足零件的使用要求。如特别重要又要求力学性能比较高的零件，应选用具有合理分布的纤维状组织的锻件毛坯；形状比较复杂、承受中等应力载荷的零件应选用铸铁件毛坯。实际上，某些零件的材料选定以后，毛坯的种类也随之而定。

其次，零件的形状、尺寸应适合所选择的毛坯生产方法。毛坯形状应尽量接近成品形状，以提高材料利用率，减少加工工时；零件的尺寸大小也应适合所选择的毛坯生产方法。如对形状复杂、尺寸较大的箱体类零件应考虑选用砂型铸造毛坯；而尺寸较小时则可考虑熔模铸造件、压力铸造件等。

此外，既应根据现有生产、技术条件考虑毛坯生产的可能性，也应积极创造条件生产出需要的毛坯。如进行技术改进、或采用专业化协作的生产方式。

最后，还应根据零件的年生产纲领考虑毛坯生产方法的经济性。一般情况下生产纲领越大，毛坯制造方法应越先进，则生产率越高、质量越好。

以上基本要求在选择毛坯中，应根据具体情况权衡利弊、主次，综合考虑。总之，应使零件的生产成本尽量低，而使用性能尽量高。

14.2.3 选择定位基准

选择定位基准是制定零件加工方案时，必须首先解决的一个问题。它直接影响零件的加工精度、工序的数目、零件各表面的加工顺序以及夹具结构的复杂程度。

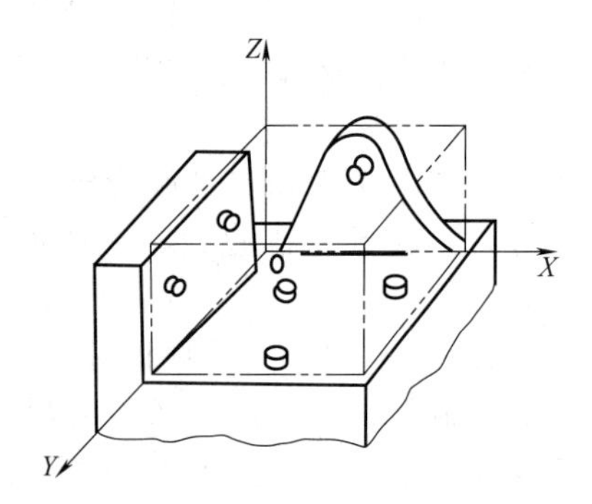

图 14-2 工件在空间六点定位

(1) 定位原则

工件定位是按照定位原理实现的。在空间任何一个自由刚体都可处在任意一个位置状态，或可发生任意方向的改变，即沿空间坐标轴 X、Y、Z 三个方向的移动（$\vec{X}$、$\vec{Y}$、$\vec{Z}$）和绕此三坐标轴的转动（X、Y、Z）。

因此，自由刚体具有六个自由度。要使工件在机床上完全定位，必须按照工件所需的位置要求约束住这六个自由度，这就是工件的六点定位原理。如图 14-2 所示的六方体工件，要使它在机床上有一个完全确定的位置，就应有图中所示的六个支承点来限制工件的六个自由度；其中，XOY 平面上的三个支承点限制了 X、Y、$\vec{Z}$ 三个自由度，YOZ 平面上的两个支承点限制了 $\vec{X}$、Z 两个自由度，XOZ 平面上的一个支承点限制了工件沿 Y 轴的移动 $\vec{Y}$。

在工件定位中，工件的自由度应理解为位置不确定，不要与力学中的运动相混淆，实际上工件完全定位后仍可能相对六个支承点反向移动和转动；要防止发生这些运动，需要通过夹紧工件来达到。机械加工中，一般总是通过夹具中相当于支承点的定位元件与工件的定位基准相接触来限制工件在空间的自由度。

实际生产中，在某些情况下需要六个支承点来限制工件的全部六个不重复的自由度，使工件在空间的位置被唯一地确定下来，这种定位称为完全定位。而在另一些情况下，不需要限制工件的全部六个自由度，照样能满足加工的要求，这种定位称为不完全定位。在不完全定位的场合，既能满足加工要求，又可简化夹具的结构，所以，在加工允许时应尽量使用。

在定位中，如果工件上某个自由度被限制两次以上，就会出现重复定位的现象，称为过定位。过定位将使工件定位不确定，在夹紧后会使工件或定位元件产生变形。因此，在一般情况下不能采用过定位，只有在精加工中可能采用。

若安装工件的定位支承点数目少于应该限制的自由度数目，或者说工件上出现应该限制的自由度而未被限制时，这种定位称为欠定位。按欠定位方式进行加工，必然会导致工件的部分技术要求不能得到保证。因此，欠定位在加工工件是不允许发生的。

工件在机床上的定位大体有如下三种方式。

① 直接找正法　该方法是用百分表、划针或目测在机床上直接找正工件，以确定工件在机床上的正确位置。其特点是找正很费时，要求工人技术水平较高，故多用于单件小批生产及修配。

② 划线找正法　该方法是在机床上用划针按钳工在毛坯或半成品中所划的线找正工件，使工件获得正确的位置。其特点与直接找正法相似，多用于生产批量小、毛坯精度较低以及大型零件等不便使用夹具的粗加工中。

③ 夹具定位　这种方法是用夹具上的定位元件使工件获得正确位置。其优点是定位迅速方便，定位精度较高，但增加了设计和制造夹具的费用。故它广泛用于大批大量生产。

(2) 基准及其选择

基准就是根据的意思。在零件图、工艺文件或实际零件上，用以确定所研究的某个面、线、点的位置所依据的面、线、点称为基准。基准按其在不同情况下的作用可分为设计基准和工艺基准两大类。

① 设计基准 O-O　在零件图上，用以确定某一面、线、点的位置所依据的基准，称为设计基准。如图 14-3 所示的钻套，其轴心线 O-O 是各外圆表面和内孔的设计基准；端面 A 是端面 B、C 的设计基准；内孔表面 D 的轴心线是 ϕ40h6 外圆表面径向圆跳动和端面 B 端面圆跳动的设计基准。

② 工艺基准　在加工和装配过程中所使用的基准称为工艺基准。工艺基准按其用途的不同可分为定位基准、测量基准和装配基准。本章重点介绍定位基准及其选择。

(3) 定位基准及其选择

定位基准是工件加工时定位所用的基准，为工件上与定位支承直接接触的一个具体表面，它是某工序直接达到的加工尺寸的起点。定位基准分为粗基准和精基准。在加工过程的最初工序中，只能用毛坯上未经加工的表面作为定位基准，这种定位基准称为粗基准。在以后的工序中，则使用经过加工的表面作为定位基准称为精基准。在制定工艺规程时，总是先考虑选择怎样的精基准把各个表面加工出来，然后考虑选择怎样的粗基准把作为精基准的表面先加工出来。

① 精基准的选择原则　精基准应有利用于保证工件的加工精度，并能使装夹方便、牢固。选择精基准时，可参考以下的一些原则。

a.“基准重合”原则　应尽量选择主要加工表面的设计基准作为精基准。这样可以避免因基准不重合而引起的定位误差。

b.“基准统一”原则　应选择多个表面加工时都能使用的定位基面作为精基准。这样便于保证各加工表面间的相互位置精度，避免基准变换所产生的误差，并简化夹具的设计和制造。

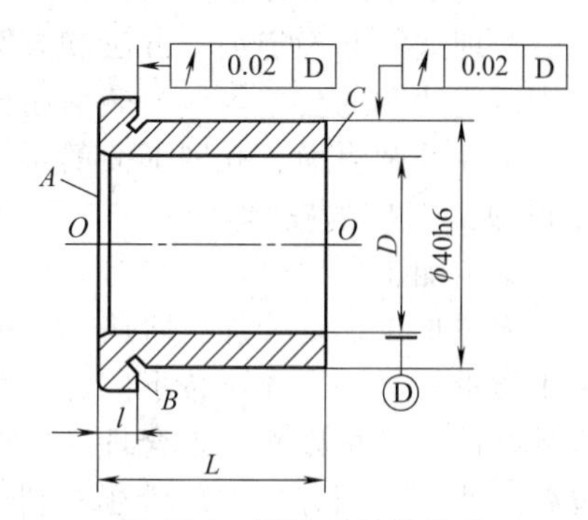

图 14-3　零件的设计基准

c.“互为基准”原则　当两个表面相互位置精度要求高，并且它们自身的尺寸与形状精度都要求很高时，可以采取两者互为基准的原则，反复多次进行精加工。

d.“自为基准”原则　在有些精加工或光整加工工序中，要求加工余量小而均匀，在加工时就应尽量选择加工表面本身作为精基准（即“自为基准”原则），而该表面与其他表面之间的位置精度则由先行工序保证。例如车床床身，在最后磨削导轨面时，为了使加工余量小而均匀以提高导轨面的加工精度和生产率，常在磨头上装百分表、在床身下装可调支承，以导轨面本身为精基准来调整找正。

e. 选择工件上尺寸较大、精度较高的表面作为精基准，使定位稳定可靠。

② 粗基准的选择原则　粗基准应能保证所有加工表面都有足够的加工余量，而且各加工表面对不加工表面应具有一定的位置精度。选择粗基准时可考虑以下原则。

a. 若工件必须首先保证某重要表面的加工余量均匀，则应选该表面为粗基准。这样有利于保证重要表面的加工要求。

b. 在没有要求保证重要表面加工余量均匀的情况下，若零件上每个表面都要加工，则应该以加工余量最小的表面作为粗基准。这样可使这个表面在以后加工中不致出现余量太小和余量不足。

c. 在上项相同的情况下，若零件上有的表面不需加工，则应以不加工表面中与加工表面的位置精度要求较高的表面为粗基准。

d. 选作粗基准的表面应尽可能平整和光洁，以便定位准确、夹紧可靠。

e. 粗基准一般只在第一工序中使用一次，以后不应重复使用，以免由于精度低、粗糙度高的毛面多次定位而产生定位误差。

上述定位基准的选择原则，有时是相互统一的，有时又是互相矛盾的。因此，要根据生产实际情况，以解决最主要的问题为着眼点，通过全面分析，然后选择出较合理的定位基准。

14.2.4　工艺路线的拟定

拟定工艺路线是制定工艺规程的一项重要工作。科学地制定最佳工艺路线，需要以产品质量、生产率和经济性三方面的要求为出发点，协调众多因素。拟定工艺路线时，主要应解决加工方法及方案选择和加工顺序安排等问题。

(1) 加工方法及方案的选择

拟定工艺路线，首先要确定工件各加工表面的加工方法和加工次数。进行这一工作时，要综合考虑工件生产类型、结构形状、尺寸精度和表面粗糙要求、工件材料及硬度等因素，并结合制造单位具体生产条件、加工方法及其组合加工后能达到的经济精度和表面粗糙度，最后合理选择和确定加工方法和方案。经济精度和表面粗糙度，是指在正常生产条件下零件加工所能达到的公差等级与表面粗糙度参数。

工件外圆表面、孔和平面的常用加工方案分别如表 14-4～表 14-6 所示。

(2) 加工顺序的安排

确定加工顺序时，一般首先要把整个加工过程划分成阶段，如粗加工、半精加工、精加工及光整加工。划分加工阶段，一方面能逐步提高加工精度和减小表面粗糙度，有利于保证加工质量；另一方面可按不同加工阶段的特点选择切削量，能提高生产率；根据各个加工阶段的特性，还可以相应地合理选择机床功率大小、精度高低和刚性的好坏，有利于合理使用设备；此外，划分加工阶段还有利于其他工序，如热处理工序的安排。

划分加工阶段并不是绝对的。首先，划分加工阶段是指零件的整个过程而言，不能以某一表面的加工或某一工序的性质来划分。另外，对技术要求不高、刚性又好的工件，往往不需严格划分加工阶段。

安排加工顺序时，还要先确定工序的数目，即准备采用工序集中原则或者工序分散原则。工序集中是使每一工序中包含尽可能多的加工内容，而使总的工序数目减少；其特点是缩短工艺路线，减少设备量，有利于保证各加工面之间相互位置精度和简化生产组织。工序分散则恰好相反，各道工序的加工内容减少，工序数目则相应增多；其特点是被采用的设备和工艺装备比较简单，对工人的技术要求也较低。

工序集中和工序分散各有特点，必须根据生产批量、设备、零件特点等生产条件进行综合分析决定。在单件、小批生产中，多采用工序集中；而大批量生产中可以采用工序集中，也可采用工序分散。由于数控机床的逐步广泛使用和加工中心的出现，使得工序集中的优点更为突出，是现代生产发展的趋向。

表 14-4 外圆表面常用加工方案

加 工 方 案	经济精度公差等级/IT	表面粗糙度 Ra/μm	适 用 范 围
粗车 └→半精车 └→精车 └→滚压(或抛光)	11～13 8～9 6～7 6～7	20～80 5～10 1.25～2.5 0.01～0.32	适用于除淬火钢以外金属材料
粗车→半精车→磨削 └→粗磨→精磨 └→超精磨	6～7 5～7 5	0.63～1.25 0.16～0.63 0.02～0.16	除不宜用于有色金属外，主要适用于淬火钢件的加工
粗车→半精车→精度→金刚石车	5～6	0.04～0.63	主要用于有色金属
粗车→半精车→粗磨→精磨→镜面磨 └→精车→精磨→研磨 ↓ 粗研→抛光	5 级以上 5 级以上 5 级以上	0.01～0.04 0.01～0.04 0.01～0.16	主要用于高精度要求的钢件加工

表 14-5 孔表面常用加工方案

加 工 方 案	经济精度公差等级/IT	表面粗糙度 Ra/μm	适 用 范 围
钻 ├→扩 │ ├→铰 │ └→粗铰→精铰 ├→铰 └→粗铰→精铰	11～13 10～11 8～9 7 8～9 7～8	≥20 10～20 2.5～5 1.25～2.5 2.5～5 1.25～2.5	加工未淬火钢及铸铁的实心毛坯，也可用于加工有色金属(所得表面粗糙度 Ra 值稍大)
钻→(扩)→拉	7～9	1.25～2.5	大批量生产(精度可因拉刀精度而定)，如校正拉削后，而 Ra 可降低到 0.63～0.32μm
粗镗(或扩) └→半精镗(或精扩) ├→精镗(或铰) └→浮动镗	11～13 8～9 7～8 6～7	10～20 2.5～2 1.25～2.5 0.63～1.25	除淬火钢外的各种钢材，毛坯上已有铸出或锻出的孔
粗镗→(扩)→半精镗→磨 └→粗磨→精磨	7～8 6～7	0.32～1.25 0.16～0.32	主要用于淬火钢，不宜于有色金属
粗镗→半精镗→精镗→金刚镗	6～7	0.08～0.63	主要用于精度要求高的有色金属
钻→(扩)→粗铰→精铰→珩磨 └→拉→珩磨 粗镗→半精镗→精镗→珩磨	6～7 6～7 6～7	0.04～0.32 0.04～0.32 0.04～0.32	精度要求很高的孔，若以研磨代替珩磨，精度可达 6 级公差以上，Ra 可降低到 0.16～0.01μm

表 14-6　平面常用加工方案

加工方案	经济精度公差等级/IT	表面粗糙度 $Ra/\mu m$	适用范围
粗车 └→半精车 　└→精车 └→磨	11～13 8～9 6～7 6	20～80 5～10 1.25～2.5 0.32～1.25	适用于工件的端面加工
粗刨(或粗铣) └→精刨(或精铣) 　└→刮研	11～13 7～9 5～6	20～80 10～2.5 0.16～1.25	适用于不淬硬的平面(用端铣加工,可得较低的粗糙度值)
粗刨(或粗铣)→精刨(或精铣)→宽刃精刨	6	0.32～1.25	批量较大,宽刀精刨效率高
粗刨(或粗铣)→精刨(或精铣)→磨 └→粗磨→粗磨	6 5～6	0.32～1.25 1.04～0.63	适用于精度要求较高的平面加工
粗铣→拉	6～9	0.32～1.25	适用于大量生产中加工较小的不淬火平面
粗铣→精铣→磨→研磨 └→抛光	5～6 5级以上	0.01～0.32 0.01～0.16	适用于高精度平面的加工

改变零件上各加工表面的加工顺序，会得到截然不同的经济效果，甚至连加工质量也不能保证。加工顺序的安排包括切削加工工序的安排、热处理工序的安排和辅助工序的安排等内容。

① 切削加工工序的安排　切削加工工序顺序的安排一般应遵循下列原则。

a. 先加工基准表面，后加工其他表面　只有具有一定精度的基准表面才能保证达到零件上其他加工表面的技术要求。在具有平面轮廓尺寸较大的零件上，以平面定位比较稳定可靠，常用平面作为主要精基准。因此，就应先加工平面，后加工内孔等其他表面。

b. 先加工主要表面，后加工次要表面　在零件上，常常是一些次要表面（如键槽、螺孔等）相对于主要表面（大的平面和内外圆表面等）有一定的位置精度要求，所以应先加工好主要表面。

c. 先安排粗加工工序，后安排精加工工序　这样可使粗加工时夹紧力引起的弹性变形、切削热引起的热变形以及粗加工后内应力重新分布引起的变形都不影响精加工工序；并且粗加工后可及时发现毛坯上的各种缺陷，以免继续精加工不合格的毛坯。

② 热处理工序的安排　热处理工序主要用来改善材料的性能和消除内应力。热处理工序顺序的安排应根据其作用而定。

退火、正火的主要作用是改善金属组织和切削加工性能、消除工件内应力，一般安排在机械加工之前进行。

以消除切削加工时引起的内应力为主要目的的时效处理，一般安排在粗加工之后、精加工之前。调质处理一般安排在粗加工之后和半精加工之前，以使零件得到均匀细密的回火索氏体组织，从而获得良好的综合机械性能。

淬火、渗碳、氮化等处理是为了提高零件硬度和耐磨性，常安排在工艺过程的后部、磨削加工之前，以防零件上的次要表面加工出现困难。

热处理工序安排的一般模式如图 14-4 所示。

辅助工序包括检验、去毛刺、倒棱、平衡、清洗等，是保证产品质量的重要措施。除了各工序操作者必须在操作过程中和完工后进行自检外，一般还应在粗加工结束以后、重要工

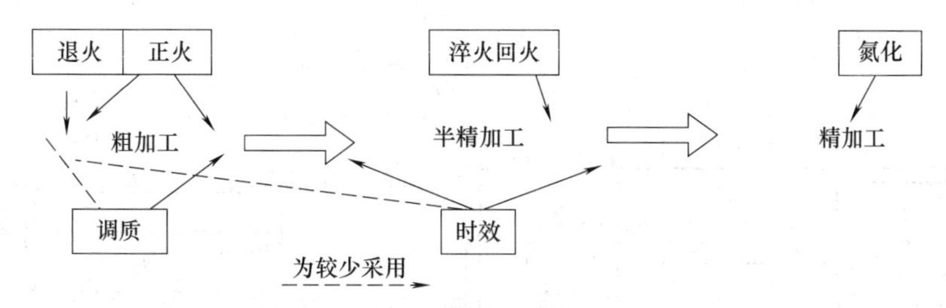

图 14-4　热处理工序安排的一般模式

序以前、零件在车间之间交换时及最终加工之后安排检验工序。

14.2.5　加工余量的确定

所谓加工余量，是指使加工表面达到所需的精度和表面质量而应切除的金属表层。零件上的某一加工表面，通过若干道工序的多次加工而达到所需的精度和表面质量，这若干道工序所切去的全部多余金属层厚度称为表面的总加工余量，而某一道工序所切去的多余金属层厚度则称为工序加工余量。加工余量过大，则浪费金属，增加切削工时，增大机床和刀具的负荷，有时还会将加工表面所需保存的最耐磨的表面层切掉。加工余量过小，则不能去掉表面在加工前所存在的误差和缺陷层，以致产生废品；有时在切削加工性能很差的表面（如很硬的夹砂外皮）时，还会使刀具迅速磨损。所以，正确规定加工余量是很重要的。

确定加工余量时，应在保证零件加工质量的前提下，使余量尽可能的小。影响加工余量大小的因素主要有：加工表面上的表面粗糙层厚度和表面缺陷层的深度；加工前或上道工序的尺寸公差以及各表面间相互位置的空间偏差；本工序的安装误差。

常用确定加工余量的方法有以下三种。

(1) 经验估计法

这种方法是由具有丰富经验的技术人员和工人，估计确定工件表面的总余量和工序间余量。估计时可参考类似工件。该方法适用于单件、小批生产，确定的余量一般偏大。

(2) 查表法

该方法按机械加工手册中的余量表格，根据加工方法、加工性质和加工表面的尺寸大小查得加工余量。表格中余量的数值是统计资料，在应用时应根据实际情况适当加以修正。该方法简便、应用较广泛。

(3) 分析计算法

该方法按照影响加工余量的各种因素，建立加工余量的计算公式。按该方法计算的加工余量是最为经济合理的，但是其前提条件是要有比较全面的资料。因此，该方法目前仅用于大批大量生产中的一些重要工序。

14.3　典型零件机械加工工艺规程实例

14.3.1　轴类零件加工

轴类零件的主要功能是支承传动部件和传递扭矩，它广泛应用在各类机械中，是机械制造业中最重要、最典型的零件之一。轴类零件的加工工艺和轴的用途、结构形状、技术要求及产量大小有关。现以如图 14-5 所示的传动轴为例，说明一般轴类零件的加工工艺过程。

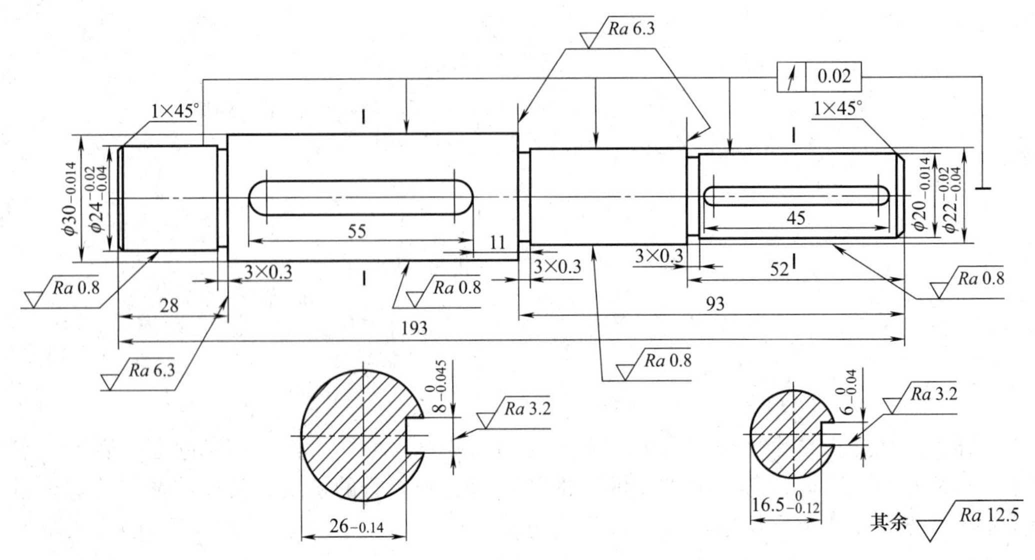

图 14-5 传动轴

(1) 审图和工艺分析

该传动轴为单件小批生产。在 $\phi30_{-0.014}^{\ 0}$ 和 $\phi20_{-0.014}^{\ 0}$ 的轴段上装滑动齿轮，为传递运动和动力开有键槽；$\phi24_{-0.04}^{-0.02}$ 和 $\phi22_{-0.04}^{-0.02}$ 两段为轴颈，支承于箱体的轴承孔中；表面粗糙度 Ra 皆为 0.8μm。各圆柱配合表面对轴线的径向跳动允差 0.02mm。工件材料为 45 钢，淬火后硬度为 HRC40～45。

(2) 毛坯选择

轴类零件的毛坯一般有棒料和锻件两种。该传动轴形状简单、外径不大、精度要求不高，且属单件小批生产，所以宜采用棒料做毛坯。

(3) 选择定位基准

轴类零件主要用外圆和中心孔作定位基准。以两端中心孔定位时，工件安装方便，能使加工过程中有统一的定位基准，容易保证较高的位置精度。所以在该传动轴的加工中选两端的中心孔作精基准，采用毛坯外圆面作粗基准。为了保证精基准的精度，传动轴在经过热处理后应修研中心孔。

(4) 拟定工艺路线

根据传动轴的结构特点和技术要求，其主要表面可在车床、磨床上加工，键槽可在立式铣床上加工。由于是单件小批生产类型，所以采用工序集中原则。加工方案采用：粗车→半精车→铣削→粗磨→精磨。热处理工序（淬火＋回火）安排在车、铣加工工艺之后，磨削加工之前。

单件小批生产轴的工艺过程如表 14-7 所示。

表 14-7 单件小批生产轴的工艺过程

工序号	工序名称	工序内容	加工简图	设备
Ⅰ	车	1. 车一端面，钻中心孔 2. 切断长 194 3. 车另一端面至长 192，钻中心孔	Ra 12.5 φ35 192	卧式车床

续表

工序号	工序名称	工序内容	加工简图	设备
Ⅱ	车	1. 粗车一端外圆分别至 $\phi32\times104$，$\phi26\times27$ 2. 半精车该端外圆分别至 $\phi30.4_{-0.1}^{0}\times105$，$\phi24.4_{-0.1}^{0}\times28$ 3. 切槽 $\phi23.4\times3$ 4. 倒角 $1.2\times45°$ 5. 粗车另一端外圆分别至 $\phi24\times92$，$\phi22\times51$ 6. 半精车该端外圆分别至 $\phi22.4_{-0.1}^{0}\times93$，$\phi20.4_{-0.1}^{0}\times52$ 7. 切槽分别至 $\phi21.4\times3$，$\phi19.4\times3$ 8. 倒角 $1.2\times45°$	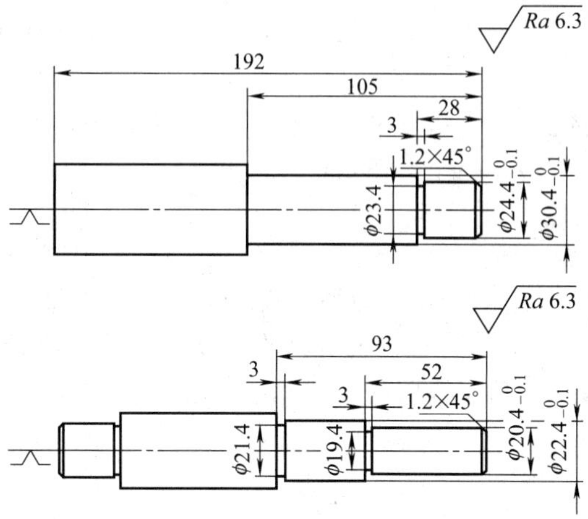	卧式车床
Ⅲ	铣	精—精铣键槽分别至 $8_{-0.045}^{0}\times26.2_{-0.09}^{0}\times556_{-0.04}^{0}\times16.7_{-0.07}^{0}\times45$	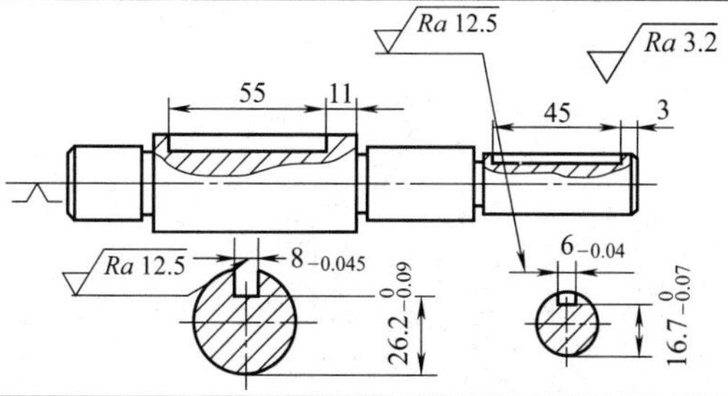	立式铣床
Ⅳ	热	淬火回火 HRC40～45		
Ⅴ	（钳）	修研中心孔		钻床
Ⅵ	磨	1. 粗磨一端外圆分别至 $\phi30.06_{-0.04}^{0}$，$\phi24.06_{-0.04}^{0}$ 2. 精磨该端外圆分别至 $\phi30_{-0.014}^{0}$，$\phi24_{-0.04}^{-0.02}$ 3. 粗磨另一端外圆分别至 $\phi22.06_{-0.04}^{0}$，$\phi20.06_{-0.04}^{0}$ 4. 精磨该端外圆分别至 $\phi22_{-0.04}^{-0.02}$，$\phi20_{-0.014}^{0}$	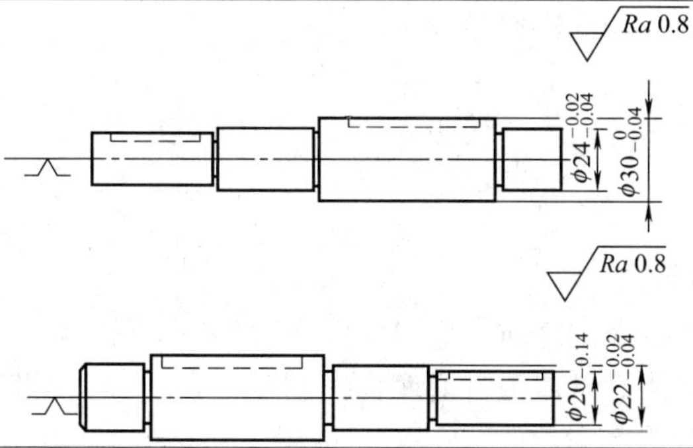	外圆磨床
Ⅶ	检	按图纸要求检验		

注：图例说明：①加工简图中粗实线为该工序加工表面。

②加工简图中“⌒^⌒”符号所指为定位基础。

14.3.2　支架零件加工

支架是最典型的非回转体零件之一，它主要通过支承孔与轴颈（或经过轴承与轴颈）配合起支承的作用。现以如图 14-6 所示支架为例，说明制定支架加工工艺的过程。

(1) 审图和工艺分析

该支架最重要的加工表面是支承孔，其尺寸精度和表面质量要求也最高，尺寸精度要求为 $\phi30_{0}^{+0.033}$，表面粗糙度 Ra 值为 1.6μm。为了保证今后与轴颈（或轴承）的配合精度，不仅对支承孔与支架底面 B 的距离有尺寸精度要求，还对支承孔与底面 B 之间、支承孔左端面与支承孔之间提出了位置精度要求：支承孔中心线与底面 B 的距离尺寸要求 80±0.05mm；支承孔 $\phi30^{+0.033}_{0}$ 的中心线对底面 B 的平行度公差为 0.025mm，支承孔左端面对基础 A（孔 $\phi30^{+0.033}_{0}$ 中心线）的垂直度公差为 0.03mm。

(2) 毛坯选择

支架的结构、形状较复杂，壁厚较薄，材料为 I-1T200，属于单件小批量生产类型，所以，选择砂型铸件制作毛坯是比较合理的。

(3) 选择定位基准

支架中最重要的加工表面是支承孔，因此，选择其设计基准面 B（支架底面）作精基准能满足“基准重合”原则，可以避免因基准不重合引起的定位误差，更加有利于保证尺寸 80±0.05mm。另外，选支架底面作精基准也同时满足“基准统一”原则。它实际上是支架上其他各加工面都能使用的定位基准，并且装夹方便可靠，有利于保证相互位置精度。

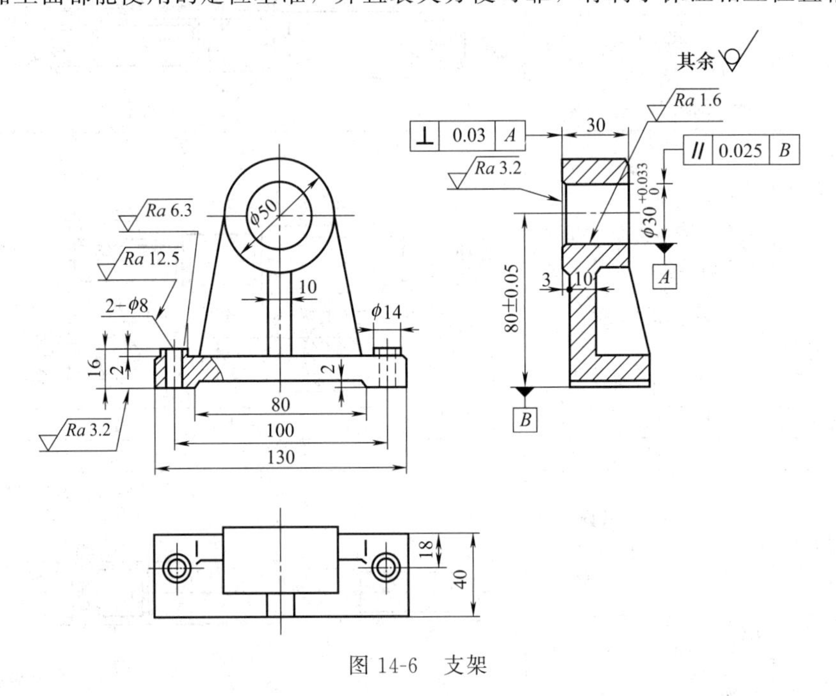

图 14-6 支架

该支架在加工之前，应以支承孔 $\phi30^{+0.033}_{0}$ 的中心为基准进行划线，按划线找正加工出支架底面。然后以加工过的底面为精基准，加工其他各加工面。

(4) 拟定加工路线

支架为非回转体零件，其主要加工表面为平面和孔，所以通常可以在铣床、镗床或磨床上加工。

根据图 14-6 中各加工表面的特点和技术要求，支承孔应采用钻、镗削加工；支架底面和支承孔左端面可采用铣削也可采用刨削加工，考虑到更好地保证平面尺寸（80±0.05）mm 以及方便划线找正，最后选择在卧式铣床上加工；螺栓孔的加工属于次要表面的加工，可安排在钻床上进行。

由于该支架刚性好，技术要求不高，单件小批量生产，所以加工时，不必严格划分加工阶段，并采取工序集中。支架切削加工工序的安排，可以按先加工基准表面和先加工主要表面两个原则来进行。

综上所述，支架的加工工艺路线可制定如下。

铸造→时效处理→划线（底面加工线、孔 $\phi30$ 和 $2-\phi8$）→铣底面→钻、镗支承孔至 $\phi30^{+0.033}_{0}$→铣左端面（在卧式铣床上）→钻孔 $2-\phi8$ 及锪 $2-\phi14$ 的凸台→检验。

复习思考题

14.1　为何要制订工艺规程？常用的工艺卡片有哪几种？各适用在何场合？

14.2　工艺规程制订的原则、方法是什么？包括哪些内容？

14.3　零件图的工艺分析、工艺审查应包括哪些内容？

14.4　毛坯有哪些类型？如何选择？

14.5　试指出如题 14.5 图所示各图中结构工艺性不合理的地方并提出改进措施。

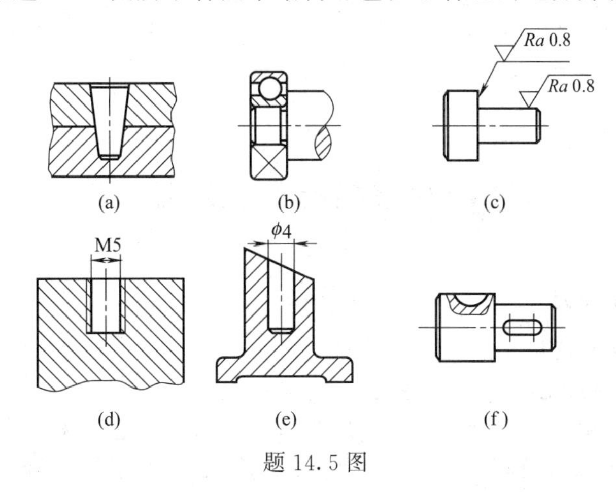

题 14.5 图

14.6　试分析如题 14.6 图中所示平面 2、镗孔 4 的设计基准、定位基准及测量基准。

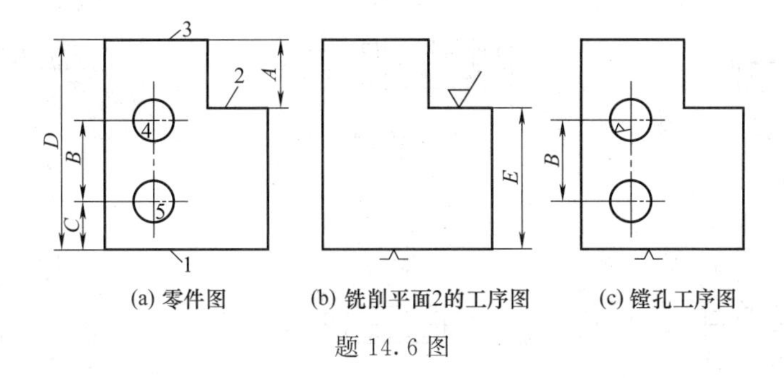

题 14.6 图

14.7　怎样确定零件的加工方法？

14.8　粗、精基面选择时应考虑的重点是什么？如何选择？

14.9　试分析下列加工时的定位基准：①拉齿坯内孔时；②无心磨削小轴外圆时；③磨削床身导轨时；④铰刀铰孔时。

14.10　零件的加工可划分为哪几个阶段？划分加工阶段的原因是什么？

14.11　工序集中与工序分散各有哪些特点？

14.12　零件的切削加工顺序安排的原则是什么？

14.13　常用的热处理工序如何安排？

14.14　基本余量和最大、最小加工余量如何计算？

14.15　设备及工装选择的原则是什么？

第15章

典型零件的加工工艺

15.1 轴类零件工艺分析

15.1.1 轴类零件概述

(1) 轴类零件的功用与结构

轴类零件是机器中常见的典型零件之一，其主要功用是支承传动零件（齿轮、皮带轮和离合器等）、传递扭矩和承受载荷。按其功用可分为主轴、异型轴和其他轴三类。根据其形状结构特点分为光轴、空心轴、半轴、阶梯轴、花键轴、十字轴、偏心轴、曲轴和凸轮轴等。如图15-1所示。

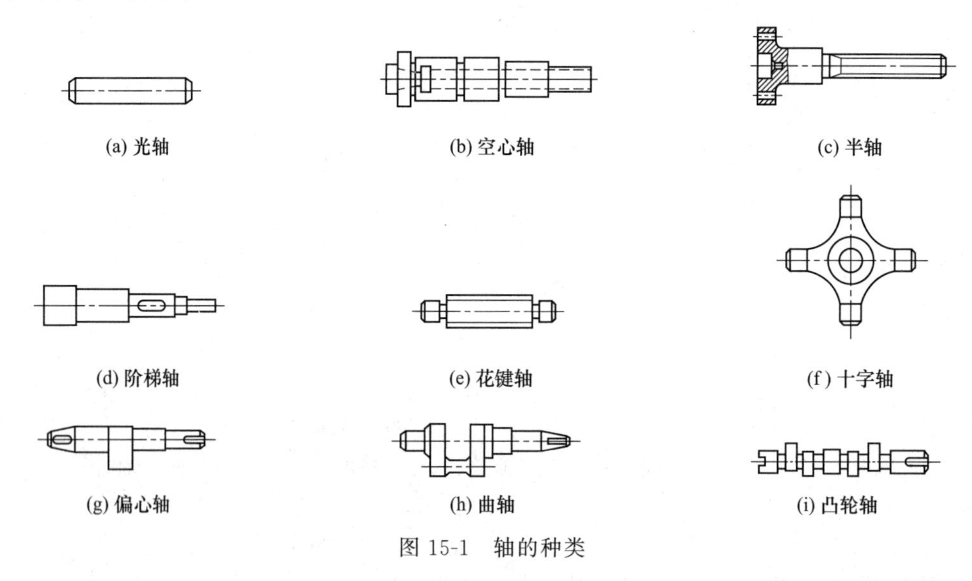

图15-1 轴的种类

从轴类零件的结构特征来看，它们大都是长度（L）大于直径（d）的回转零件，若$L/d\leqslant 12$的轴则通称为刚性轴，而$L/d>12$的轴则称为挠性轴，其被加工表面常有内外圆柱面、内外圆锥面、螺纹、花键、横向孔、键槽及沟槽等。根据轴类零件的结构特点和精度要求，应选择合理的定位基准和加工方法，对长轴、深孔的加工及热处理要给予充分重视。

(2) 轴类零件的技术要求

① 加工精度。

a. 尺寸精度　主要指结构要素的直径和长度的精度。直径精度由使用要求和配合性质确定，对于主要支承轴颈，常为 IT9～IT6；特别重要的轴颈也可为 TT5。轴的长度精度要求一般不严格，常按未注公差尺寸加工；要求较高时，其允许偏差为 50～200μm。

b. 形状精度　主要指轴颈的圆度、圆柱度等，因轴的形状误差直接影响与之配合的零件接触质量和回转精度，因此一般限制在直径公差范围内；要求较高时可取直径公差的 1/4～1/2，或另外规定允许偏差。

c. 位置精度　包括装配传动件的配合轴颈对于装配轴承的支承轴颈的同轴度、圆跳动及端面对轴心线的垂直度等。普通精度的轴，配合轴颈对于支承轴颈的径向圆跳动一般为 10～30μm，高精度的轴的径向圆跳动为 5～10μm。

② 表面粗糙度　轴类零件的主要工作表面粗糙度根据其运转速度和尺寸精度等级来决定。支承轴颈的表面粗糙度 Ra 一般为 0.63～0.16μm；配合轴颈的表面粗糙度 Ra 一般为 2.5～0.63μm。

(3) 轴类零件的材料及毛坯

① 轴类零件的材料　轴类零件材料的选取，主要根据轴的强度、刚度、耐磨性以及制造工艺性而决定，力求经济合理。

常用的轴类零件材料有 35、45、50 优质碳素钢，以 45 钢应用最为广泛。对于受力较大，轴向尺寸、重量受限制或者有某些特殊要求的轴可采用合金钢。如 40Cr 合金钢可用于中等精度、转速较高的工作场合，该材料经调质处理后具有较好的综合力学性能。

② 轴类零件的毛坯　轴类零件可根据使用要求、生产类型、设备条件及其结构，选用棒料、铸件或锻件等毛坯形式。对于外圆直径相差不大的轴，一般以棒料为主；而对于外圆直径相差大的阶梯轴或重要的轴，常选用锻件，这样既节约材料又减少机械加工的工作量，还可以改善力学性能；对于某些大型的、结构复杂的轴（如曲轴）宜采用铸件。

锻造毛坯经加热锻打后，金属内部纤维组织沿表面分布，因而有较高的抗拉、抗弯及抗扭转强度。常用毛坯的锻造方式有自由锻和模锻两种，单件及中小批量生产多选用自由锻，大批量生产中最适宜采用模锻。

15.1.2　轴类零件加工工艺分析

(1) 基本加工路线

外圆加工的方法很多，基本加工路线可归纳为如下 4 条。

① 粗车→半精车→精车　对于一般常用材料，这是外圆表面加工采用最主要的加工路线。

② 粗车→半精车→粗磨→精磨　对于黑色金属材料，精度要求高和表面粗糙度值要求小、零件需要淬硬时，其后续工序只能用磨削的加工路线。

③ 粗车→半精车→精车→金刚石车　对于有色金属，用磨削加工通常不易得到所要求的表面粗糙度，因为有色金属一般较软，容易堵塞砂粒间的空隙，因此其最终工序多用精车和金刚石车。

④ 粗车→半精车→粗磨→精磨→光磨加工　对于黑色金属材料的淬硬零件，精度要求高和表面粗糙度要求很小，常用此加工路线。

(2) 轴类零件加工的定位基准和装夹

① 以工件的两中心孔定位　在轴的加工中，零件各外圆表面、锥孔、螺纹表面的同轴度和端面对旋转轴线的垂直度是其相互位置精度的主要项目，这些表面的设计基准一般都是轴的中心线，若用两中心孔定位，符合基准重合的原则。中心孔不仅是车削时的定位基准，也是其他加工工序的定位基准和检验基准，又符合基准统一原则。当采用两中心孔定位时，

还能够最大限度地在一次装夹中加工出多个外圆和端面。

② 以外圆和中心孔作定位基准（一夹一顶） 用两中心孔定位虽然定心精度高，但刚度差，尤其加工较重的工件时不够稳固，切削用量也不能太大。粗加工时，为了提高零件的刚度，可采用轴的外圆表面和一中心孔作为定位基准来加工。这种定位方法能承受较大的切削力矩，是轴类零件最常见的一种定位方法。

③ 以两外圆表面作为定位基准 在加工空心轴的内孔时，不能采用中心孔作为定位基准，可用轴的两外圆表面作定位基准。当工件是机床主轴时，常以两支承轴颈为定位基准，可保证锥孔相对支承轴颈的同轴度要求，消除基准不重合而引起的误差。

④ 以带有中心孔的锥堵作为定位基准 在加工空心轴的外圆表面时，往往还采用带中心孔的锥堵或锥套心轴作定位基准。如图 15-2 所示。

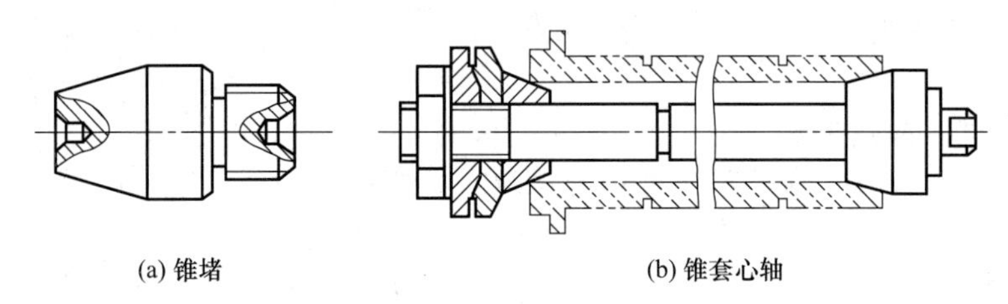

(a) 锥堵 (b) 锥套心轴

图 15-2 锥堵与锥套心轴

15.1.3 CA6140 主轴的加工工艺过程

(1) CA6140 主轴的工艺特点

如图 15-3 所示为 CA6140 车床主轴结构简图，它与一般轴类零件相比，具有如下特点。

① 形状结构为多阶梯空心轴。

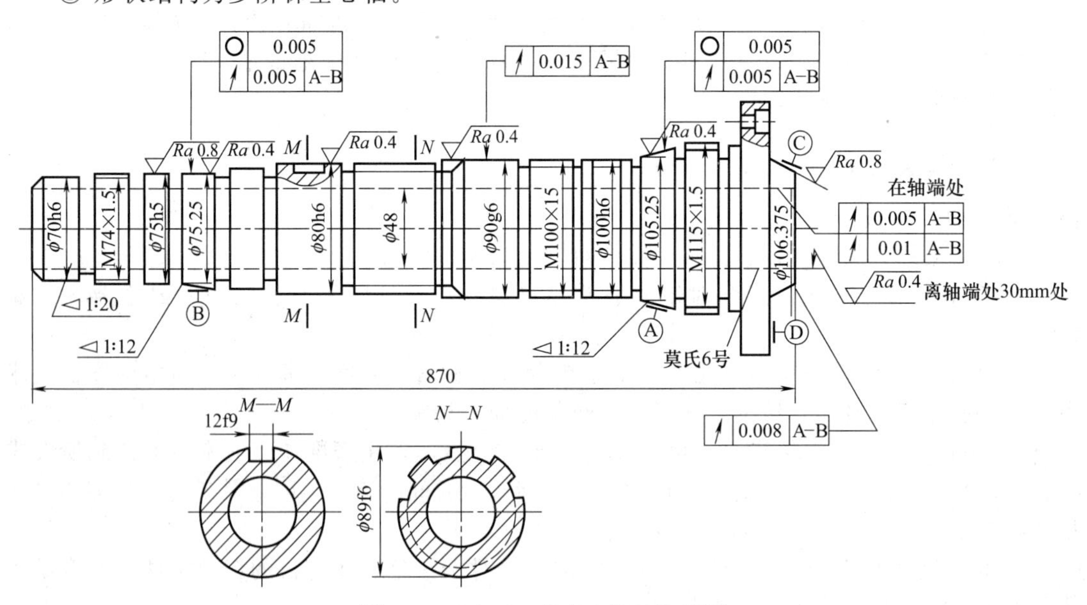

图 15-3 CA6140 车床主轴结构简图

② 表面类型有外圆柱面、圆锥面（锥度为 1∶12 的支承轴颈 A、B 两处和头部用于安装卡盘的短锥 C)、花键、键槽和螺纹，内孔有两头内锥面（大头为莫氏 6 号，小头为 1∶20 的工艺锥孔）和中央直径为 ϕ48mm 的通孔。

③ 主要表面要求较高，如支承轴颈圆度偏差仅允许为 5μm，表面粗糙度 Ra 为 0.5μm，

它们对公共轴线的圆跳动为 5μm；其他轴颈，如前端装卡盘的锥面对公共轴线的圆跳动为 8μm，莫氏锥孔对公共轴线的圆跳动在轴端处为 5μm，在距轴端 300mm 处为 10μm。

主轴的上述特点决定了加工中必须注意以下几点。

① 加工阶段的划分 加工过程大致划分 4 个阶段：钻顶尖孔之前是预加工阶段；从钻顶尖孔至调质前为粗加工阶段；从调质至表面淬火工序为半精加工阶段；表面淬火后的工序为精加工阶段。要求较高的支承轴颈和莫氏 6 号锥孔的精加工，则应在最后进行。整个主轴加工的工艺过程，是以主要表面的加工为主线，穿插其他表面的加工工序组成的。

② 定位基准的选用 加工外回转面时，应以双中心孔作为定位基准，但因主轴为空心零件，所以在已加工出中央通孔以后的工序中，一般都采用带有中心孔的锥堵或拉杆心轴装夹，其上的中心孔为加工时的定位基准。锥堵或带锥堵的拉杆心轴应具有较高的精度。拉杆心轴上两个锥堵的锥面要求同轴，否则拧紧螺母后会使工件变形。

③ 工序顺序安排 工序顺序的安排主要根据“基面先行、先粗后精、先主后次”的原则。工序顺序安排还应注意以下几点。

a. 热处理的安排 主轴毛坯锻造后一般安排正火处理，其目的是消除锻造残余应力，改善组织，降低硬度，从而改善切削加工性能。棒料毛坯可不进行该步热处理工序。

粗加工后安排调质处理，目的是获得均匀细致的索氏体组织，提高零件的综合力学性能，同时这种组织的表面经加工后可获得较小的表面粗糙度值。

最后还需对有相对运动的轴颈表面和经常与夹具接触的锥面进行淬火或氮化处理，以提高其耐磨性。一般高频淬火安排在粗磨之前，氮化安排在粗磨之后、精磨之前。

b. 外圆表面的加工顺序 先加工大的直径外圆，再加工小直径外圆，以避免一开始就降低工件刚度。

c. 深孔加工 空心主轴中央通孔属于深孔。深孔加工比一般孔加工困难和复杂。钻深孔时必须选择合适的加工方式，着重解决刀具的导向、排屑、冷却与润滑等问题。

d. 次要表面的加工安排 主轴上的花键和键槽等次要表面的加工，一般都放在外圆精车或粗磨后、精磨外圆前进行。主轴上的花键，若需淬火，可在外圆精车或粗磨后铣出，淬火后的变形在花键磨床上用磨削法消除，一般只磨外圆即可；如果淬火变形过大，则应磨花键齿侧；若花键不需淬火，则可在其他表面局部淬火后铣削。

另外，主轴上的螺纹是用来安装调整轴承间隙的螺母的，也是为了适应支承轴颈间有较高的位置精度要求。为防止处理的影响，车螺纹宜放在主轴局部淬火以后、精磨外圆之前进行。

④ 主轴锥孔的磨削 主轴锥孔对主轴支承轴颈的圆跳动和锥孔与锥柄的接触率是机床的主要精度指标，因此，锥孔磨削是主轴加工的关键工序之一。影响锥孔磨削精度的主要因素是定位基准、定位元件选择的合理性和带动工件旋转的平稳性。目前主轴锥孔磨削普遍采用带浮动卡头的专用夹具进行装夹。工件只绕夹具的定位轴线旋转，所以工件回转平稳，磨削精度高。工件又是以支承轴颈定位，设计基准和定位基准重合，所以锥孔对两支承轴颈的圆跳动大大减小。

(2) CA6140 主轴加工的工艺过程

CA6140 卧式车床主轴的机械加工工艺过程如表 15-1 所示。

表 15-1 CA6140 车床主轴的机械加工工艺过程

工序	工序名称	工 序 内 容	设备及主要工艺装备
1	模锻	锻造毛坯	
2	热处理	正火	
3	铣端面、钻中心	铣端面、钻中心孔，控制总长为 872mm	专用机床

续表

工序	工序名称	工 序 内 容	设备及主要工艺装备
4	粗车	粗车外圆,各部分留量为2.5～3mm	仿形车床
5	热处理	调质	
6	半精车	车大头各台阶面	卧式车床
7	半精车	车小头各部外圆,预留余量为1.2～1.5mm	仿形车床
8	钻	钻 ϕ48 通孔	深孔钻床
9	车	车小头1∶20锥孔及端面(配锥堵)	卧式车床
10	车	车大头莫氏6号孔、外短锥及端面(配锥堵)	卧式车床
11	钻	钻大端端面各孔	钻床
12	热处理	短锥及莫氏6号锥孔、ϕ75h5、ϕ90g6、ϕ100h6进行高频淬火	
13	精车	仿形精车各外圆,预留余量为0.4～0.5mm,并切槽	数控车床
14	粗磨	粗磨 ϕ75h5、ϕ90g6、ϕ100h6 外圆	万能外圆磨床
15	粗磨	粗磨小头工艺内锥孔(重配锥堵)	内圆磨床
16	粗磨	粗磨小头莫氏6号内锥孔(重配锥堵)	内圆磨床
17	铣	粗精铣花键	花键铣床
18	铣	铣12f9键槽	铣床
19	车	车三处螺纹M15×1.5、M100×1.5、M74×1.5	卧式车床
20	精磨	精磨各外圆至要求的尺寸	万能外圆磨床
21	精磨	精磨圆锥面及端面 D	专用组合磨床
22	精磨	精磨莫氏6号锥孔	主轴锥孔磨床
23	检验	按图样要求检验	

15.2 套筒类零件分析

15.2.1 套筒类零件概述

(1) 套筒零件的功用与结构

套筒类零件在机器中应用十分广泛，大多起支承或导向作用。例如，支承旋转轴的各种滑动轴承、夹具中的导向套、内燃机的气缸、液压系统中的液压缸等，如图15-4所示。

套筒类零件工作时主要承受径向力或轴向力。由于其功用的不同，其结构和尺寸差别很大，但仍有共同特点：零件的主要表面为同轴度较高的内外圆旋转表面、壁厚较薄易变形和长度一般大于直径等。

(2) 套筒类零件的技术要求

① 孔的技术要求　孔是套筒类零件起支承和导向作用的主要表面，通常与运动的轴、刀具或活塞相配合。孔的直径尺寸公差一般为IT7，精密轴套可取IT6，汽缸和液压缸由于与其配合的活塞上有密封圈，要求较低，通常取IT9。孔的形状精度应控制在孔径公差以内，精密套筒的形状精度应控制在孔径公差的1/3～1/2，甚至更严。对于长的套筒，除了

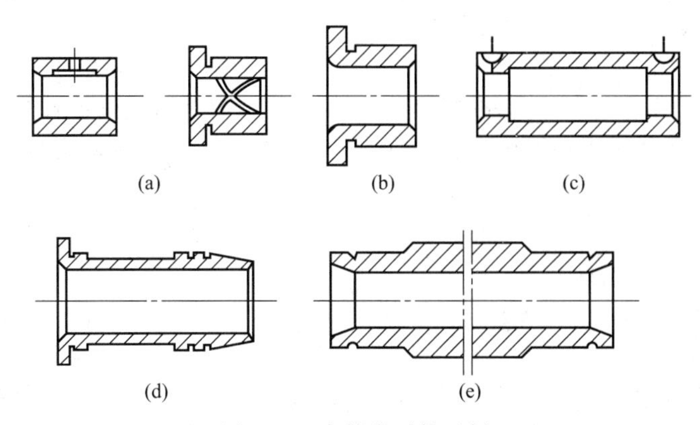

图 15-4　套筒类零件示例

圆度要求以外，还应标注孔的圆柱度。孔的表面粗糙度值 Ra 为 1.6～0.16μm，要求高的精密套筒可达 0.04μm。

② 外圆表面的技术要求　外圆表面是套筒类零件的支承表面，常以过盈配合或过渡配合与箱体机架上的孔连接，外径尺寸公差等级通常取 IT6～IT7，形状精度控制在外径公差内，表面粗糙度值 Ra 为 3.2～0.63μm。

③ 孔与外圆的同轴度要求　当孔的最终加工是将套筒装入机座后进行时，套筒内外圆间的同轴度要求较低；若最终加工是在装配前完成的，其要求较高，一般为 0.01～0.05mm。

(3) 套筒类零件的材料与毛坯

套筒类零件常用材料是钢、铸铁、青铜或黄铜等。为节省贵重材料可采用双层金属结构，即用离心铸造法在钢或铸铁套筒的内壁上浇注一层巴氏合金等材料，用来提高轴承寿命。

套筒类零件毛坯的选择与材料、结构尺寸和批量等因素有关。直径较小（如 $d<$ 20mm）的套筒一般选择热轧或冷拉棒料或实心铸件。直径较大的套筒，常选用无缝钢管或带孔的铸、锻件。大批量生产时可采用冷挤压和粉末冶金等先进的毛坯制造工艺，这样既提高了生产效率，又节约了金属材料。

15.2.2　套筒类零件的加工工艺分析

(1) 主要表面的加工方法

① 孔加工方案确定的原则。

a. 孔径较小时（30～50mm 以下），大多采用钻—扩—铰方案。批量大的生产，则可采用钻孔后拉孔的加工方案，其精度稳定，生产率高。

b. 孔径较大时，大多采用钻孔后镗孔或直接镗孔的方案。缸筒类零件的孔在精镗后通常还要进行珩磨或滚压加工。

c. 淬硬套筒零件，多采用磨孔方案，可获得较高的精度和较细的表面粗糙度。对于精密套筒，相应增加孔的光整加工，如采用高精度磨削、珩磨、研磨和抛光等加工方法。

② 孔表面的典型加工路线。

a. 钻→粗拉→精拉　对于大批量生产中的中孔一般可选用这条加工路线，加工质量稳定，生产率高。特别是带有键槽的内孔，用拉削更为方便。若毛坯上的孔没有被铸出或锻出时，则要有钻孔工序，如果是中孔 ϕ(30～50)mm，有时在毛坯上铸出或锻出，这时则需要粗镗后再粗拉孔。对模锻孔，因精度较好也可以直接用粗拉的办法。

b. 钻→扩→铰→手铰　主要用于小孔和中孔。孔径超过 ϕ50mm 时则用镗孔。

手铰是用手工铰孔。加工时铰刀以被加工表面本身定位，主要提高孔的形状精度、尺寸精度和降低表面粗糙度值，是成批生产中加工精密孔的有效方法之一。

c. 钻或粗镗→半精镗→精镗→金刚镗　对于毛坯未铸出或锻出孔时，先要钻孔。已有孔时，可直接粗镗孔。对于大孔，可采用浮动镗刀块镗削；有色金属的小孔则可以采用金刚镗。

d. 钻或粗镗→粗磨→半精磨→精磨→研磨、珩磨　这条路线主要用于淬硬零件或精度要求高、表面粗糙度值小的内孔表面加工。

(2) 防止套筒类零件加工变形的措施

① 减少夹紧力对变形的影响。

a. 使夹紧力分布均匀　为防止工件因局部受力而引起变形，应使夹紧力均匀分布，如图 15-5 所示。

b. 变径向夹紧为轴向夹紧　由于薄壁工件径向刚度比轴向差，为减少夹紧力引起的变形，当工件结构允许时，可采用轴向夹紧的夹具，改变夹紧力的方向，如图 15-6 所示。

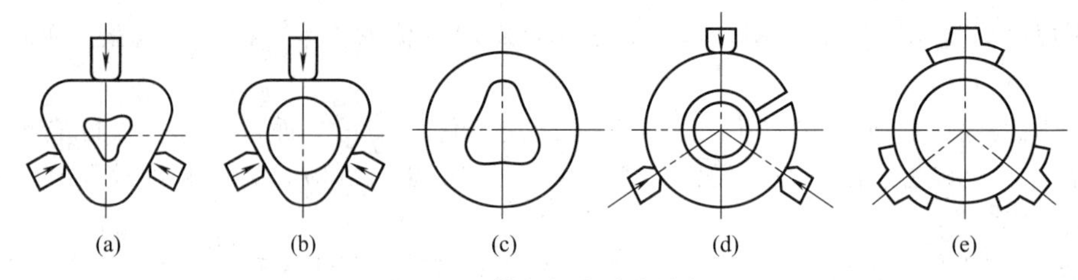

图 15-5　使夹紧力分布均匀

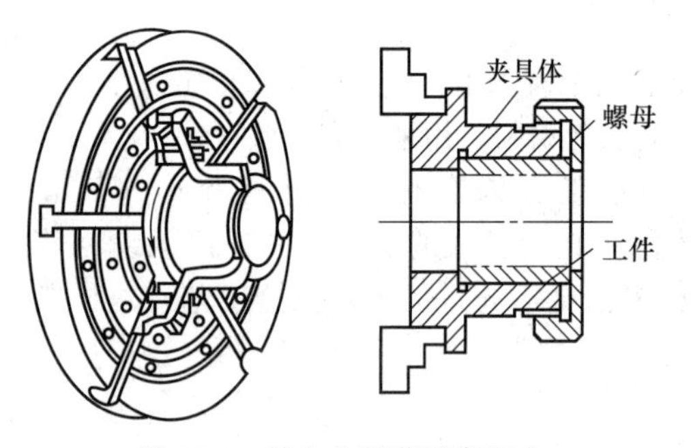

图 15-6　轴向夹紧薄壁套筒夹

c. 增加套筒毛坯刚度　在薄壁套筒夹持部分增设几根工艺肋或凸边，使夹紧力作用在刚度良好的部位以减少变形，待加工终了时再将肋或凸边切去。

② 减少切削力对变形的影响。

a. 减少背向力　增大刀具主偏角 K，可有效减少切削时的背向力 F，使作用在套筒件刚度较差的径向力明显降低，从而减小径向变形量。

b. 使切削力平衡　内外圆同时加工可使切削时的背向力相互抵消（内外圆车刀刀尖相对），从而大大减少甚至消除套筒件的径向变形。

③ 减少切削热对变形的影响　切削热引起的温度升降和分布不均匀会使工件发生热变形。合理选择刀具几何角度和切削用量，可减少切削热的产生；使用切削液可加快切削热的传散；精加工时使工件在轴向或径向有自由延伸的可能，这些措施都可以减少切削热引起的工件变形。

④ 粗、精加工分开进行　将套筒类零件的粗、精加工分开，可使粗加工时因夹紧力、切削力、切削热产生的变形在精加工中得到纠正。

15.3 箱体类零件分析

15.3.1 箱体零件概述

(1) 箱体零件的功用与结构

箱体零件是机器的基础零件之一。由它将机器和部件中的轴、套和齿轮等有关零件集合成一个整体，使它们之间保持正确的相互位置关系，并按照一定的传动关系协调地传递运动或动力。因此，箱体加工质量对机器的精度、性能和寿命都有直接的影响。

如图 15-7 所示是几种常见箱体的结构形式。由图可见，箱体的结构形式虽然随着机器的结构和箱体在机器中的功用不同而变化，但它们都有结构形状复杂、壁薄且不均匀、加工部位多、加工难度大等共同特点。

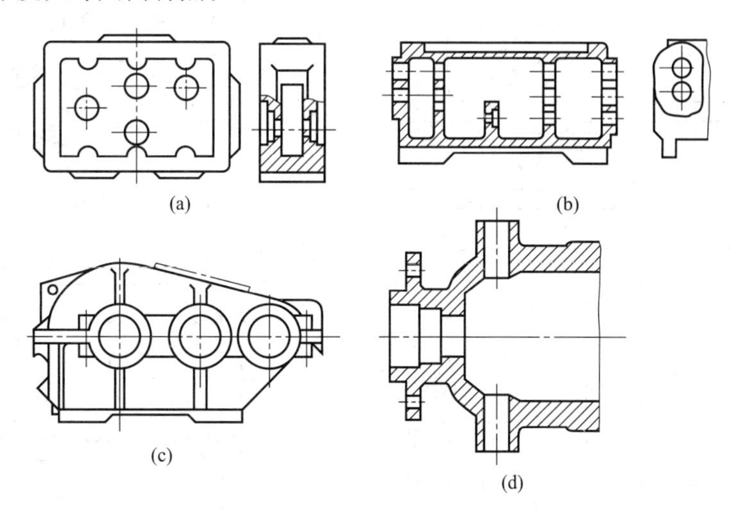

图 15-7 常见箱体零件图

根据箱体零件的结构形式不同，可分为整体式箱体和分离式箱体两大类。前者是整体铸造，整体加工，制坯和加工较困难，但装配精度高。后者属分离式结构，箱体便于加工和装配，但增加了装配工作量。

(2) 箱体零件的技术要求

箱体零件的技术要求是根据机器对箱体部件的工作性能要求确定的。一般机器对箱体部件的工作性能有如下要求：输出轴的回转精度；传动系统的传动精度；输出轴轴心线与装配基面的位置精度。以如图 15-8 所示 CA6140 车床主轴箱为例，其主要技术要求如下。

① 孔径精度　箱体轴承支承孔径的尺寸误差和几何形状误差会造成轴承与孔的配合不良，因而影响轴的回转精度、传动平稳性、噪声及轴承寿命等。CA6140 主轴支承孔的尺寸精度为 IT6，$Ra \leqslant 1.25\mu m$；其余孔为 IT6～IT7，$Ra \leqslant 2.5\mu m$；各轴孔的几何形状公差控制在尺寸公差的 1/3～1/2。

② 孔与孔间的相互位置精度　同一轴线上各轴孔的同轴度和端面对轴心线的垂直度误差，会使轴承装配时出现歪斜，影响轴的回转精度和轴承寿命；孔系之间的平行度误差会影响齿轮的啮合质量。CA6140 主轴孔的同轴度为 $\phi 0.012$mm，其他主要孔为 ϕ(0.01～0.02)mm；孔与孔间的中心距公差为 0.1～0.2mm，轴心线的平行度公差为 0.04mm/300mm 或 0.05mm/300mm。

③ 孔和平面的位置精度　主轴孔与安装基面的平行度要求决定了主轴与床身导轨的相互位置关系。CA6140 规定主轴轴线对安装基面的平行度公差为 0.1mm/600mm。

④ 平面精度　装配基面的平面度会影响箱体与床身的接触质量，加工过程中的定位基面的平面度会影响其他表面加工精度。CA6140 主要平面的平面度公差为 0.04mm，$Ra \leqslant 2.5\mu m$；各平面与装配基面还有平行度或垂直度要求。

(3) 箱体零件的材料与毛坯

箱体类零件的材料为 HT200、HT250、HT300、HT350 或 HT400 等（在航空航天、电动工具中也有采用铝和轻合金的）。灰铸铁有较好的耐磨性、减振性和良好的铸造性和可加工性，而

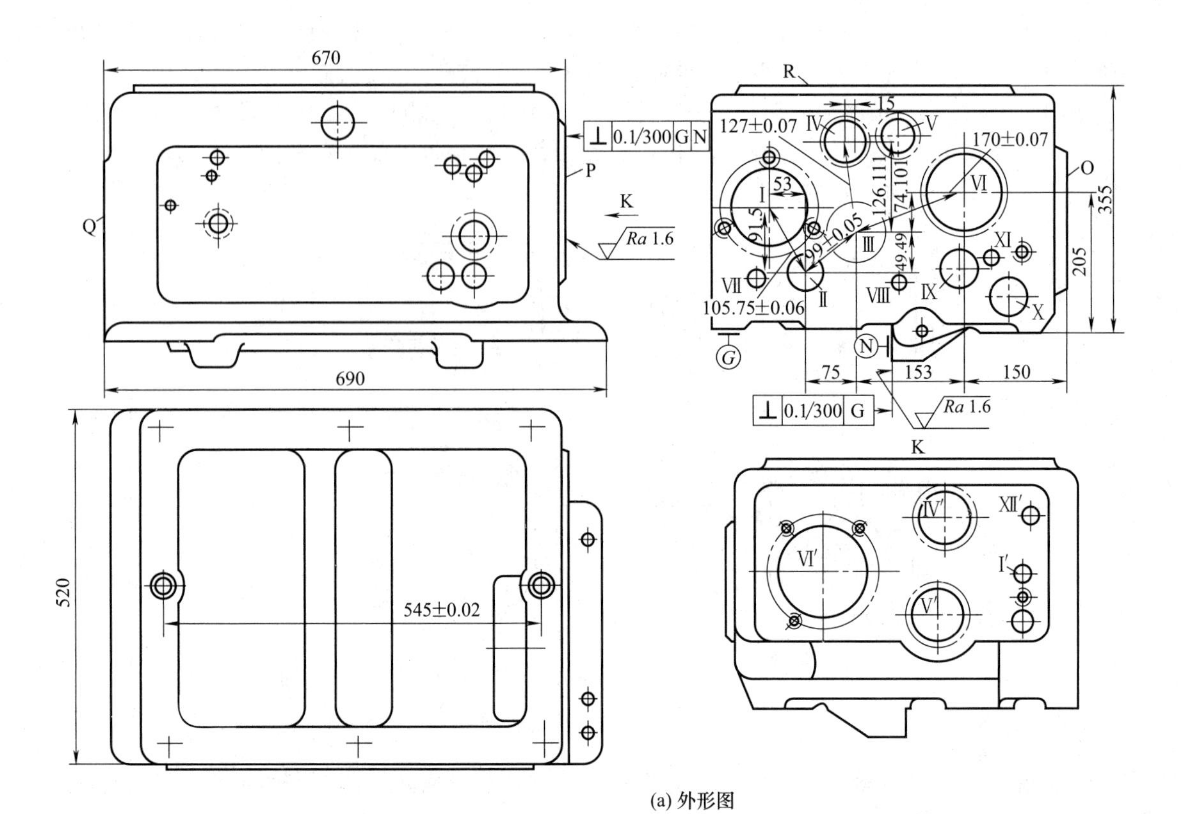

(a) 外形图

(b) 纵向孔系展开

图 15-8 CA6140 车床主轴箱体简图

且价格低廉。当负荷较大时，可选用 ZG200～400 和 ZG230～450 铸钢作为箱体材料。

箱体毛坯一般是铸体，因为采用铸造法易得到复杂的形状、内腔和必要的加强筋、凸边及凸台等。铸造毛坯的生产视生产批量而定，单件小批量用木模手工造型，毛坯精度低，加工余量大；大批生产时，常用金属模机器造型，毛坯精度高，加工余量小。单件小批量生产直径大于 ϕ50mm 的孔，成批生产大于 ϕ30mm 的孔，一般都在毛坯上铸出底孔，以减少加工余量。为了消除铸件内应力对机械加工质量的影响，应设退火工序或进行时效处理。

15.3.2　箱体类零件的加工工艺分析

(1) 箱体类零件的基本工艺过程

箱体类零件根据其几何结构、功用和精度不同，会有不同的加工方案。

① 大批量生产时，箱体零件的一般工艺路线为：粗、精加工定位平面→钻、铰两定位销孔→粗加工各主要平面→精加工各主要平面→粗加工轴承孔系→半精加工轴承孔系→各次要小平面的加工→各次要小孔的加工→轴承孔系的精加工→攻丝。

② 单件小批量生产时，其基本路线为：铸造毛坯→时效→划线→粗加工各主要表面及其他平面→划线→粗加工支承孔→精加工各主要表面及其他平面→精加工支承孔→划线→钻各小孔→攻螺纹、去毛刺。

(2) 箱体零件工艺过程的特点

① 先面后孔的加工顺序　箱体上的平面与孔相比，通常孔的精度要求高，加工难度大。先以孔为粗基准加工作为基准的平面，再以加工后的平面作精基准来加工孔，这样既能为孔的加工提供稳定可靠的精基准，也可使孔的加工余量较为均匀。同时先加工平面可以切去铸件表面的夹砂等缺陷，加工孔时可避免钻头引偏、崩刃。

② 加工过程粗、精分开　箱体重要加工表面都要分为粗、精加工两个阶段，这样可以避免或减小粗加工产生的内应力和切削热对加工精度的影响；粗、精加工分开也可及时发现毛坯缺陷，避免浪费；粗、精加工分开还可以根据不同的加工要求、特点，合理选择加工设备，使高精度设备的使用寿命延长，提高了经济效益。

③ 工序间安排时效处理　箱体结构复杂，壁厚不均匀，铸造残余应力较大。为了消除这种残余应力，减少加工后的变形，保证加工精度的稳定性，铸造后要安排人工时效处理。主轴箱体人工时效的规范为：加热到 500～550℃，加热速度 50～120℃/h，保温 4～6h，冷却速度不大于 30℃/h，出炉温度不大于 200℃。

④ 选择箱体粗基准的要求。

a. 在保证各加工面均有加工余量的前提下，应使重要孔的加工余量尽量均匀。

b. 装入箱体内旋转零件应与箱体内壁有足够的间隙。

c. 保证箱体必要的外形尺寸及定位夹紧可靠。

根据以上要求，主轴箱的粗基准应选择主轴孔。这是因为主轴孔自身的精度要求最高；铸造主轴孔、其他支承孔与箱体内壁的泥芯是装成一整体放入的，孔的相互位置精度较高。

选择主轴孔为粗基准，不仅可以较好地保证箱体上孔的加工余量均匀，还可以较好地保证各孔轴线与箱体不加工表面的相互位置。

(3) 箱体孔系

箱体零件上一系列有相互位置精度要求的孔称为孔系。孔系分平行孔系、同轴孔系、交叉孔系。孔系加工是箱体零件加工中最关键的工序。根据生产规模、生产条件以及加工要求不同，可采用不同的加工方法。

① 平行孔系　平行孔系的主要技术要求是：各平行孔轴心线之间及轴心线与基面之间的尺寸精度和位置精度。

a. 找正法　又有划线找正法、心轴和块规找正法、样板找正法。如图 15-9 所示为用心轴和块规找正。

b. 坐标法　将被加工孔系间的孔距尺寸，换算为两个相互垂直的坐标尺寸，然后利用机床上的坐标尺寸测量装置或利用百分表和各种具有不同测量精度的块规及量棒等测量工具，精确确定机床主轴和工件在水平与垂直方向的相对位置，来保证孔距精度。镗孔系无论在单件小批量生产或成批生产中都被广泛采用坐标法。如图 15-10 所示是在普通镗床上用坐标法加工孔系。

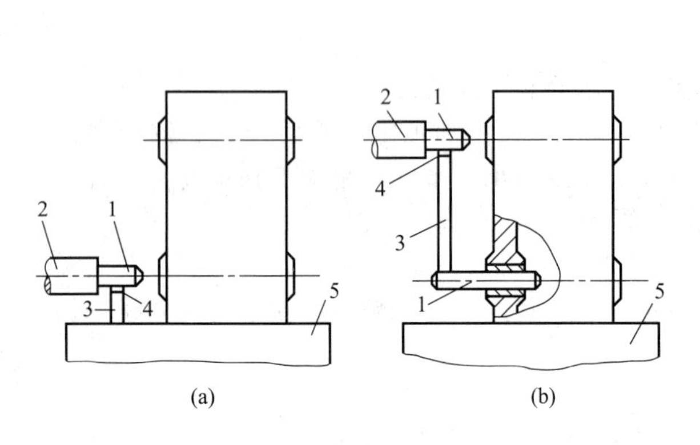

图 15-9　用心轴和块规找正

1—心轴；2—主轴；3—塞尺；4—量块；5—机床工作台

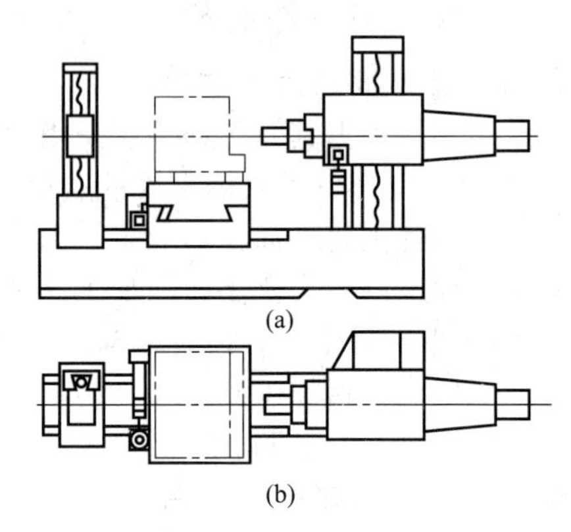

图 15-10　在普通镗床上用坐标法加工孔系

c. 镗模法　利用镗模板上的孔系保证工件上孔系位置精度。镗模加工法的加工精度与机床精度基本无关，主要与镗模精度、镗杆支承方式及镗杆导套之间配合精度有关。如图 15-11 所示，工件装在镗模上，镗杆被支承在镗模的导套里，由导套引导镗杆在工件的正确位置上镗孔。

② 同轴孔系　同轴孔系加工主要保证各孔的同轴度精度。在使用镗模的成批生产中，这一精度由镗模保证。对于单件小批量生产，其同轴度精度可用下面几种方法保证。

a. 利用已加工孔作支承导向　如图 15-12 所示，当箱体前壁上的孔加工完毕后，在孔内装一导向套，支承和引导镗杆加工后壁上的孔，以保证两孔的同轴度要求，这种方法适用于加工箱壁相距较近的同轴线孔。

b. 利用镗床后立的导向套支承导向　这种方法镗杆为两端支承，刚度好，但调整麻烦，镗杆较长，只适用于加工大型箱体。

c. 采用调头镗法　当箱体壁上的两孔相距较远时，宜采用调头镗。即工件一次装夹完，镗好一端的孔后，将镗床工作台回转 180°，镗另一端的同轴孔。该方法不用夹具和长镗杆，准备周期短，镗杆悬伸长度短，刚度好，但调整工作台回转后会带来误差。

③ 交叉孔系　交叉孔系加工的主要技术要求是控制相关孔的垂直度。在单件小批量生产时采用找正法。如图 15-13 所示，在已加工的孔中插入中心轴，然后将工作台旋转 90°，移动工作台用百分表找正。在成批生产时一般采用镗模法，垂直度主要由镗模来保证。

15.3.3　主轴箱的加工工艺过程

如图 15-8 所示的 CA6140 机床主轴箱大批量生产的工艺过程见表 15-2，小批量生产的工艺过程见表 15-3。

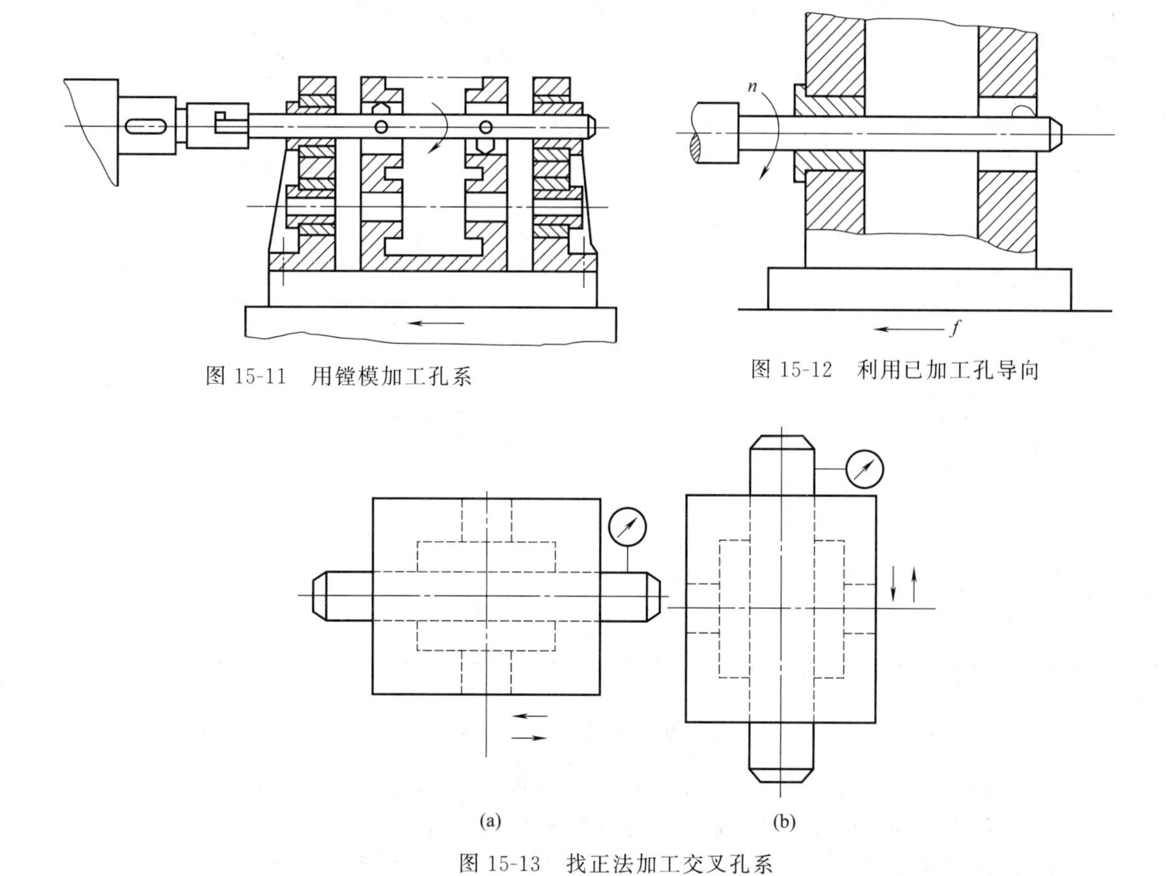

图 15-11　用镗模加工孔系

图 15-12　利用已加工孔导向

图 15-13　找正法加工交叉孔系

表 15-2　CA6140 机床主轴箱大批量生产的工艺过程

序号	工　序　内　容	定位基准
1	铸造	
2	时效	
3	漆底漆	
4	粗铣顶面 R	Ⅵ轴和Ⅰ铸孔
5	钻、扩、铰 2×ϕ18H7，钻/攻 R 面上孔和 M8 螺孔	顶面 R、Ⅵ轴孔内壁一端
6	粗铣 M、N、O、P、Q 各面，精铣 N 面	一面两孔
7	磨顶面 R	G 面
8	粗镗纵向孔	一面两孔
9	精镗纵向孔	一面两孔
10	精、细镗Ⅵ轴孔	R 面、Ⅲ、Ⅴ轴孔
11	钻、扩、铰各横各孔	一面两孔
12	钻、扩 M、P、O 面上孔	一面两孔
13	磨 O、P、Q 面	一面两孔
14	钳工去毛刺、清洗	
15	检验	

表 15-3 CA6140 机床主轴箱小批量生产的工艺过程

序号	工序内容	定位基准
1	铸造	
2	时效	
3	漆底漆	
4	划线(保证主轴孔加工余量均匀);划 G、R、P 及 O 面加工线	
5	粗、精加工顶面 R	按线找正
6	粗、精加工 G、N 面及侧面 O	顶面 R 并校正主轴线
7	粗、精加工两端面 P、Q	G、N 面
8	粗、半精加工各纵向孔	G、N 面
9	精加工各纵向孔	G、N 面
10	粗、加工横向孔	G、N 面
11	加工螺孔及次要孔	
12	钳工去毛刺、清洗	
13	检验	

复习思考题

15.1 轴类零件加工时定位基准的选择原则有哪些?一般采用的方法有哪几种?

15.2 轴类零件的外圆加工典型路线有哪几种?各自适用于什么范围?

15.3 试分析薄壁套筒受力变形对加工精度产生影响的原因及改进措施。

15.4 箱体零件的结构特点及主要技术要求是什么?

15.5 孔系加工方法有哪几种?

参 考 文 献

[1] 苏建修．机械制造基础［M］．北京：机械工业出版社，2006.
[2] 祁红志．机械制造基础［M］．北京：电子工业出版社，2005.
[3] 张世昌．机械制造技术基础［M］．天津：天津大学出版社，2002.
[4] 王小彬．机械制造技术［M］．北京：电子工业出版社，2003.
[5] 蒋建强．机械制造技术［M］．北京：北京师范大学出版社，2005.
[6] 张捷．机械制造技术基础［M］．成都：西南交通大学出版社，2006.
[7] 吉卫喜．机械制造技术基础［M］．北京：机械工业出版社，2010.
[8] 刘晋春，赵家齐，赵万生．特种加工［M］．3版．北京：机械工业出版社，2002.
[9] 卢秉恒．机械制造技术基础［M］．3版．北京：机械工业出版社，2011.
[10] 张世昌．先进制造技术［M］．天津：天津大学出版社，2004.
[11] 韩楚生．机械制造技术基础［M］．重庆：重庆大学出版社，2000.
[12] 张世昌．机械制造技术基础［M］．北京：高等教育出版社，2001.
[13] 黄健求．机械制造技术基础［M］．北京：机械工业出版社，2005.
[14] 邓志平．机械制造技术基础［M］．成都：西南交通大学出版社，2004.
[15] 施振邦．机械制造基础［M］．南昌：江西高校出版社，1997.
[16] 王爱玲. 现代数控机床［M］．北京：国防工业出版社，2003.
[17] 黄健求．机械制造技术基础［M］．北京：机械工业出版社，2005.
[18] 周济，周艳红．数控加工技术［M］．北京：国防工业出版社，2002.
[19] 吴明友．数控机床加工技术［M］．南京：东南大学出版社，2000.
[20] 国家自然科学基金委员会编．自动化科学与技术——自然科学学科发展战略调研报告［M］．北京：科学出版社，1995.
[21] 邹青．机械制造技术基础［M］．北京：机械工业出版社，2004.
[22] 苏珉．机械制造技术［M］．北京：人民邮电出版社，2006.
[23] 孟庆东．机械设计简明教程［M］. 西安：西北工业大学出版社，2014.